人类文明因你而辉煌

诺贝尔奖历史追踪与剖析

吴乃优 编著

中国科学技术出版社

·北 京·

图书在版编目（CIP）数据

人类文明因你而辉煌：诺贝尔奖历史追踪与剖析 / 吴乃优编著 . —北京：中国科学技术出版社，2019.10

ISBN 978-7-5046-8316-8

Ⅰ. ①人… Ⅱ. ①吴… Ⅲ. ①诺贝尔奖—普及读物 Ⅳ. ① G321.2-49

中国版本图书馆 CIP 数据核字（2019）第 118044 号

责任编辑	李双北
装帧设计	中文天地
责任校对	邓雪梅
责任印制	李晓霖

出　版	中国科学技术出版社
发　行	中国科学技术出版社有限公司发行部
地　址	北京市海淀区中关村南大街16号
邮　编	100081
发行电话	010-62173865
传　真	010-62173081
网　址	http://www.cspbooks.com.cn

开　本	787mm × 1092mm　1/16
字　数	330千字
印　张	17.5
版　次	2019年10月第1版
印　次	2019年10月第1次印刷
印　刷	北京长宁印刷有限公司

书　号	ISBN 978-7-5046-8316-8 / G · 806
定　价	68.00元

前　言

近代自然科学的鸣锣开道者弗朗西斯·培根曾说："读史使人明智，读诗使人灵秀，数学使人周密，科学使人深刻，伦理学使人庄重，逻辑修辞使人善辩。"这对品读逾百年的诺贝尔奖历史，无疑颇有意义。如将时空压缩成一组彼此叠加的褶皱，逾百年的诺贝尔奖历史将如一把折扇，每打开一折，就会有数位诺贝尔奖得主与我们相遇。他们胸怀雄心壮志、披荆斩棘、努力攀登，为人类探求经天纬地之略、驾驭宇宙之术，使人类得享尽善尽美的生活。当折扇舒展开来，其上的每位诺贝尔奖得主的精彩人生都令我们"高山仰止，景行行止。虽不能至，然心向往之"。折扇背面对应的则是他们各自国家的社会制度和人文形态。

过去十年技术进步令人吃惊，技术更以加速度的态势取得突破，一场惊天雪崩即将到来。在十万年的进化过程中，进步的发生都是线性的。但突然间人类文明的发展变成幂数的、全球的。我们所见证的更是一场社会转型，无人能置身其外。一百多年前从手工业制造到大规模机器生产的变化完全改变了人类社会，这次数字技术革命更将改变人类社会的经济形态，改变人类的社会结构、思考方式和生活方式。

中华民族正走在伟大复兴的道路上。近代以降，我们一直在反思和探索强国之路。"中国要永远做一个学习大国"，中国的发展需要吸收和借鉴全人类的文明成果。百年诺贝尔奖的历史正是我们在通往建成科技创新强国的道路上必须借鉴的。

我们必须思考：诺贝尔奖得主对人类文明的贡献，是如何影响接下来的科技发展的，是如何左右一个民族的生活轨迹，甚至改变整个人类文明的走向的。

本书追寻和剖析逾百年诺贝尔奖的历史，集诺贝尔奖得主小传、获奖者国家历史为一体，给正在历史殿堂中的徜徉者提供一个崭新的审视自己和思考未来的新视角，这是献给新一代人的铺路石。笔者仅是撷取逾百年诺贝尔奖历史片段，拼接成色彩斑斓的马赛克镶嵌画的工匠而已。囿于笔者才学，书中舛误必多，望智者赐教和读者海涵。诸多内容摘编自参考资料和网络资料，笔者对原作者心怀感恩并致以诚挚的谢意。

目录 / Contents

第一章　诺贝尔奖奖项与得主　1

第一节　诺贝尔奖　1

第二节　诺贝尔奖统计数据　2

第三节　诺贝尔奖获得者一览表　8

第二章　美洲国家及其诺贝尔奖得主　19

第一节　美国及其诺贝尔奖得主　19

第二节　加拿大及其诺贝尔奖得主　42

第三节　墨西哥及其诺贝尔奖得主　47

第四节　圣卢西亚及其诺贝尔奖得主　50

第五节　哥斯达黎加及其诺贝尔奖得主　51

第六节　危地马拉及其诺贝尔奖得主　53

第七节　阿根廷及其诺贝尔奖得主　55

第八节　哥伦比亚及其诺贝尔奖得主　57

第九节　秘鲁及其诺贝尔奖得主　60

第十节　智利及其诺贝尔奖得主　62

第三章　北欧国家及其诺贝尔奖得主　65

第一节　瑞典及其诺贝尔奖得主　65

第二节　挪威及其诺贝尔奖得主　72

第三节　丹麦及其诺贝尔奖得主 75
第四节　芬兰及其诺贝尔奖得主 81
第五节　冰岛及其诺贝尔奖得主 83

第四章　西欧国家及其诺贝尔奖得主 85
第一节　英国崛起及其诺贝尔奖得主 85
第二节　法国崛起及其诺贝尔奖得主 103
第三节　荷兰崛起及其诺贝尔奖得主 118
第四节　爱尔兰及其诺贝尔奖得主 122
第五节　比利时及其诺贝尔奖得主 126

第五章　中欧国家及其诺贝尔奖得主 131
第一节　瑞士及其诺贝尔奖得主 131
第二节　德国崛起及其诺贝尔奖得主 141
第三节　奥地利及其诺贝尔奖得主 153
第四节　捷克和斯洛伐克及其诺贝尔奖得主 159
第五节　波兰及其诺贝尔奖得主 161
第六节　匈牙利及其诺贝尔奖得主 164

第六章　南欧国家及其诺贝尔奖得主 167
第一节　希腊及其诺贝尔奖得主 167
第二节　意大利及其诺贝尔奖得主 168
第三节　葡萄牙及其诺贝尔奖得主 176
第四节　西班牙及其诺贝尔奖得主 178
第五节　南斯拉夫及其诺贝尔奖得主 182

第七章　东欧国家及其诺贝尔奖得主 185
第一节　苏俄及其诺贝尔奖得主 185
第二节　白俄罗斯及其诺贝尔奖得主 195

第八章　非洲国家及其诺贝尔奖得主　197
第一节　非洲国家及其诺贝尔奖　197
第二节　南非及其诺贝尔奖得主　198
第三节　埃及共和国及其诺贝尔奖得主　203
第四节　加纳及其诺贝尔奖得主　206
第五节　尼日利亚及其诺贝尔奖得主　207
第六节　利比里亚及其诺贝尔奖得主　208
第七节　肯尼亚及其诺贝尔奖得主　210
第八节　突尼斯及其诺贝尔奖得主　211

第九章　大洋洲国家及其诺贝尔奖得主　213
第一节　澳大利亚引领世界的优势和国力　213
第二节　澳大利亚诺贝尔奖得主　214

第十章　中东国家及其诺贝尔奖得主　219
第一节　以色列及其诺贝尔奖得主　219
第二节　土耳其及其诺贝尔奖得主　223
第三节　伊朗及其诺贝尔奖得主　226
第四节　也门及其诺贝尔奖得主　229
第五节　塞浦路斯及其诺贝尔奖得主　230
第六节　巴勒斯坦及其诺贝尔奖得主　232

第十一章　南亚和东南亚国家及其诺贝尔奖得主　235
第一节　印度及其诺贝尔奖得主　235
第二节　巴基斯坦及其诺贝尔奖得主　241
第三节　孟加拉国及其诺贝尔奖得主　244
第四节　缅甸及其诺贝尔奖得主　247
第五节　越南及其诺贝尔奖得主　248
第六节　东帝汶及其诺贝尔奖得主　250

第十二章　东亚国家及其诺贝尔奖得主　253
第一节　日本及其诺贝尔奖得主　253
第二节　韩国及其诺贝尔奖得主　264

第十三章　中国及其诺贝尔奖得主　267

主要参考资料　271

第一章

诺贝尔奖奖项与得主

第一节　诺贝尔奖

诺贝尔奖由瑞典化学家、工程师和实业家阿尔弗雷德·诺贝尔所创立，包括和平、文学、物理学、化学、生理学或医学共五项诺贝尔奖（另外，诺贝尔经济学奖是瑞典国家银行在 1968 年提供资金增设的）。从 1901 年开始，奖金在每年诺贝尔逝世日 12 月 10 日颁发。“年年岁岁花相似，岁岁年年人不同”，每年这天全球各国学界翘首以盼，争睹授奖的盛宴，聆听获奖者荡气回肠、深邃睿智的答谢感言，令无数仰慕者高山仰止、景行行止。相比足球世界杯决赛的火热激情、奥林匹克运动会的惊心动魄和奥斯卡颁奖礼的绚丽多彩，诺贝尔奖的盛宴更令学界心醉神驰。

图 1-1　阿尔弗雷德 · 诺贝尔和诺贝尔奖章

第二节　诺贝尔奖统计数据

1901—2017 年 919 个诺贝尔奖得主分类统计：

1. 物理学奖共颁发 111 次，获奖者 206 人，占总得主人数的 22.4%。其中，美国约翰·巴丁于 1956 年和 1972 年两次荣获物理学奖，法国玛丽·居里曾两次获诺贝尔奖（1903 年物理学奖和 1919 年化学奖）。物理学奖得主情况按国家统计如表 1-1 所示。

表 1-1　诺贝尔物理学奖得主统计表（截至 2017 年 10 月）

获奖国家	获奖人数	获奖国家	获奖人数
美国	97	英国	23
德国	22	法国	12
俄罗斯	9	荷兰	9
日本	9	瑞典	5
加拿大	4	瑞士	3
丹麦	3	奥地利	3
意大利	3	比利时	1
印度	1	澳大利亚	1
巴基斯坦	1		
获奖总人数 206 人，美国 97 人，占总人数的 47.1%。			

206 位诺贝尔物理学奖得主尽是“德高鸿儒博学，望重英雄豪杰”。美国约翰·巴丁 1956 年和 1972 年两次获诺贝尔物理学奖，独步千古，无人出其右。“大江东去，浪淘尽，千古风流人物。”大师们无论健在还是驾鹤西去，其遗留成果永远恩泽人间：原子核领域的研究为人类留下用之不竭的清洁能源；以射线及核磁共振成像技术的研究为人类健康留下疾病检测和诊断的利器；以发现光电效应、光电荷耦合成像的成果让光为人类生活增添光彩；以阴极射线管、液晶和无线电的发明使人类可以探索浩瀚无垠的宇宙、窥见遥远星球的绚丽影像；晶体管及集成电路的发明将人类带入信息时代，这个小小的芯片改变了整个世界和人类的思考方式，人类

生活因而变得如此多姿多彩；激光、精密计时器等发明使全球定位系统成为现实，未来人类移民其他星球成为可能；扫描隧道显微镜的发明促使人类进入纳米时代；石墨烯的发现促使人类进入纳米二维材料时代；蓝光二极管的发明让“21 世纪将由 LED 灯点亮”等等。我们永远感恩诺贝尔奖得主为人类做出的永载史册的突破性贡献。

2. 化学奖共颁发 109 次，获奖者 178 人，占总得主人数的 19.4%。化学奖得主情况按国家统计如表 1-2 所示。

表 1-2　诺贝尔化学奖得主统计表（截至 2017 年 10 月）

获奖国家	获奖人数	获奖国家	获奖人数
美国	72	德国	28
英国	27	法国	9
日本	7	瑞士	7
瑞典	5	以色列	4
荷兰	4	加拿大	3
奥地利	2	匈牙利	1
丹麦	1	挪威	1
俄罗斯	1	比利时	1
阿根廷	1	捷克	1
芬兰	1	意大利	1
墨西哥	1		
获奖总人数 178 人，美国 72 人，占总人数的 40.4%。			

178 位诺贝尔化学奖得主尽是学富五车、硕果累累的英才俊杰。英国弗雷德里克·桑格 1958 年和 1980 年两次获诺贝尔化学奖，不愧“DNA 之父”的美誉，而且师徒“五辈”连环获奖。法国玛丽·居里 1903 年和 1911 年先后获诺贝尔物理学和化学奖，成为世界上第一个两次获诺贝尔奖的人，是女性心中最景仰、永不褪色的偶像。在这些成果中，原子核裂变、核反应堆和原子能领域的研究等为人类留下用之不竭的清洁能源；X 射线晶体学及分子结构分析领域的研究为人类揭示了蛋白质的三维结构；同位素示踪和绿色荧光蛋白技术的发明成为探寻人体内部结构的绝

佳方法，推进了对生命过程的化学本质的理解，成为疾病检测和诊断的利器；利用空气制造面包和发酵饲料生产牛奶的成果使人类避免饥饿；发现和合成维生素 A、B、C、D 家族为人类健康生活增添光彩；实现塑料合成和导电塑料工业化生产的无机合成，让五颜六色的塑料制品惠泽普罗大众；手性催化剂以不对称合成的研究催生出左旋和右旋药物，大大提高了药物的疗效；有机合成化学独特的逆合成分析理论，启迪“分子模拟”，让传统的化学实验走上了信息化的快车道；制备疫苗和病毒蛋白质使得包括引起天花、黄热病、麻疹、肺炎和通常的感冒病毒在内的超过 300 个病毒被确认，超分辨率荧光显微镜的发明让人类能够“实时”观察活细胞内的分子运动规律，为疾病研究和药物研发带来革命性变化。大师们无论健在还是仙逝，其开创性的成果永远恩泽人间。

3. 生理学或医学奖共颁发 108 次，获奖者 214 人，占总得主人数的 23.3%。历史上从来没有人两次获得该奖项，其中，中国屠呦呦 2015 年首获该奖项。生理学或医学奖得主情况按国家统计如表 1-3 所示。

表 1-3　诺贝尔生理学或医学奖得主统计表（截至 2017 年 10 月）

获奖国家	获奖人数	获奖国家	获奖人数
美国	96	英国	29
德国	20	法国	13
瑞典	7	瑞士	5
丹麦	5	奥地利	5
澳大利亚	5	加拿大	3
荷兰	3	意大利	3
俄罗斯	2	比利时	2
阿根廷	2	挪威	2
南非	2	日本	4
葡萄牙	1	西班牙	1
匈牙利	1	芬兰	1
中国	1	爱尔兰	1
获奖总人数 214 人，美国 96 人，占总人数的 44.9%。			

诺贝尔生理学或医学奖得主多达214位，居诺贝尔六大奖项之首。其中包括探究人类生老病死奥秘的开山宗师，攻克鬼魅般肆虐人类的瘟疫的科学巨匠；以及卓尔不群、特立独行之先贤，还有发现生命奥秘、石破天惊的先驱。例如病原细菌、血型、血管缝合术、心电图仪、青霉素、艾滋病疫苗、万艾可、试管婴儿、克隆技术和基因剔除技术，等等，都是大师们划时代、里程碑式的成就。他们集DNA序列技术之大成，开启DNA医学的神秘之门，无论人种、肤色、性别、容颜和民族的差异如何，人体都是无与伦比、简洁对称的双螺旋结构分子堆砌而成。从分子生物学意义上证明，"与生俱来，人人平等"。人类生命的奥秘正逐层揭开，已认知听觉、视觉、嗅觉和定位细胞的功能，甚至染色体末端的端粒长短对寿命的影响。这些生命科学中最具有革命性的发现，使人类从分子生物学的层次加深对自身的认知和疾病的治疗，不断把许多不治之症从医学难题中剔除，使生命得以延续。大师们在奈何桥头加上道道拦网，提高了人类的平均寿命和生命的尊严。我们永远感恩诺贝尔奖得主，为人类把梦想变成现实做出的突出性贡献。

4. 文学奖共颁发111次，获奖者113人，占总得主人数的12.3%。获奖者共计使用25种语言写作，使用英文写作的占25%。文学奖得主情况按国家统计如表1-4所示。

表1-4 诺贝尔文学奖统计表（截至2017年10月）

获奖国家	获奖人数	获奖国家	获奖人数	获奖国家	获奖人数	获奖国家	获奖人数
法国	15	美国	11	英国	11	德国	8
瑞典	8	意大利	6	西班牙	5	波兰	3
爱尔兰	4	苏俄	4	丹麦	3	挪威	3
瑞士	2	希腊	2	日本	2	南非	2
智利	2	冰岛	1	匈牙利	1	奥地利	1
芬兰	1	捷克	1	以色列	1	比利时	1
葡萄牙	1	加拿大	1	哥伦比亚	1	危地马拉	1
秘鲁	1	圣卢西亚	1	墨西哥	1	澳大利亚	1
印度	1	中国	1	土耳其	1	埃及	1
白俄罗斯	1	尼日利亚	1	前南斯拉夫	1		
获奖总人数113人，法国15人，占总人数的13.3%。							

诺贝尔文学奖是人类的文化记忆与精神守望，以文学大师之手，打开了一个充满无价之宝的珍珠母，华光熠熠；让纷扬繁杂的大千世界回荡在星光闪闪的传奇世界之中。诺贝尔文学奖得主或满腹经纶、鸿篇巨制，或才华横溢、著作等身，抑或文采与风骚齐飞，抑或婉约共豪放一炉，海纳百川而成就人类的文学宝库。诺贝尔文学奖得主出自全球五大洲，其中 1953 年诺贝尔文学奖得主温斯顿·丘吉尔的经历最为不同，他两度出任英国首相，是 20 世纪最重要的政治领袖之一，领导英国人民赢得第二次世界大战，是“雅尔塔会议三巨头”之一；作为历史上掌握英语单词数量最多的人之一，可谓著作等身，却以回忆录《不需要的战争》获奖。它让我们懂得人类种族并无畛域，无论肤色黑白黄棕，滑过唇边的泪水同样是苦涩的；它让我们明白了两性平等的重要，女人同样拥有灵魂、智慧和韧性，女性的奉献、爱情和命运必须获得尊重；它让我们感同身受，对脆弱的个人在对抗强大野蛮强权时的痛苦经历；它让我们在追求自我灵魂安宁时，应以恢宏的胸怀气度兼容信仰文明之间的冲突和交错。无论是远在天堂的先贤还是近在比邻的巨匠大师，他们挟世界各国纵横说史之风，兼具诗词歌赋之美，以简约含蓄、隽永传神和机智幽默的语言，描绘人类精彩纷呈的生活，揭示人生深邃无比的哲理，让我们对世界历史和人类文明的多样化有更加丰富和深入的认知，进而变得更睿智、朴实与谦卑，也更多元化、深刻与宽容。人类过去 100 多年的文学巨匠的名字永远镌刻在我们的心上。

5. 诺贝尔和平奖由挪威诺贝尔委员会负责评选，在挪威首都奥斯陆颁发。117 年来，除个人外，还有国际红十字会委员会等 24 家机构获奖。其中国际红十字委员会（ICRC）获奖 3 次、联合国难民事务高级专员公署（UNHCR）获奖 2 次。截至 2017 年，65 座和平奖杯由一人独享，28 座和平奖杯由两人分享，2 座和平奖杯由三人共享。诺贝尔和平奖获得者由于涉及政治，仁者见仁，智者见智，比其他五项诺贝尔奖获得者时有争议，甚至导致挪威政府和获奖者所在国政府间的争拗。

6. 诺贝尔经济学奖共颁发 48 次，获奖者 79 人，占总得主人数的 8.6%。其中，美国埃莉诺·奥斯特罗姆是唯一获经济学奖的女性，圣卢西亚共和国威廉·阿瑟·刘易斯是唯一获经济学奖的黑人。华人学者始终无缘此奖项。经济学奖得主情况按国家统计如表 1-5 所示。

表 1-5 诺贝尔经济学奖统计表（截至 2017 年 10 月）

获奖国家	获奖人数	获奖国家	获奖人数
美国	55	英国	8
挪威	3	瑞典	2
法国	2	荷兰	2
德国	1	苏联	1
加拿大	1	印度	1
以色列	1	塞浦路斯	1
圣卢西亚	1		
获奖总人数 79 人，美国 55 人，占总人数的 69.6%。			

诺贝尔经济学奖于 1969 年首次颁发，截至 2017 年，一共颁发了 48 次。芝加哥大学以获诺贝尔经济学奖居首而闻名遐迩。在全部的 79 人次奖项中芝加哥经济学派独得 28 项，占获奖总人数的 35.4%，在诺贝尔单项奖上的成绩超过世界上任何一个学术机构而傲视天下。1905 年独立的北欧国家挪威竟有 3 人获奖，可谓地灵人杰、翘楚辈出。在经济学奖得主中，美国人数成为绝对的第一，其他国家望尘莫及。美国保罗·萨缪尔森被誉为经济学的最后一个通才，55 岁独享 1970 年度诺贝尔经济学奖，成为第一个获得诺贝尔经济学奖的美国人。他从斯德哥尔摩领奖回到纽约，一时万人空巷，成千上万的人用最高的礼仪欢迎他，民众的科学素养令人羡慕。自 2000 年以来，几乎每一届诺贝尔经济学奖得主都有美国人的身影。美籍华人蒋硕杰是首位获诺贝尔经济学奖提名（1982 年）的经济学家，华人学者始终与此奖项无缘。美国莱昂尼德·赫维奇在 90 岁时获得 2007 年度诺贝尔经济学奖，同时他也是所有奖项类别中最年长的得主。经济学奖得主的平均年龄最高，约达 67.2 岁，是诺贝尔奖中门槛最高的，其理论必须经过数十年世界经济波动的证实，统计数据显示该奖得主的平均年龄也特别高，超过 86 岁。

7. 按性别、年龄统计，2017 年诺贝尔奖得主情况如下：男性 848 人，占总得主人数 94.5%；女性 49 人，占总得主人数 5.5%。最年轻的诺贝尔奖得主是巴基斯坦 17 岁的马拉拉·尤萨夫扎伊，最年长的诺贝尔奖得主是 90 岁美籍俄裔经济学家莱昂尼德·赫维奇；诺贝尔奖得主平均年龄约 59 岁。

十大诺贝尔奖产生国和产生一位诺贝尔奖得主所需时间（按获奖时所在国划分）：美国 356 人，占总得主人数的 38.6%，用时 3.7 个月；英国 116 人，占总得主人数的 12.6%，用时 1.01 年；德国 76 人，占总得主人数的 8.24%，用时 1.5 年；法国 59 人，占总得主人数的 6.40%，用时约 2 年；瑞典 32 人，占总得主人数的 3.47%，用时 3.65 年；瑞士 28 人，占总得主人数的 3.04%，用时 8 年；日本 23 人，占总得主人数的 2.49%，用时 5.08 年；俄罗斯 19 人，占总得主人数的 2.06%，用时 6.15 年；荷兰 19 人，占总得主人数的 2.06%，用时 6.15 年；丹麦 13 人，占总得主人数的 1.41%，用时 9 年。

从 1900 年到 2017 年，共 57 个国家和地区产生过 919 位诺贝尔奖得主，其中获奖时在美国工作的得主更是高达 392 位；如以诺贝尔奖得主的出生地计，产生过诺贝尔奖得主的国家则多达 74 个，其中出生于美国的诺贝尔奖得主多达 295 位。这是战争和国际间人才流动所造成的差异。美国、英国、德国和法国的获奖人数始终稳居前四位。中国获诺贝尔奖人数，与其经济总量居世界第二、人口总数占世界近 1/4 和国土面积居世界第四位是远远不相称的。

第三节　诺贝尔奖获得者一览表

颁奖年份	获奖者和国籍
1901	物理（德国：威廉·康拉德·伦琴）、化学（荷兰：亨利克·范霍夫）、生理学或医学（德国：埃米尔·阿道夫·冯·贝林）、文学（法国：苏利·普吕多姆）、和平（瑞士：让·亨利·杜南，法国：弗雷德里克·帕西）
1902	物理（荷兰：亨德利克·洛伦兹、彼德·塞曼）、化学（德国：艾米尔·费歇尔）、生理学或医学（英国：罗纳德·罗斯）、文学（德国：特奥多尔·蒙森）、和平（瑞士：埃利·迪科门、夏尔莱·阿尔贝特·戈巴特）
1903	物理（法国：安东尼·亨利·贝克勒尔、皮埃尔·居里、玛丽·居里）、化学（瑞典：斯万特·奥古斯特·阿累尼乌斯）、生理学或医学（丹麦：尼尔斯·吕贝里·芬森）、文学（挪威：比昂斯滕·比昂松）、和平（英国：威廉·兰德尔·克里默）
1904	物理（英国：瑞利）、化学（英国：威廉·拉姆赛）、生理学或医学（俄罗斯：巴甫洛夫·伊凡·彼德罗维奇）、文学（法国：弗雷德里克·米斯塔尔，西班牙：何塞·埃切加赖）、和平（国际法研究院）
1905	物理（德国：菲利普·勒纳德）、化学（德国：阿道夫·冯·贝耶尔）、生理学或医学（德国：罗伯特·柯赫）、文学（波兰：亨利克·显克维支）、和平（奥地利：贝尔塔·冯·苏特纳）
1906	物理（英国：约瑟夫·汤姆逊）、化学（法国：莫瓦桑）、生理学或医学（意大利：卡米洛·高尔基，西班牙：桑地牙哥·拉蒙卡哈）、文学（意大利：祖埃·卡尔杜齐）、和平（美国：西奥多·罗斯福）

续表

颁奖年份	获奖者和国籍
1907	物理（美国：阿尔伯特·迈克尔逊）、化学（德国：布赫纳）、生理学或医学（法国：夏尔·路易·拉韦朗）、文学（英国：约瑟夫·吉卜林）、和平（意大利：埃内斯托·莫内塔，法国：路易·雷诺）
1908	物理（法国：加布里埃尔·李普曼）、化学（英国：欧内斯特·卢瑟福）、生理学或医学（俄国：埃黎耶·埃黎赫·梅契尼可夫，德国：保罗·埃尔利希）、文学（德国：鲁道尔夫·欧肯）、和平（瑞典：克拉斯·阿诺尔德松，丹麦：弗雷德里克·贝耶）
1909	物理（意大利：伽利尔摩·马可尼，德国：卡尔·费迪南德·布劳恩）、化学（德国：威廉·奥斯特瓦尔德）、生理学或医学（瑞士：埃米尔·特奥多尔·科赫尔）、文学（瑞典：西尔玛·拉格洛夫）、和平（比利时：奥古斯特·贝尔纳特，法国：保罗·德康斯坦）
1910	物理（荷兰：约翰尼斯·范德·瓦耳斯）、化学（德国：奥托·瓦拉赫）、医学（德国：阿尔布雷希特·科塞尔）、文学（德国：路德维希·冯·海塞）、和平（国际和平局）
1911	物理（德国：威尔汉·维恩）、化学（法国：玛丽·居里）、生理学或医学（瑞典：阿尔瓦·古尔斯特兰德）、文学（比利时：莫里斯·梅特林克）、和平（荷兰：托比亚斯·卡雷尔·阿赛尔，奥地利：阿尔弗雷德·赫尔曼·弗里德）
1912	物理（瑞典：尼尔斯·达伦）、化学（法国：维克多·格林尼亚，萨巴蒂埃）、生理学或医学（法国：亚历克西·卡雷尔）、文学（德国：盖哈特·霍普特曼）、和平（美国：伊莱休·鲁特）
1913	物理（荷兰：卡末林·昂内斯）、化学（瑞士：维尔纳）、生理学或医学（法国：夏尔·罗贝尔·里歇）、文学（印度：罗宾德拉纳特·泰戈尔）、和平（比利时：亨利·拉方丹）
1914	物理（德国：冯·劳厄）、化学（美国：T. W. 理查兹）、生理学或医学（奥地利：罗伯特·巴拉尼）、文学（未颁发）、和平（未颁发）
1915	物理（英国：威廉·亨利·布拉格、劳伦斯·布拉格）、化学（德国：威尔施泰特）、生理学或医学（未颁发）、文学（法国：罗曼·罗兰）、和平（未颁发）
1916	物理（未颁发）、化学（未颁发）、生理学或医学（未颁发）、文学（瑞典：魏尔纳·海顿斯坦姆）、和平（未颁发）
1917	物理（英国：查尔斯·格洛弗·巴克拉）、化学（未颁发）、生理学或医学（未颁发）、文学（丹麦：卡尔·耶勒鲁普、亨利克·彭托皮丹）、和平（红十字国际委员会）
1918	物理（德国：马克斯·普朗克）、化学（德国：弗里茨·哈伯）、生理学或医学（未颁发）、文学（未颁发）、和平（未颁发）
1919	物理（德国、约翰尼斯·斯塔克）、化学（未颁发）、生理学或医学（比利时：朱尔·博尔代）、文学（瑞士：卡尔·施皮特勒）、和平（美国：托马斯·伍德罗·威尔逊）
1920	物理（瑞士：夏尔·爱德华·纪尧姆）、化学（德国：能斯特）、生理学或医学（丹麦：沙克·史丁伯格·克罗）、文学（挪威：克努特·汉姆生）、和平（法国：莱昂·维克托·布儒瓦）

续表

颁奖年份	获奖者和国籍
1921	物理（瑞士：阿尔伯特·爱因斯坦）、化学（英国：弗雷德里克·索迪）、生理学或医学（未颁发）、文学（法国：阿纳托尔·法郎士）、和平（瑞典：卡尔·布兰廷，挪威：克贝斯蒂安·路易斯·兰格）
1922	物理（丹麦：尼尔斯·玻尔）、化学（英国：阿斯顿）、生理学或医学（德国：奥托·迈尔霍夫，英国：阿奇博德·希尔）、文学（西班牙：哈辛特·马丁内斯）、和平（挪威：弗里乔夫·南森）
1923	物理（美国：罗伯特·密立根）、化学（奥地利：普雷格尔）、生理学或医学（加拿大：弗雷德里克·班廷，苏格兰：约翰·麦克劳德）、文学（爱尔兰：威廉·叶芝）、和平（未颁发）
1924	物理（瑞典：曼内·西格巴恩）、化学（未颁发）、生理学或医学（荷兰：威廉·埃因托芬）、文学（波兰：弗拉迪斯拉夫·莱蒙特）、和平（未颁发）
1925	物理（德国：古斯塔夫·路德维格·赫兹、詹姆斯·弗兰克）、化学（奥地利/德国：理查德·席格蒙迪）、生理学或医学（未颁发）、文学（爱尔兰：乔治·萧伯纳）、和平（美国：查尔斯·道威斯，英国：奥斯丁·张伯伦）
1926	物理（法国：让·巴蒂斯特·皮兰）、化学（瑞典：斯维德伯格）、生理学或医学（丹麦：约翰尼斯·格列伯·菲比格）、文学（意大利：格拉齐亚·黛莱达）、和平（法国：阿里斯蒂德·白里安，德国：古斯塔夫·施特雷泽曼）
1927	物理（英国：查尔斯·威尔逊，美国：康普顿）、化学（德国：海因里希·维兰德）、生理学或医学（奥地利：朱利叶斯·尧雷格）、文学（法国：亨利·柏格森）、和平（法国：费迪南·比松，德国：路德维希·克魏德）
1928	物理（英国：欧文·里查森）、化学（德国：阿道夫·奥托·温道斯）、生理学或医学（法国：查尔斯·尼柯尔）、文学（挪威：西格里德·温塞特）、和平（未颁发）
1929	物理（法国：路易·维克多·德布罗意）、化学（英国：哈登，瑞典：奥伊勒·凯尔平）、生理学或医学（荷兰：克里斯蒂安·艾克曼，英国：弗雷德里克·霍普金斯）、文学（德国：保尔·托马斯·曼）、和平（美国：弗兰克·B. 凯洛格）
1930	物理（印度：拉曼）、化学（德国：汉斯·费歇尔）、生理学或医学（美国：卡尔·兰德斯坦纳）、文学（美国：辛克莱·刘易斯）、和平（瑞典：拉尔斯·瑟德布卢姆）
1931	物理（未颁发）、化学（德国：贝吉乌斯、卡尔·博施）、生理学或医学（德国：奥托·瓦尔堡）、文学（瑞典：埃利克·卡尔费尔德）、和平（美国：劳拉·简·亚当斯、尼古拉斯·巴特勒）
1932	物理（德国：沃纳·海森堡）、化学（美国：欧文·朗缪尔）、生理学或医学（英国：查尔斯·谢灵顿、埃德加·阿德里安）、文学（英国：约翰·高尔斯华绥）、和平（未颁发）
1933	物理（英国：保罗·狄拉克，奥地利：埃尔温·薛定谔）、化学（未颁发）、生理学或医学（美国：托马斯·摩尔根）、文学（俄罗斯：伊凡·蒲宁）、和平（英国：诺曼·安吉尔）
1934	物理（未颁发）、化学（美国：哈罗德·尤里）、生理学或医学（美国：乔治·惠普尔、乔治·理查兹·迈诺特、威廉·莫菲）、文学（意大利：路伊吉·皮兰德娄）、和平（英国：阿瑟·亨德森）

续表

颁奖年份	获奖者和国籍
1935	物理（英国：詹姆斯·查德威克）、化学（法国：让－弗雷德里克·约里奥－居里、伊伦·约里奥·居里）、生理学或医学（德国：汉斯·斯佩曼）、文学（未颁发）、和平（德国：卡尔·奥西茨基）
1936	物理（奥地利：利维克托·赫斯，美国：卡尔·安德森）、化学（荷兰：德拜）、生理学或医学（奥地利：奥托·莱奥维，英国：亨利·戴尔）、文学（美国：尤金·奥尼尔）、和平（阿根廷：卡洛斯·拉马斯）
1937	物理（英国：乔治·汤姆逊，美国：克林顿·戴维斯）、化学（英国：沃尔特·霍沃斯，瑞士：保罗·卡雷）、生理学或医学（匈牙利：纳扎波尔蒂·阿尔伯特）、文学（法国：罗杰·杜加尔）、和平（英国：埃德加·罗伯特·塞西尔）
1938	物理（意大利：恩利克·费米）、化学（德国：理查德·库恩）、生理学或医学（比利时：柯奈尔·海门斯）、文学（美国：赛珍珠）、和平（南森国际难民办公室）
1939	物理（美国：欧内斯特·劳伦斯）、化学（ 德国：阿道夫·布泰南特）、生理学或医学（德国：格哈德·多马克）、文学（芬兰：弗兰斯·西兰帕）、和平（未颁发）
1940	物理（未颁发）、化学（未颁发）、生理学或医学（未颁发）、文学（未颁发）、和平（未颁发）
1941	物理（未颁发）、化学（未颁发）、生理学或医学（未颁发）、文学（未颁发）、和平（未颁发）
1942	物理（未颁发）、化学（未颁发）、生理学或医学（未颁发）、文学（未颁发）、和平（未颁发）
1943	物理（美国：奥托·斯特恩）、化学（匈牙利：海维西）、生理学或医学（美国：爱德华·多伊西，丹麦：亨利克·达姆）、文学（未颁发）、和平（未颁发）
1944	物理（美国：伊西多·拉比）、化学（德国：奥托·哈恩）、生理学或医学（美国：约瑟夫·厄尔兰格、赫伯特·加塞）、文学（丹麦：约翰内斯·扬森）、和平（未颁发）
1945	物理（奥地利：沃尔夫冈·泡利）、化学（芬兰：阿尔图里·维尔塔宁）、生理学或医学（英国：霍华德·弗洛里、斯特·柴恩、亚历山大·弗莱明）、文学（智利：列拉·米斯特拉尔）、和平（美国：考代尔·赫尔）
1946	物理（美国：威廉姆斯·布里奇曼）、化学（美国：詹姆斯·萨姆纳、诺思罗普、斯坦利）、生理学或医学（美国：赫尔曼·穆勒）、文学（瑞士：赫尔曼·黑塞）、和平（美国：爱米莉·巴尔奇、约翰·瑞利·马特）
1947	物理（英国：爱德华·阿普尔顿）、化学（英国：罗伯特·鲁宾逊）、生理学或医学（美国：卡尔·科里、格蒂·科里，阿根廷：贝尔纳多·奥赛）、文学（法国：安德烈·纪德）、和平（英国教友会）
1948	物理（英国：梅纳德·布莱克特）、化学（瑞典：阿尔内·蒂塞利乌斯）、生理学或医学（瑞士：保罗·穆勒）、文学（英国：托马斯·艾略特）、和平（未颁发）
1949	物理（日本：汤川秀树）、化学（美国：威廉·乔克）、生理学或医学（葡萄牙：安东尼奥·莫尼兹，瑞士：瓦尔特·赫斯）、文学（美国：威廉·福克纳）、和平（英国：约翰·博伊德·奥尔）

续表

颁奖年份	获奖者和国籍
1950	物理（英国：塞西尔·鲍威尔）、化学（德国：库特·阿尔德、奥托·迪尔斯）、生理学或医学（美国：菲利普·亨奇、爱德华·肯德尔，瑞士：塔德乌什·赖希施泰因）、文学（英国：伯特兰·罗素）、和平（美国：拉尔夫·本奇）
1951	物理（英国：欧内斯特·沃尔顿、约翰·科克罗夫）、化学（美国：埃德温·麦克米伦、西博格）、生理学或医学（南非：马克斯·泰累尔）、文学（瑞典：帕尔·拉格奎斯特）、和平（法国：列翁·茹奥）
1952	物理（美国：爱德华·珀塞尔、菲利克斯·布洛兹）、化学（英国：阿切尔·马丁、理查德·辛格）、生理学或医学（美国：赛尔曼·A. 瓦克斯曼）、文学（法国：弗朗索瓦·莫里亚克）、和平（德国：阿尔贝特·施韦泽）
1953	物理（荷兰：弗里茨·泽尔尼克，英国：马克斯·玻恩）、化学（德国：施陶丁格）、生理学或医学（美国：弗里茨·李普曼，英国：汉斯·克雷布斯）、文学（英国：温斯顿·丘吉尔）、和平（美国：乔治·马歇尔）
1954	物理（德国：瓦尔特·博特）、化学（美国：莱纳斯·鲍林）、生理学或医学（美国：托马斯·韦勒、弗雷德里克·罗宾斯、约翰·恩德斯）、文学（美国：欧内斯特·海明威）、和平（联合国难民事务高级专员办事处）
1955	物理（美国：波利卡普·库施、威利斯·兰姆）、化学（美国：杜·维尼奥）、生理学或医学（瑞典：阿克塞尔·特奥雷尔）、文学（冰岛：赫尔多尔·拉克司内斯）、和平（未颁发）
1956	物理（美国：威廉·肖克利、约翰·巴丁、华特·布拉顿）、化学（苏联：尼古拉依·谢苗诺夫，英国：欣谢尔伍德）、生理学或医学（美国：迪金森·理查兹、安德烈·考南德，德国：沃纳·福斯曼）、文学（西班牙：胡安·希梅内斯）、和平（未颁发）
1957	物理（美国：李政道、杨振宁）、化学（英国：亚历山大·托德）、生理学或医学（瑞士：达尼埃尔·博韦）、文学（法国：阿尔贝·加缪）、和平（加拿大：莱斯特·皮尔森）
1958	物理（苏联：伊利亚·弗兰克、伊戈利·塔姆、鲍维尔·切伦科夫）、化学（英国：弗雷德里克·桑格）、生理学或医学（美国：乔治·比德尔、爱德华·塔特姆、乔舒亚·莱德伯格）、文学（苏联：鲍利斯·帕斯捷尔纳克）、和平（比利时：乔治·皮尔）
1959	物理（美国：埃米利奥·塞格雷、欧文·张伯伦）、化学（捷克斯洛伐克：雅罗斯拉夫·海洛夫斯基）、生理学或医学（美国：塞韦罗·德阿尔沃诺斯、阿瑟·科恩伯格）、文学（意大利：萨瓦多尔·夸西莫多）、和平（英国：菲利普·贝克）
1960	物理（美国：格拉塞）、化学（未颁发）、生理学或医学（澳大利亚：弗兰克·伯内特，英国：彼得·梅达瓦）、文学（法国：圣·琼·佩斯）、和平（南非：艾伯特·卢图利）
1961	物理（德国：鲁道夫·穆斯堡尔，美国：罗伯特·霍夫斯塔特）、化学（美国：梅尔文·卡尔文）、生理学或医学（美国：盖欧尔格·贝凯希）、文学（南斯拉夫：伊沃·安德里奇）、和平（瑞典：达格·哈马舍尔德）
1962	物理（苏联：列夫·朗道）、化学（英国：约翰·肯德鲁、马克斯·佩鲁茨）、生理学或医学（英国：弗朗西斯·克里克、莫里斯·威尔金斯，美国：詹姆斯·沃森）、文学（美国：约翰·斯坦贝克）、和平（美国：鲍林）

续表

颁奖年份	获奖者和国籍
1963	物理（德国：延森，美国：玛丽亚·格佩特－梅耶）、化学（意大利：G.纳塔，联邦德国：马尔科·齐格勒）、生理学或医学（澳大利亚：约翰·埃克尔斯，英国：艾伦·霍奇金、安德鲁·赫肯黎）、文学（希腊：乔治·塞菲里斯）、和平（红十字国际委员会）
1964	物理（美国：查尔斯·汤斯，苏联：尼古拉·巴索夫、亚历山大·普罗霍罗夫）、化学（英国：多萝西·霍奇金）、生理学或医学（美国：拉德·布洛赫，德国：费奥多尔·吕南）、文学（法国：让－保尔·萨特）、和平（美国：马丁·路德·金）
1965	物理（美国：朱利安·施温格、理查德·费因曼，日本：朝永振一郎）、化学（美国：罗伯特·伍德沃德）、生理学或医学（法国：方斯华·贾克柏、贾克·莫诺、安德列·利沃夫）、文学（苏联：米哈伊尔·肖洛霍夫）、和平（联合国儿童基金会）
1966	物理（法国：阿尔弗雷德·卡斯特勒）、化学（美国：罗伯特·马利肯）、生理学或医学（美国：查尔斯·哈金斯、裴顿·劳斯）、文学（以色列：萨缪尔·阿格农，瑞典：奈莉·萨克斯）、和平（未颁发）
1967	物理（美国：汉斯·贝特）、化学（联邦德国：曼弗雷德·艾根，英国：罗纳德·诺里什、乔治·波特）、生理学或医学（美国：霍尔登·哈特兰、乔治·沃尔德，芬兰：拉格纳·格拉尼特）、文学（危地马拉：安赫尔·阿斯图里亚斯）、和平（未颁发）
1968	物理（美国：路易斯·阿尔瓦雷斯）、化学（美国：翁萨格）、生理学或医学（美国：马歇尔·尼伦伯格、罗伯特·霍利、哈尔·科拉纳）、文学（日本：川端康成）、和平（法国：勒内·卡森）
1969	物理（美国：默里·卡斯特勒）、化学（英国：德里克·巴顿，挪威：奥德·哈塞尔）、生理学或医学（美国：萨尔瓦多·卢瑞亚、马克斯·德尔布吕克、阿弗雷德·赫希）、经济学（挪威：拉格纳·弗里希，荷兰：简·丁伯根）、文学（爱尔兰：萨缪尔·贝克特）、和平（国际劳工组织）
1970	物理（法国：路易·奈耳，瑞典：汉尼斯·阿尔文）、化学（阿根廷：路易斯·莱洛伊尔）、生理学或医学（美国：朱利叶斯·阿克塞尔罗德，英国：伯纳德·卡茨，瑞典：乌尔夫·奥伊勒）、经济学（美国：保罗·萨缪尔森）、文学（苏联：亚历山大·索尔仁尼琴）、和平（美国：诺曼·勃劳格）
1971	物理（英国：丹尼斯·加博尔）、化学（加拿大：格哈德·赫茨贝格）、生理学或医学（美国：厄尔·萨瑟兰）、经济学（美国：西蒙·库兹涅茨）、文学（智利：巴勃鲁·聂鲁达）、和平（德国：维利·勃兰特）
1972	物理（美国：施里弗、库珀、约翰·巴丁）、化学（美国：克里斯蒂安·安芬森、坦福·摩尔、威廉·斯坦）、生理学或医学（美国：杰拉尔德·埃德尔曼，英国：罗德尼·波特）、经济学（英国：约翰·希克斯，美国：肯尼斯·阿罗）、文学（德国：海因里希·伯尔）、和平（未颁发）
1973	物理（美国：伊瓦尔·贾埃弗，英国：约瑟夫森，日本：江崎玲于奈）、化学（英国：杰弗里·威尔金森，德国：厄恩斯特·费歇尔）、生理学或医学（荷兰：尼可拉斯·丁伯根，奥地利：康拉德·洛伦兹、卡尔·弗里希）、经济学（美国：华西里·列昂季耶夫）、文学（澳大利亚：帕特里克·怀特）、和平（美国：亨利·基辛格，越南：黎德寿）

续表

颁奖年份	获奖者和国籍
1974	物理（英国：安东尼·赫威斯、马丁·赖尔）、化学（美国：保罗·弗洛里）、生理学或医学（美国：乔治·埃米尔·帕拉德，比利时：阿尔伯特·克劳德，英国：克里斯汀·迪夫）、经济学（英国：弗里德里希·哈耶克，瑞典：贡纳尔·默达尔）、文学（瑞典：埃温特·约翰逊、哈里·马丁逊）、和平（爱尔兰：肖恩·麦克布赖德，日本：佐藤荣作）
1975	物理（丹麦：尼尔斯·戴维·玻尔、本·莫特尔森，英国：里奥·雷恩沃特）、化学（英国：约翰·康福思，瑞士：普雷洛格）、生理学或医学（美国：霍华德·特明、雷纳托·杜尔贝科、戴维·巴尔的摩）、经济学（苏联：列奥尼德·康托罗维奇，荷兰：特亚林·库普曼斯）、文学（意大利：埃乌杰尼奥·蒙塔莱）、和平（苏联：安德烈·萨哈罗夫）
1976	物理（美国：伯顿·里克特、丁肇中）、化学（美国：威廉·利普斯科姆）、生理学或医学（美国：丹尼尔·盖杜谢克、巴鲁克·布隆伯格）、经济学（美国：米尔顿·弗里德曼）、文学（美国：索尔·贝娄）、和平（英国：贝蒂·威廉斯、梅里德·科里根）
1977	物理（美国：P.W.安德森、范弗莱克，英国：莫特）、化学（比利时：伊利亚·普里戈金）、生理学或医学（美国：罗莎琳·萨斯曼·耶洛、安德鲁·维克托·沙利、罗歇·夏尔·路易·吉耶曼）、经济学（瑞典：戈特哈德·贝蒂尔·俄林，英国：詹姆斯·爱德华·米德）、文学（西班牙：阿莱克桑德雷·梅洛）、和平（国际特赦组织）
1978	物理（苏联：彼得·卡皮查，美国：阿诺·彭齐亚斯、罗伯特·威尔逊）、化学（英国：彼得·米切尔）、生理学或医学（美国：丹尼尔·纳森斯、汉弥尔顿·史密斯，瑞士：沃纳·亚伯）、经济学（美国：赫伯特·西蒙）、文学（美国：艾萨克·辛格）、和平（埃及：穆罕默德·萨达特）
1979	物理（巴基斯坦：萨拉姆，美国：史蒂芬·温伯格、格拉肖）、化学（德国：格奥尔格·维蒂希，美国：赫伯特·布朗）、生理学或医学（美国：艾伦·科马克，英国：高弗雷·豪斯费尔德）、经济学（圣卢西亚：威廉·刘易斯，美国：西奥多·舒尔茨）、文学（希腊：奥德修斯·埃里蒂斯）、和平（科索沃地区：德兰修女）
1980	物理（美国：詹姆斯·克罗宁、瓦尔·菲奇）、化学（美国：沃特·吉尔伯特、保罗·伯格，英国：弗雷德里克·桑格）、生理学或医学（美国：乔治·斯内尔、巴茹·贝纳塞拉夫，法国：让·多塞）、经济学（美国：劳伦斯·克莱因）、文学（美国：切斯拉夫·米沃什）、和平（阿根廷：阿道弗·埃斯基维尔）
1981	物理（美国：阿瑟·肖洛、尼古拉斯·布洛姆伯根，瑞典：凯·西格巴恩）、化学（美国：罗德·霍夫曼，日本：福井谦一）、生理学或医学（美国：罗杰·斯佩里，瑞典：托斯坦·维厄瑟尔，加拿大：大卫·休伯尔）、文学（英国：埃利亚斯·卡内蒂）、经济学（美国：詹姆斯·托宾）、和平（联合国难民事务高级专员公署）
1982	物理（美国：肯尼斯·威尔逊）、化学（英国：阿龙·克卢格）、生理学或医学（瑞典：本格特·萨米尔松、苏恩·伯格斯特龙，英国：约翰·范恩）、经济学（美国：乔治·斯蒂格勒）、文学（哥伦比亚：加夫列尔·马尔克斯）、和平（瑞典：阿尔瓦·米达尔，墨西哥：阿方索·罗夫莱斯）
1983	物理（美国：苏布拉马尼扬·钱德拉塞卡、威廉·福勒）、化学（美国：陶布）、生理学或医学（美国：巴巴拉·麦克林托克）、经济学（美国：罗拉尔·德布鲁）、文学（英国：威廉·戈尔丁）、和平（波兰：莱赫·瓦文萨）

续表

颁奖年份	获奖者和国籍
1984	物理（荷兰：西蒙·范德梅尔，意大利：卡洛·鲁比亚）、化学（美国：罗伯特·梅里菲尔德）、生理学或医学（英国：色萨·米尔斯坦，丹麦：尼尔斯·杰尼，德国：乔治斯·克勒）、经济学（英国：理查德·斯通）、文学（捷克：雅罗斯拉夫·塞弗尔特）、和平（南非：德斯蒙德·图图）
1985	物理（德国：冯·克利津、詹姆斯·克罗宁、瓦尔·菲奇）、化学（美国：豪普特曼、卡尔勒）、生理学或医学（美国：约瑟夫·戈尔茨坦、麦可·布朗）、经济学（美国：弗兰科·莫迪利安尼）、文学（法国：克洛德·西蒙）、和平（国际防止核战争医生组织）
1986	物理（瑞士：海因里希·罗雷尔，德国：格尔德·宾宁、恩斯特·鲁斯卡）、化学（美国：李远哲、达德利·赫施巴赫，加拿大：约翰·波拉尼）、生理学或医学（美国：斯坦利·科恩，意大利：丽塔·蒙塔尔奇尼）、经济学（美国：詹姆斯·布坎南）、文学（尼日利亚：沃莱·索因卡）、和平（美国：埃利·威瑟尔）
1987	物理（德国：约翰内斯·贝德诺尔茨，瑞士：卡尔·米勒）、化学（美国：查尔斯·佩德森、唐纳德·克拉姆，法国：让－马里·莱恩）、生理学或医学（日本：利根川进）、经济学（美国：罗伯特·索洛）、文学（美国：约瑟夫·布罗茨基）、和平（哥斯达黎加：奥斯卡·桑切斯）
1988	物理（美国：梅尔文·施瓦茨、莱昂米·莱德曼，德国：杰克斯·坦伯格）、化学（德国：罗伯特·哈博、约翰·戴森霍弗、哈特穆特·米歇尔）、生理学或医学（美国：格特鲁德·埃利恩、乔治·希青斯，英国：詹姆士·布拉克）、经济学（法国：莫里斯·阿莱斯）、文学（埃及：纳吉布·马哈富兹）、和平（联合国维持和平部队）
1989	物理（美国：诺曼·拉姆齐、汉斯·德默尔特，德国：沃尔夫冈·保罗）、化学（美国：托马斯·切赫，加拿大：西德尼·奥尔特曼）、生理学或医学（美国：哈罗德·瓦慕斯、迈克尔·毕晓普）、经济学（挪威：特里夫·哈维默）、文学（西班牙：卡米略·塞拉）
1990	物理（加拿大：理查德·泰勒，美国：弗里德曼·肯德尔、亨利·肯德尔）、化学（美国：艾里亚斯·科里）、生理学或医学（美国：约瑟夫·默里、唐纳尔·托马斯）、经济学（美国：默顿·米勒、哈里·马科维茨、威廉·夏普）、文学（墨西哥：奥克塔维奥·帕斯）、和平（苏联：米哈伊尔·戈尔巴乔夫）
1991	物理（法国：皮埃尔－吉勒·德热纳）、化学（瑞士：理查德·恩斯特）、生理学或医学（德国：伯特·萨克曼、厄温·内尔）、经济学（英国：罗纳德·科斯）、文学（南非：内丁·戈迪默）、和平（缅甸：昂山素季）
1992	物理（法国：夏帕克）、化学（美国：鲁道夫·马库斯）、生理学或医学（美国：埃德温·克雷布斯、瑞士：埃德蒙·费希尔）、经济学（美国：加里·贝克尔）、文学（圣卢西亚：德里克·沃尔科特）、和平（危地马拉：里戈韦塔·图姆）
1993	物理（美国：约瑟夫·泰勒拉、塞尔·赫尔斯）、化学（美国：凯利·穆利斯，加拿大：迈克尔·史密斯）、生理学或医学（美国：菲利普·夏普，英国：理察·罗伯茨）、经济学（美国：道格拉斯·福格尔）、文学（美国：托尼·莫里森）、和平（南非：纳尔逊·曼德拉、弗雷德里克·德克勒克）

续表

颁奖年份	获奖者和国籍
1994	物理（美国：克利福德·沙尔，加拿大：伯特伦·布罗克豪斯）、化学（美国：乔治·欧拉）、生理学或医学（美国：马丁·罗德贝尔、艾尔佛列·吉尔曼）、经济学（美国：约翰·纳什、约翰·海萨尼，德国：莱茵哈德·泽尔腾），文学（日本：大江健三郎）、和平（巴勒斯坦：亚西尔·阿拉法特，以色列：西蒙·佩雷斯、伊扎克·拉宾）
1995	物理（美国：马丁·佩尔、莱因斯）、化学（美国：弗兰克·罗兰，墨西哥：马里奥·莫利纳，荷兰：保罗·克鲁岑）、生理学或医学（美国：爱德华·路易斯、艾瑞克·威斯乔斯，德国：克里斯汀·沃尔哈德）、经济学（美国：罗伯特·卢卡斯）、文学（爱尔兰：谢姆斯·希尼）、和平（英国：罗特布拉特，帕格沃什科学和世界事务会议）
1996	物理（美国：戴维·李、道格拉斯·奥谢罗夫、罗伯特·理查森）、化学（美国：罗伯特·科尔、理查德·斯莫利，英国：哈罗德·克罗托）、生理学或医学（瑞士：罗夫·辛克纳吉，澳大利亚：彼得·杜赫提）、经济学（英国：詹姆斯·莫里斯，美国：威廉·维克瑞）、文学（波兰：维斯瓦娃·希姆博尔斯卡）、和平（东帝汶：卡洛斯·菲利普·西门、内斯·贝洛）
1997	物理（美国：朱棣文、W. 菲利普斯，法国：科昂·塔努吉）、化学（美国：保罗·波耶尔，英国：约翰·沃克，丹麦：因斯·斯寇）、生理学或医学（美国：史坦利·布鲁希纳）、经济学（美国：罗伯特·默顿、迈伦·斯科尔斯）、文学（意大利：达里奥·福）、和平（国际反地雷组织）
1998	物理（德国：霍斯特·施特默，美国：崔琦、罗伯特·劳克林）、化学（美国：约翰·包普尔、瓦尔特·科恩）、生理学或医学（美国：罗伯·弗奇戈特、费瑞·穆拉德、路易斯·路伊格纳洛）、经济学（印度：阿马蒂亚·森）、文学（葡萄牙：若泽·萨拉马戈）、和平（英国：约翰·休姆、大卫·特林布尔）
1999	物理（荷兰：马丁努斯·韦尔特曼、赫拉尔杜斯·霍夫特）、化学（埃及－美国：艾哈迈德·泽维尔）、生理学或医学（美国：古特·布洛伯尔）、经济学（加拿大：罗伯特·蒙代尔）、文学（德国：君特·格拉斯）、和平（无国界医生）
2000	物理（俄罗斯：卓尔斯·阿尔费罗夫，美国：杰克·基尔比、赫伯特·克勒默）、化学（美国：艾伦·黑格、艾伦·马克迪尔米德，日本：白川英树）、生理学或医学（美国：埃里克·坎德尔、保罗·格林加德，瑞典：阿尔维德·卡尔森）、经济学（美国：丹尼尔·麦克法登）、和平（韩国：金大中）
2001	物理（美国：埃里克·康奈尔、卡尔·韦曼，德国：沃尔夫冈·克特勒）、化学（美国：威廉·诺尔斯、巴里·夏普雷斯，日本：野依良治）、生理学或医学（美国：利兰·哈特韦尔、蒂姆·亨特，英国：保罗·纳斯）、经济学（美国：乔治·阿克尔洛夫、迈克尔·斯宾塞、约瑟夫·斯蒂格利茨）、文学（英国：奈保尔）、和平（加纳：科菲·安南）
2002	物理（美国：贾科尼、雷蒙德·戴维斯，日本：小柴昌俊）、化学（美国：约翰·芬恩，日本：田中耕一，瑞士：库尔特·维特里希）、生理学或医学（美国：罗伯特·霍维茨，英国：约翰·苏尔斯顿，南非：悉尼·布伦纳）、经济学（以色列－美国：丹尼尔·卡纳曼，美国：弗农·史密斯）、文学（匈牙利：凯尔泰斯·伊姆雷）、和平（美国：詹姆斯·卡特）

续表

颁奖年份	获奖者和国籍
2003	物理（俄罗斯：维塔利·金茨堡，英国－美国：安东尼·莱格特，俄罗斯－美国：阿列克谢·阿布里科索夫）、化学（美国：彼得·阿格雷、罗德里克·麦金农）、生理学或医学（美国：保罗·劳特布尔，英国：彼得·曼斯菲尔德）、经济学（英国：克莱夫·格兰杰，美国：罗伯特·恩格尔）、文学（南非：J. M. 库切）、和平（伊朗：希尔琳·艾芭迪）
2004	物理（美国：戴维·格罗斯、弗兰克·维尔切克、戴维·波利策）、化学（美国：欧文·罗斯，以色列：阿龙·切哈诺沃、阿夫拉姆·赫什科）、生理学或医学（美国：琳达·巴克、理查德·阿克塞尔）、经济学（挪威：芬恩·基德兰德，美国：爱德华·普雷斯科特）、文学（奥地利：埃尔弗里德·耶利内克）、和平（肯尼亚：旺加里·马塔伊）
2005	物理（美国：罗伊·格劳伯、约翰·霍尔，德国：特奥多尔·亨施）、化学（美国：罗伯特·格拉布、理查德·施罗克，法国：伊夫·肖万）、生理学或医学（澳大利：亚罗宾·沃伦、巴里·马歇尔）、经济学（美国：托马斯·谢林，美国－以色列：罗伯特·奥曼）、文学（英国：哈罗德·品特）、和平（国际原子能机构）
2006	物理（美国：约翰·马瑟、乔治·斯穆特）、化学（美国：罗杰·科恩伯格）、生理学或医学（美国：克雷格·梅洛、安德鲁·法尔）、经济学（美国：埃德蒙德·菲尔普斯）、文学（土耳其：费利特·帕慕克）、和平（孟加拉国：穆罕默德·尤努斯、孟加拉乡村银行）
2007	物理（法国：艾尔伯·费尔，德国：彼得·克鲁伯格）、化学（德国：格哈德·埃特尔）、生理学或医学（美国：奥利弗·史密斯、马里奥·卡佩奇，英国：马丁·埃文斯）、经济学（美国：埃里克·马斯金、罗杰·迈尔森莱、昂尼德·赫维奇）、文学（英国：多丽丝·莱辛）、和平（美国：艾伯特·戈尔）
2008	物理（美国：南部阳一郎，日本：益川敏英、小林诚）、化学（美国：钱永健、马丁·查尔菲，日本：下村修）、生理学或医学（德国：哈拉尔德·豪森，法国：弗朗索瓦丝·西诺西、吕克·蒙塔尼）、经济学（美国：保罗·克鲁格曼）、文学（法国：勒·克莱齐奥）、和平（芬兰：马尔蒂·阿赫蒂萨里）
2009	物理（加拿大：威拉德·博伊尔，美国：乔治·史密斯、英国－美国：高锟）、化学（美国：托马斯·施泰茨、文卡特拉曼·拉马克里希南，以色列：阿达·约纳特）、生理学或医学（美国：伊丽莎白·布莱克本、卡罗尔·格雷德、杰克·绍斯塔克）、经济学（美国：埃莉诺·奥斯特罗姆、奥利弗·威廉姆森）、文学（德国：赫塔·米勒）、和平（美国：贝拉克·奥巴马二世）
2010	物理（英国－俄罗斯：康斯坦丁·诺沃肖洛夫，荷兰：安德烈·海姆）、化学（美国：理查德·赫克，日本：根岸荣一、铃木章）、生理学或医学（英国：罗伯特·爱德华兹）、经济学（美国：彼得·戴蒙德、戴尔·莫滕森，塞浦路斯：克里斯托弗·皮萨里德斯）、文学（秘鲁－西班牙：马里奥·略萨）
2011	物理（美国：亚当·里斯、萨尔·珀尔马特，澳大利亚：布莱恩·施密特）、化学（以色列：达尼埃尔·谢赫特曼）、生理学或医学（美国：布鲁斯·博伊特勒，法国：朱尔斯·霍夫曼，加拿大：拉尔夫·斯坦曼）、经济学（美国：托马斯·萨金特、克里斯托弗·西姆斯）、文学（瑞典：托马斯·特朗斯特罗默）、和平（利比里亚：埃伦·约翰逊－瑟利夫、莱伊曼·古博韦，也门：塔瓦库尔·卡曼）

续表

颁奖年份	获奖者和国籍
2012	物理（美国：戴维·瓦恩兰，法国：塞尔日·阿罗什）、化学（美国：罗伯特·莱夫科维茨、布莱恩·克比尔卡）、生理学或医学（英国：约翰·戈登，日本：山中伸弥）、经济学（美国：埃尔文·罗斯、罗伊德·沙普利）、文学（中国：莫言）、和平（欧洲联盟）
2013	物理（英国：彼得·希格斯，比利时：弗朗索瓦·恩格勒）、化学（美国：马丁·卡普拉斯、迈克尔·莱维特，美国－以色列：亚利耶·瓦谢尔）、生理学或医学（美国：詹姆斯·罗斯曼、兰迪·谢克曼，德国：托马斯·苏德霍夫）、经济学（美国：尤金·法玛、拉尔斯·彼得·汉森、罗伯特·希勒）、文学（加拿大：艾丽斯·门罗）、和平（禁止化学武器组织）
2014	物理（美国：中村修二，日本：赤崎勇、天野浩）、化学（美国：埃里克·贝齐格、威廉·莫纳，德国：斯特凡·黑尔）、生理学或医学（美国－英国：约翰·奥基夫，挪威：迈－布里特·莫泽、爱德华·莫泽）、文学（法国：帕特里克·莫迪亚诺）、经济学（法国：让·蒂罗勒）、和平（巴基斯坦：马拉拉·扎伊，印度：凯拉什·萨蒂亚尔希）
2015	物理（日本：梶田隆章，加拿大：麦克唐纳）、化学（美国：莫德里克，美国－土耳其：桑贾尔，瑞典：林达尔）、生理学或医学（中国：屠呦呦，爱尔兰：坎贝尔，日本：大村智）、经济学（英国－美国：安格斯·迪顿）、文学（白俄罗斯：斯维特拉娜·阿列克谢耶维奇）、和平（突尼斯全国对话大会）
2016	物理（美国：戴维·索利斯、邓肯·霍尔丹、迈克尔·科斯特利茨）、化学（美国：詹姆斯·司徒塔特，法国：让－皮埃尔·索瓦，荷兰：伯纳德·费灵格）、生理学或医学（日本：大隅良典）、经济学（美国：奥利弗·哈特、本特·霍姆斯特罗姆）、文学（美国：鲍勃·迪伦）、和平（哥伦比亚：胡安·桑托斯）
2017	物理（美国：雷纳·维斯、基普·索恩、巴里·巴里什）、化学（美国：约阿基姆·弗兰克，英国：理查德·亨德森，瑞士：雅克·迪波什）、生理学或医学（美国：杰弗理·霍尔、迈克尔·罗斯巴殊、迈克尔·杨）、经济学（美国：理查德·泰勒）、文学（英国：石黑一雄）、和平（国际废除核武器运动）

第二章

美洲国家及其诺贝尔奖得主

第一节　美国及其诺贝尔奖得主

1.1　美国的优势和国力

美国是由华盛顿哥伦比亚特区、50 个州和关岛等众多海外领土组成的联邦共和立宪制国家。通用英语，是一个移民国家。1607 年，英国在北美建立第一个永久性殖民地。在此后 150 年中，英国、法国、德国、荷兰、爱尔兰和意大利等国的殖民者相续涌来，定居于东部沿岸地区。1620 年，经过在大西洋海上 66 天的漂泊之后，一艘来自英国的名为“五月花”的大帆船向北美洲新英格兰殖民地的美洲陆地靠近。为了建立一个大家都能受到约束的自治基础，其中的 41 名成年男子于 1620 年 11 月 11 日在“五月花”号甲板上签订了著名的《五月花号公约》。《五月花号公约》创建了一个先例，即政府是基于被管理者的同意而成立的，而且将依法而治。这是美国历史上第一份重要的政治文献。1773 年，英国已建立 13 个殖民地，它们在英国的最高主权下有各自的政府和议会。1776 年 7 月 4 日，在费城召开了第二次大陆会议，通过《独立宣言》，正式宣布美利坚合众国的成立。1787 年，世界上第一部成文宪法《美利坚合众国宪法》——一份只有 5000 多字的文件诞生。美国独立后掀起了长达一个世纪的西进运动，从法国手中购买了路易斯安那，通过美西战争从西班牙手中夺得佛罗里达，通过美墨战争夺取了得克萨斯、新墨西哥、俄勒冈和加利福尼亚，从沙俄购买了阿拉斯加，一跃成为地跨大西洋和太平洋的大国。美国国土面积约 785 万平方公里，比宣布独立时的版图增加七倍多。

1.2 美国引领世界的优势和国力

19 世纪末 20 世纪初，这个年轻的国度已站在第二次工业革命的潮头。由于外部贸易壁垒和内部自由竞争，使得美国迎来了它的黄金年代。以洛克菲勒的标准石油公司为代表的一大批垄断性大公司、大财团相继出现。随后，福特生产线的诞生、电气时代一批新技术和发明的出现，使得 1895 年美国 GDP 已超过英国。而第一次世界大战带来的订单，进一步壮大了美国经济。第二次世界大战成为美国历史新的转折点，从“二战”后开始，美国相续主导的“阿尔索斯”行动、布雷顿森林货币体系、欧洲复兴计划、广场协议和星球大战计划等一系列战略组合拳，使美国在政治、经济、科技、军事等方面都成为世界第一强国。苏美两霸的军备竞争拖垮苏联的经济，导致柏林墙瞬间坍塌和苏联轰然解体成碎片，铸就美国成为全球唯一的超级大国。美国庞大的经济、文化、科技和军事影响力贯穿了整个 20 世纪，并由此开始主导世界。

最令人敬佩的是美国梦变成现实。一个移民到美国的希腊牧羊人的儿子乔治·米歇尔（1919—2013 年）创立了米歇尔能源开发公司，在荒野中坚守数十年，成功引发了美国的页岩油气革命，使美国过去十年从一个石油进口国，成为世界第一大天然气、第一大石油生产国，使美国翻手云覆手雨，操控全球油价，一举让美国重新站在世界之巅，保障了美国 21 世纪的超级霸权！21 世纪，微软公司的比尔·盖茨、苹果公司的史蒂夫·乔布斯变成了美国梦的代言人。如今乔布斯已挣脱病魔的枷锁去触摸上帝的容颜，比尔·盖茨也盛年不再、老之将至。但是，美国从来不缺乏通过创新获取成功的人才。Facebook 创始人扎克伯格凭借自己的智慧，年纪轻轻就积累了千亿美元的庞大资产。还有那些可能改变未来的人们：颠覆性地推出基于手机应用程序分享驾车服务的 Uber 公司创始人崔维斯·卡兰尼克，谷歌创始人佩林，拥有 19 个博士学位的平板扫描仪和文本语言同步仪的发明者、现任谷歌工程总监雷·库兹威尔，Airbnb 操作系统创始人乔·盖比亚，GoogleX 实验室创始人塞巴斯蒂安·特伦……他们的传奇故事证明：美国真是“天佑国事”，每一代都会创造奇迹。年轻的美国不可能像法国那样建有先贤祠，因此美国社会对专利的保护格外重视。林肯总统名言如斯：“专利制度是为天才之火浇上利益之油。”美国为表彰技术发明者为国家发展带来的革命性影响，于1973年创建“美国发明家名人堂”。首届美国发明家名人堂只有一个入选者：爱迪生，其成就是223898号专利“电灯”；1991年，诺贝尔奖得主格特鲁德·利恩成为第一位入选美国国家发明家名人堂的女性，其成就是用于治疗病毒性单纯疱疹的药物阿昔洛韦；2009年，戈登·摩尔等入选，其成就是“半导体制造”等；2014年，查克·赫尔等入选，其成就是“3D打印”；2016年，乔纳森·艾伯特和巴雷特·科米斯基等入选，其成就是“电子墨水”等。

今天的美国文化与欧洲文化一脉相承，难以分割。美国文化可以被认为是欧洲文化在美洲大陆上的延伸。美国文化的魅力如“春风潜入夜，润物细无声”。美国文化价值软实力包括：经典的奥斯卡大片从令人期待到百看不厌，是人类记忆中最值得珍惜和回味无穷的艺术佳作，如经典佳作《音乐之声》中的好莱坞音乐歌舞，不朽名作《乱世佳人》中男女主人公爱恨交加的缠绵，北非谍影《卡萨布兰卡》中男女主人公旧情复燃、却面对感情和政治的矛盾难以抉择，复仇片《宾虚》中身为犹太人的宾虚与仇人梅瑟拉展开惊心动魄的殊死竞搏，历史片《巴顿将军》中美军遭到“沙漠之狐”隆美尔元帅率领的德军反击惨败而陷入困境……；轻唱令人荡气回肠的主题曲时，电影又在脑海里重放:《友谊地久天长》《我心永恒》《说你，说我》《此情永不移》……；迪斯尼动画片、芭比娃娃、可口可乐、麦当劳、星巴克咖啡、耐克鞋、牛仔裤……。这些文化符号遍及全球各国，无论庙堂之上的达官显贵，还是为生计奔波的贩夫走卒；无论崇拜时尚的年轻男女，还是天真好奇的童孩；无论功成名就的中年人，还是华发丛生的长者都对美国文化仁者见仁，智者见智。仰慕者开怀拥抱，模仿者竞相折腰;“憎恨者”阳光下正襟危言、口诛笔伐，黑暗中窃喜绿卡、怀拥美金。

美国国土面积约963平方公里（2015年），人口数量约3.21亿（2015年）。GDP总计17.94万亿美元（2015年，国际汇率），人均GDP为54629美元（2014年，国际汇率），人类发展指数0.914（第5名，2014年）。美国是一个军事科技高度发达的资本主义超级大国，其政治、经济、军事、文化、创新等实力领衔全球。其高等教育水平和科研技术水平也是当之无愧的世界第一，其科研经费投入之大、研究型高校企业之多、科研成果之丰富堪称世界典范。世界著名大学有哈佛、普林斯顿、斯坦福、麻省理工、加州理工等，著名实验室有洛斯阿拉莫斯、劳伦斯伯克利、布鲁克海文、阿贡国家实验室等。美国社会制度也并不完美，不乏“纸牌屋”

的权谋，同样有暴力、诈骗、毒品、抢劫、不平等和歧视。美国还因其较为健全的法律制度、健康的生活环境、顶尖的教育资源继续吸引着世界各地的人才来这里追逐美国梦。在美国所有科学类诺贝尔奖获得者中，大约 1/3 是外来移民，这在全世界任何一个国家都是不可想象的。美国大学对全世界开放，为天才学生提供全额奖学金。美国有着无计其数的科学研究基金和奖学金，富裕的美国人仍然保持着捐赠科学研究的传统。美国教育界与学术界里的挑战权威和竞争创新气氛，则是美国孕育众多诺贝尔奖科学家的另一重要因素。在内外部经济环境发展的双重保护之下，美国的科研事业取得了举世瞩目的成就，不单单是诺贝尔奖得主的数量居于世界第一，美国在很多领域的探索中都遥遥领先。美国以战略的视野、包容的胸怀、激励的机制和社会的开放，从全球 70 亿人口中选择人才。因此，美国像“黑洞”般吸纳天下英才，成为最大的诺贝尔奖得主输入国，获得最多的诺贝尔奖，他们的贡献为美国科学界增光添彩。截至 2017 年，美国共获得诺贝尔物理学奖 97 个、化学奖 72 个、生理学或医学奖 96 个、经济学奖 55 个、文学奖 13 个、和平奖 23 个，总计 356 个，占 117 年以来 921 个诺贝尔奖的 38.6%，稳居榜首。

1.3　飞越疯人院的数学天才——约翰·福布斯·纳什

约翰·福布斯·纳什（1928—2015 年），美国数学家、博弈论大师。纳什从小就显得内向而孤僻。他生长在一个充满亲情温暖的家庭，但他总是偏爱一个人埋头看书或躲在一边玩自己的玩具。他母亲是教师，对纳什的学前教育格外关心；他的父亲乐于回答纳什提出的各种自然和技术的问题，并且给了他很多的科普书籍。他就读于当地的中小学，被老师认为是一个学习成绩低于智力测验水平的学生。诚如伯特兰·罗素所言：“数学，正确地看，不仅拥有真，也拥有至高的美。一种冷而严峻的美，一种屹立不摇的美。”中学时期，他有幸阅读由美国 E. 贝尔所写的数学家传略《数学精英》，从而真正领略到数学之美。对于普通人而言，枯燥无味的数学符号令人望而生畏；对于纳什而言，数学符号如美妙的五线谱，时而如《蓝色多瑙河圆舞曲》般悠扬委婉、时而似《土耳其进行曲》般气势磅礴，抑或如《田园交响曲》的溪流涟漪、熏风微拂，抑或如《小夜曲》的歌声轻飘、深情倾诉。数学令纳什如痴如醉。

1948 年，从卡内基理工学院毕业后，他来到普林斯顿大学，梦想成为“像爱因斯坦那样聪明的人”。在推荐信上，他的导师杜芬只写了一句话：“这人是个天才！”

他在上大学时就开始从事纯数学的博弈论研究，后来进入普林斯顿大学后更是如鸟投林、似鲸入海。当时普林斯顿大学大师云集，如爱因斯坦、现代电子计算机创始人之一的冯·诺依曼、列夫谢茨、阿尔伯特·塔克、哈罗德·库恩等。1944年，冯·诺依曼（1903—1957年）与奥斯卡·摩根斯特恩合著的巨作《博弈论与经济行为》出版，20世纪50年代合作型博弈论的研究达到巅峰期。纳什是一位天纵英才，他广泛涉猎数学王国的每一个分支。1950年10月，他突然瞬间灵动，才思泉涌，妙笔生花，佳句天成，写就一篇言简意赅的短文，即日后被称为“纳什均衡”的非合作博弈均衡的代表作。“纳什均衡”是他那篇仅有27页的博士论文中的一个重要发现，也奠定了数十年后他获得诺贝尔经济学奖的基础，在他的博士论文和其他相关文章，确立了他博弈论大师的地位。此时不到30岁的他已在学术界如日中天，达到职业生涯的巅峰。年轻的纳什竟敢挑战博弈论鼻祖冯·诺伊曼，这一点也正是中国学界从来所缺失的，有悖于师道尊严的传统文化。1950—1951年，他证明了非合作博弈及其均衡解，提出著名的纳什均衡，从而成为当时数学界的一颗璀璨的新星，特别是在经济博弈论领域，是继冯·诺依曼之后最伟大的博弈论大师之一。1957年纳什与麻省理工学院物理学系学生艾丽西亚结婚。

图2-1 纳什夫妇、纳什领诺贝尔奖和阿贝尔奖组图

正当他的事业如日中天的时候，他得了严重的精神分裂症。1962年，当时他被认为是理所当然的菲尔兹奖获得者时，他的精神状况让他与荣誉失之交臂。1959年之后的十几年间，他两次被迫住进精神病院，经受了难以想象的治疗，病情时好时坏。其间，他从麻省理工学辞职，后来他的妻子也因无法忍受这样的生活而与他离婚。到20世纪80年代，有几项荣誉性奖励都几乎要授予他，甚至曾获得诺贝尔经济学奖提名，最终都因为他的病况而失之交臂。但前妻艾里西亚没有放弃纳什，她没有再婚，继续精心照料前夫和他们唯一的儿子。正当纳什的精神状态处于梦境一

般时，他的名字已经成为经济学和数学界的一个名词，如“纳什均衡”和“纳什破裂”，等等。

20 世纪 80 年代末期，纳什渐渐康复，之后他在普林斯顿大学谋了一个闲职，成为周围人眼中的“幽灵”。直到 1994 年，他和其他两位博弈论学家约翰·C. 海萨尼和莱因哈德·泽尔腾共同获得诺贝尔经济学奖。获奖之后他的第一反应是：“我真的需要一张信用卡。”经济学诺贝尔奖委员会前主席西尔维娅·纳萨尔援引一位前同事的说法，“当所有人在寻找通往山顶的道路时，纳什早已攀上另一座高山，从遥远的顶峰用探照灯回望”。

在 2001 年，艾里西亚与纳什复婚。这个伟大的女性用其一生与坎坷的命运进行博弈，她终于成为胜者。纳什简短的获奖感言，除了数学只有感恩：“今晚我能站在这儿全是你的功劳，你是我成功的因素，也是唯一的因素。谢谢你！”正如雨果所言：“世界上最宽阔的东西是海洋，比海洋更宽阔的是天空，比天空更宽阔的是人的心灵。”普林斯顿大学的宽容和纳什前妻无微不至的关爱，让纳什在与病魔的博弈中成为胜利者，登上诺贝尔领奖台。2015 年 5 月，在挪威领取阿贝尔奖后，纳什夫妇在回家途中发生车祸逝世。

1.4 旷世奇才——约翰·巴丁

约翰·巴丁（1908—1991 年），犹太裔美国物理学家。因晶体管效应和超导的 BCS 理论两次获得诺贝尔物理学奖（1956 年、1972 年），成为唯一两次获诺贝尔物理学奖的科学家。1935—1938 年，他任哈佛大学研究员，因为对物理和数学的浓厚兴趣，巴丁放弃了工资优厚的工作，自费到普林斯顿大学攻读物理博士学位，1936 年获得普林斯顿大学博士学位。在那里，尤金·魏格纳（1963 年诺贝尔物理学奖得主）把他领入了固体物理学的大门。正是在这个领域里，巴丁先后两次获得诺贝尔物理学奖。1945—1951 年，他在贝尔电话公司实验研究所研究半导体和金属的导电机制、半导体表面性能等问题。在电子管中，不同电极间电的输送是靠真空中的自由电子完成的。但在固体物质中，电荷的输送要复杂得多。对半导体现象进一步研究的结果开拓了物理学的又一重要领域，即固体物理学。“二战”末期，美国物理学家威廉·肖克利和华特·布拉顿已经开始研究半导体材料及其在电子技术中应用的可能性问题。1945 年，巴丁很快参加了这项工作，并在其中起了很大的作用。但组长肖克利是一个人很聪明、心胸狭窄的理论物理学家，他不能容忍别人超越他。他提出一个关于电子行为性质的假设，指明了达到理想固体器件的途径。布拉顿是一个出色的研究表面现象的实验物理学家，从 1929 年就开始在贝尔实验室工作。巴丁、肖克利和布拉顿各有所长，优势互补，相得益彰。1947 年，巴丁和布拉顿合作导致第一个晶体管——点接触晶体管的发明。与此同时他们三人终于在 1947 年末发明了一种半导体器件，用来代替笨重、易碎且效率很低的真空管。

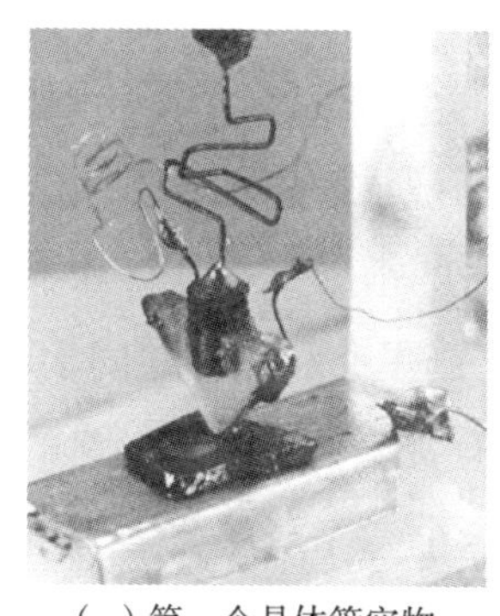

（a）第一个晶体管实物　　（b）第一个晶体管模型

图 2-2　第一个晶体管实物和模型

他们将这种器件缩写为“Transistor V”，中译名就是晶体三极管。遗憾的是，在公布这个成果的时候，肖克利突出了自己，冷落了巴丁和布拉顿。这使他们之间的关系出现裂痕。三人因发现晶体管效应共同荣获 1956 年诺贝尔物理学奖。晶体管的出现引发了微电子技术的一场大革命，启迪杰克·基尔比于 1958 年发明了人类第一个集成运算放大器并获得 2000 年诺贝尔物理学奖，从而出现了晶体管收音机、晶体管电视机和微型电子计算机等。这场革命一直延续到现在，从分立晶体管发展到集成电路，从小规模集成电路发展到中规模、大规模和目前的超大规模集成电路，从而开启了信息技术、互联网和大数据时代的大门。如果没有晶体管的发明，阿里巴巴纵使念口诀千万遍，也无法打开四十大盗藏宝的山洞，今日世界更谈不上 20nm、14nm、10nm、7nm 制程的芯片，使美国手握着数字时代的心脏，稍稍一捏便令人狂抖不已！

1911 年，荷兰低温物理学家卡默林·昂尼斯发现，当水银降到 −269℃时，电阻突然消失了。一旦在其中引起电流，这电流就会无休止地维持下去。昂尼斯因发现超导现象而获得 1913 年获诺贝尔物理学奖。但是，超导性的理论解释十分重要，以至许多杰出的理论物理学家都对它进行了探索，这些理论家包括尼尔斯·玻尔、海森堡、F. 伦敦、F. 布洛赫、达维多维奇·朗道和理查德·费曼等人在内，他们大多都是诺贝尔物理学奖得主。1951 年，巴丁由于与肖克利不和离开贝尔实验室，到伊利诺伊大学香槟分校任教。此时，巴丁就已经开始考虑超导性的问题。他意识到电子与声子的相互作用是解决问题的关键。1950 年，美国标准局的 E. 麦克斯韦和拉特格斯大学的塞林领导下的一个小组分别独立发现，某一金属出现超导性时的温度与这个金属的原子量成反比例。巴丁受到启发，立即想到必须把电子－声子相互作用作为突破口，巴丁把研究领域转向了超导研究。由于巴丁场论方法对求解粒子间带有相互吸引作用的费米气体多体问题不够熟悉，普林斯顿高等研究所的杨振宁教授推荐了精通场论的原子核多体问题研究的博士后列侬·库珀。库珀于 1955 年秋到了伊利诺伊大学。1953 年，约翰·施里弗在巴丁的指导下攻读物理学博士学位，并选择超导问题作为博士论文题目。之后，巴丁、施里弗和库珀共同学习场论最新的进展和超导知识。1956 年，库珀指出金属中具有费米能级附近能量的两个电子，彼此松散地吸引对方，会形成一种共振态，叫作一个“库珀对”。巴丁和斯里弗将库珀的想法应用于多个电子，指出所有传导电子如何可以形成一种新的合作状态。按照这个模型，在金属中正常移动的自由电子是成对耦合的，并同金属品格相互作用。这些电子对具有共同的动量，它们并不随意地受个别电子随机散射的影响。所以，有效电阻是零。

1957 年，施里弗受到日本教授朝永振一郎的启发，只花了一个晚上就求出了超导体的能隙方程。巴丁立刻抓住问题的核心，利用这个波函数解释所有超导现象并预言新的超导现象。于是，他们夜以继日地进行了几个月的计算，发现和已有的实验数据完全符合，解决了超导机制的理论问题。1957 年 3 月，他们正式在物理学会会议上宣布了这一发现。自从量子理论发展以来，BCS 理论被称为是对理论物理学的最重要贡献之一。由于 BCS 理论的指导，超导体已可以在稍高的温度下形成，制成了这样的超导合金。因此，对超导性神话般的研究已导致种种实用成果，如超导磁铁、超导体电子计算机，功率传输线等。巴丁等人 1957 年提出 BCS 理论，成功地解释了几十年来许多科学家，其中至少包括五位诺贝尔物理学奖得主没能解释的超导现象。BCS 是他们三人的姓 Bardeen、Cooper 和 Schrieffer 的字首缩写，而 BCS 理论就是巴丁－库珀－斯里弗理论。他们三人堪称科学史上老年科学家与青年科学家相结合的典范。

B. 约瑟夫逊利用 BCS 理论来预言微观现象，并制成约瑟夫逊结。约瑟夫逊效应制成的灵敏器件可以测量电流、电压和磁场等。1963 年，C. D. 安德森和 J. H.

罗厄尔在实验中观察到直流的约瑟夫逊效应。B. 约瑟夫逊的理论得到完全的证实。BCS 理论的建立引起了大量更加深入的探索，由于这一杰出贡献，三人于 1972 年共同分享诺贝尔物理学奖。巴丁是在物理学同一学术领域中两次获得诺贝尔奖的第一位科学家，巴丁仅隔 6 年两次荣获诺贝尔奖，在物理学界独领风骚百年，借用辛弃疾的词句评价巴丁并非溢美之词："天下英雄谁敌手？曹刘。生子当如孙仲谋。"

1.5 赦免人类的原罪——万艾可和避孕药

亚当与夏娃二人住在伊甸园中，后来夏娃受蛇的哄诱，偷食了知善恶树所结的果，也让亚当食用，二人遂被耶和华逐出伊甸园，成为人类的祖先。男女享受爱欲时，女人怀孕的负担、忧虑和惊恐始终如影随形；男人"漏初长、梦魂难禁，人渐老、风月俱寒"。正如北宋诗人张先的《千秋岁》的名句："天不老，情难绝。心似双丝网，中有千千结。夜过也，东方未白凝残月。"爱欲成为自上古时代以来饮食男女的未解难题，尤其在一夫多妻的家庭更有难言之隐。

路易斯·路伊格纳洛（1941 年—　），意大利裔美国药理学家。1979—1985 年，他任图兰（Tulane）大学医学院药理学教授，曾经进入国立卫生研究院。1985 年至今任加州大学洛杉矶分校药理学教授、药学院院长等职。1998 年他和费瑞·穆拉德、罗伯·弗奇戈特，因发现一氧化氮是机体产生的一种信号分子，能够舒张血管从而有利于血液循环，对心血管系统产生益处，获得当年的诺贝尔生理学或医学奖。

费瑞·穆拉德（1936 年—　），美国药理学教授。1975—1989 年，他先后任弗吉尼亚大学医学院、斯坦福大学医学院教授。他在 20 世纪 70 年代末发现，硝酸甘油进入体内后，与机体发生反应，可产生一种被称作一氧化氮（NO）的分子信号物质，能促使心血管扩张，从而揭开了硝酸甘油治疗原理之谜。1995 年至今为得克萨斯大学付斯顿医学院教授。穆拉德曾和弗奇戈特共获 1988 年 CIBA 奖和 1996 年阿尔伯特·拉斯克奖。在他的研究基础上，一氧化氮在细胞信号传导中作用的研究，在过去 20 年中成为发展最快的生物学领域之一。根据他的理论，美国辉瑞公司开发出了治疗性功能低下的药物——万艾可（俗称"伟哥"）。罗伯·弗奇戈特（1916 年—　），美国药理学家。1940 年，他在西北大学获得生物化学博士学位。他以研究员的身份开始了他的科学生涯。1940—1956 年，他先后在康乃尔大学医学院和华盛顿大学医学院，一边教书，一边从事生物化学、药理学和生理学研究。1956 年，他前往布鲁克林区的纽约州立大学健康科学中心任教。1990 年，他退休成为名誉教授，但他仍然继续进行一氧化氮的研究。除诺贝尔奖外，他还获得很多其他的荣誉，包括 1990 年的美国心脏协会的研究成果奖和 1996 年的艾伯特·拉斯克基础医学研究奖等。他在 1980 年即建立血管会膨胀或变宽的理论，发现一氧化氮是一种可以传递信息的气体。

三位科学家通过独立的、有时也通过共同的研究，发现一氧化氮控制多种重要的身体机能，尤其是心血管和神经系统的身体功能。他们还发现一氧化氮具有重要的药用价值。他们的研究为处方药伟哥（Viagra）的发明做出了关键性的贡献。他们由此分享 1998 年诺贝尔生理学或医学奖。三位大师的与众不同之处在于，将令人掩鼻的污染物氧化氮变为治疗阳痿的灵丹妙药，化腐朽为神奇。他们的研究为处方药万艾可（西地那非）的发明做出了关键性的贡献，并启迪美国礼来制药公司研发生产希爱力（他达拉非）和德国拜耳公司研发生产艾力达（代地那非），目前全球 2000 万人以上使用其治疗阳痿。万艾可等令男人雄风再起，如“金戈铁马，气吞万里如虎”。研究心脏病药物的副产品，意外破解男人渐老、风月俱寒的千古难题。美国 CIA 特工更异想天开，在阿富汗战争期间，把伟哥当成贿赂老族长、军阀成为线人的绝妙战术。在各方势力角逐的复杂局势里，这种混合着人类原始欲望的药片让塔利班的行踪暴露无遗。伴随 2001 年第一枚从天而降的炸弹，美军不仅带来了火箭和大炮，无数颗蓝色精灵夹杂着西方自由味道的荷尔蒙，也把这片保守的伊斯兰国家土地上撕裂开，美军不费吹灰之力，不可一世的塔利班武装顿作鸟兽散。

卡尔·杰拉西（1923—2015 年），美国著名生物学家、美国国家科学院院士。他在美国化学领域卓有建树，是唯一一位先后获得美国国家科学奖章和美国国家技术奖章的科学家。他发表过 250 多篇科研论文，还著有《征服生育的力量》一书。1951 年，因为他合成了世界上第一种类固醇口服避孕药，千年来最伟大的发明之一，他被称为“人工避孕药之父”。1969—1970 年，他发表了一篇阐述美国避孕研究对于全球产生影响的公共政策文章和一篇关于避孕药的可行性的文章。他写道：“这两个公共政策文章使我相信，是政治而不是科学，将对人类未来的节育发挥主导作用。”口服避孕药发明 60 多年来，不仅让全世界的女性，也让男性获得身心的解放，把饮食男女从怀孕的负担、忧虑和惊恐中解放出来，让他们可以尽情地享受爱欲，但也催生出 20 世纪 60 年代美国嬉皮士和颓废派一代，把“性生活”物化和商品化了，“性生活”物化和商品化之风也从改革开放之窗吹遍神州大地，口服避孕药和万艾可混合成黄色“炸药”，在传统性观念的中国土地上炸出累累弹坑，伤人无数，甚至波及寺院。在千禧狂欢和纪念活动中，人类第一个口服避孕药 Pill 被选为第二个千年来影响人类历史进程的 100 项重大发明之一。他发表的论文数以千计，著作等身，研究领域涉及天然物质、化学以及电脑人工智能技术等诸多领域。他一生获得过 30 多种奖励、奖章，还在英国剑桥大学获得了他的第二十个名誉博士学位。他誉满全球，但造化弄人，唯有诺贝尔奖与他擦肩而过。他的第一部长篇小说《诺贝尔的囚徒》就围绕着诺贝尔奖展开，从中颇能体会出他的抱怨和无奈的心情。如今避孕药作为 20 世纪最伟大的医学临床发现和药物发明之一，给人类性生活和生育带来革命性的变化、便利安全和经济的选择，尤其对 13 亿多中国人的计划生育功德无量，名传千秋万代。

1.6 并蒂莲花别样红——卡尔·科里夫妇

卡尔·斐迪南·科里（1896—1984 年）与格蒂·特蕾莎·科里（女）（1896—1957 年）是捷克裔美国生物化学家。科里夫妇因为对于生物化学领域中糖分解方面的研究而同伯纳德·何塞共同分享 1947 年诺贝尔生理学或医学奖。1920 年，科里与他妻子同时完成了他们在布拉格查理大学医学院的学业。1922 年，科里夫妇去美国，他们是奥匈帝国时期培育的莲花种子却绽放在现代世界的科学并蒂莲花。纵观逾百年诺贝尔奖历史，总共只有四对夫妇共同获此殊荣——另外三对是皮埃尔·居里夫妇获 1903 年物理学奖、他们的女儿女婿艾伦·居里和约里奥·居里于 1935 年获化学奖以及爱德华·莫泽夫妇获 2014 年生理学或医学奖。

卡尔·科里出生于一个罕见的教授世家。1914 年，18 岁的卡尔和格蒂同时考入了布拉格的卡洛斯·弗尔杰南德大学医学系，成了同班同学。两人在热衷的生物学、化学、生理学、药理学等课程的学习中互相激励、互相帮助，在生活中如影随形、难舍难分，他们盼望着在大学毕业时爱情与学业都能兼得。1916 年，卡尔读大学三年级时，他被征兵入伍，上司委派他执行的任务是去他父亲所在的里亚斯特的研究所去研究病菌。在一次战斗转移中，他遭遇车祸负伤，才被送往野战医院有合法的机会逃离战场。“一战”结束，奥匈帝国随即崩溃，布拉格成为独立的捷克斯洛伐克的首都。卡尔此时就到匈牙利的纳扎波尔蒂·阿尔伯特（1937 年诺贝尔生理学或医学奖得主）的手下做实习医生。1920 年，科里和格蒂在维也纳举行了婚礼。

1921 年，美国布法罗州立大学肿瘤研究所的盖伊劳德在物色生物化学方面的人才，卡尔和格蒂夫妇成功应聘。他们兴奋地意识到，终于可以摆脱捷克斯洛伐克这个贫困的欧洲小国，走向新世界，在贫瘠土地上的莲枝，等待成长为含苞欲放的花朵。

科里夫妇在布法罗度过了九个春秋，他们夜以继日，勤奋努力，共发表 80 多篇论文。1931 年，他们在一篇长达 103 页的研究报告中揭示了哺乳类动物碳水化合物代谢的机理，基本内容是在肌肉中肌糖原生成的乳酸随血液流入肝脏，在那里又重新合成肝糖原。这是一个在肝脏和肌肉之间通过血液流动而形成碳水化合物的代谢循环——科里循环。科里夫妇早就确定了测定磷酸六碳糖的方法。1936 年，他们将青蛙肉裁成细片，测出其中磷酸六碳糖的含量，他们无意中发现了当时未被人知的新化合物——葡萄糖 -1- 磷酸。随后，科里夫妇又发现了能将糖原分解为葡萄糖 -1- 磷酸和磷酸盐的酶——磷酸化酶，彻底弄清楚了糖原分解的最初步骤。从此，科里夫妇完成了划时代的发现。

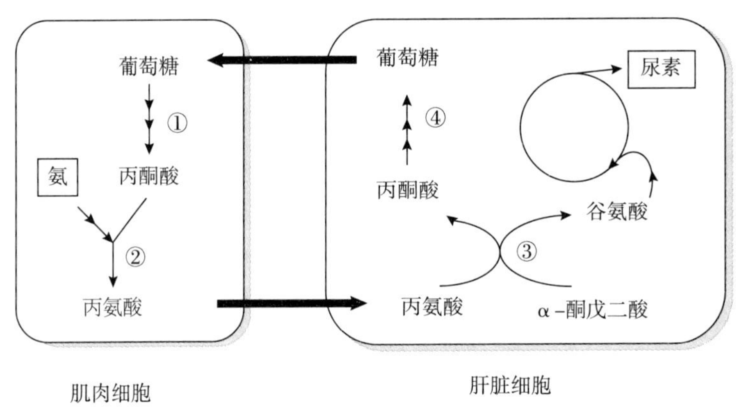

图 2-3　科里循环示意图

科里堪称是一位罕见的诺贝尔奖级的导师，在他们的研究基础上继续探索的入门弟子中，多至五位获得诺贝尔医学生理学奖：塞韦罗·德阿尔沃诺斯和阿瑟·科恩伯格（1959 年），朱利叶斯·阿克塞尔罗德（1970 年），厄尔·萨瑟兰（1971 年），乔治·帕拉德（1974 年）。格蒂一生共发表 180 篇论文，与卡尔合作的就有 150 篇。整个科学史上，像这样双双都在专攻的领域里比翼齐飞的情况并不多见，仅有获 2014 年生理学或医学奖的爱德华·莫泽夫妇与之比肩。他们从青年时代大学生活时就形影不离、亲密无间，婚后琴瑟和谐，鸾凤和鸣，相濡以沫，竟然持续了几十年之久，令人羡慕、赞叹不已。

1.7 曼哈顿计划——原子弹和核动力的诞生

曼哈顿计划由爱因斯坦提议，罗斯福总统批准成立。该工程集中了当时西方国家（除纳粹德国外）最优秀的核科学家，历时 3 年，于 1945 年 7 月 16 日成功地进行了世界上第一次核爆炸，并按计划制造出两颗实用的原子弹。1945 年 8 月 6 日和 9 日，美国分别在日本的广岛和长崎投下了原子弹，间接促使第二次世界大战结束。1946 年，杜鲁门总统签署《1946 年原子能法令》，它标志着美国战时核计划的结束，也成为和平时期整个美国原子能发展的指导纲领。

图 2-4 曼哈顿工程和原子弹结构原理

洛斯阿拉莫斯国家实验室素有“诺贝尔奖获得者集中营”之誉，物理学家罗伯特·奥本海默（1904—1967 年）是实验室的第一任主任，也是美国著名的“曼哈顿计划”的首席科学家。他师从诺贝尔奖得主玻恩，获德国哥廷根大学博士学位。他精通八种语言，有辩才，擅长于组织管理。他领导一个跨越国界的诺贝尔奖群体。参加“曼哈顿计划”的核心人物还有未加入美国籍的意大利物理学家、“中子物理学之父”恩利克·费米。对曼哈顿计划作出突出贡献的诺贝尔奖得主如下：

哈罗德·尤里（1893—1981 年），美国宇宙化学家、物理学家。1921 年，他进入加利福尼亚大学攻读博士学位，导师是曾预言自然界存在着原子量是普通氢原子量两倍的氢的同位素的路易斯。他的博士论文以《研究双原子气体性质》为题目并获得博士学位。1923 年，他去丹麦与尼尔斯·玻尔（1922 年诺贝尔奖得主）教授专门研究原子结构理论。1931 年年底，他用光谱法惊人地发现了氘（重氢，氢的同位素)。尤里因发现氘而独享1934年诺贝尔化学奖。尤里成为同位素化学方面公认的权威。经过他的研究，使同位素的分离开始有了化学方法。“二战”期间，尤里及其大批助手，实现了重水分离和铀同位素的大规模分离。制造原子弹必须把铀235和铀238分离开来。尤里领导的小组为铀235的扩散分离提供了基本数据。第一颗原子弹就是用这种方法分离出来的铀制成的。战后，他从事宇宙化学方面的研究。在《行星的起源和演化》一书中提出从化学过程考虑太阳系起源学说。尤里还曾参加阿波罗号登月火箭取回的月岩研究，担任海盗号宇宙火箭探索火星计划的顾问。

恩利克·费米(1901—1954年)，意大利物理学家，1938年获诺贝尔物理学奖，被誉为“中子物理学之父”。因受意大利法西斯迫害，1944年费米加入美国籍。由于费米是世界上主要的中子权威，所以被选为世界第一台核反应堆攻关小组组长(图2-5)。1942年12月2日，在他指导下设计和制造出来的核反应堆在芝加哥大学首次运转成功。这是人类第一次成功地进行了一次核链式反应，从此真正开启原子能时代。

图2-5 费米和第一台核反应堆

欧内斯特·劳伦斯(1901—1958年)，美国物理学家。1924年，他在耶鲁大学获哲学博士，先后在芝加哥大学和加州大学伯克利分校工作。1928年，他来到加州大学，以极大的热情和充沛的精力投入到了教学和实验中去，对回旋加速器对核裂变和核动力的研究起着特别重要的作用。他一生从事加速器技术、核物理及其在生物学和医学上应用方面的研究。1929年，他提出磁共振加速器(即回旋加速器)的构造原理。1932年，他与他的学生埃德尔森和利文斯顿建成第一台回旋加速器(直径只有10厘米)并开始运行。在他的领导下，在美国建成了一系列不同的回旋加速器。20世纪40年代初，这类加速器的能量达到40MeV，远远超过了天然放射源的能量。由此发现了许多新的核反应，产生了几百种稳定的和放射性的同位素。他发明的回旋加速器，开辟了量子力学发展的新阶段，揭开了沉睡在原子核内的秘密，极大地推动了发现原子核内部除电子、质子、中子外还存在许多其他粒子。同时，回旋加速器引起了医学上的巨大变革，为治疗癌症及其他疾病提供了新的同位素。劳伦斯因发明回旋加速器，以及借此取得的成果荣获1939年诺贝尔物理学奖。他参与曼哈顿计划，将加速器用作质谱仪，从铀238中分离出铀235。他一生培养了五位诺贝尔物理学奖得主和四位诺贝尔化学奖得主，使劳伦斯伯克利国家实验室闻名遐迩，至今仍执回旋加速器技术之牛耳。

珀西·布里奇曼（1882—1961年），美国实验物理学家、操作主义的创始人。1908年，他获得哈佛大学哲学博士学位，同年被母校聘任。1919年他成为教授，同时兼任物理学主任教授。他长期致力于物质在高压下的实验研究，突破了高压技术的瓶颈，开拓了高压物理学的研究领域。为进行高压实验，1909年，他发明了一种有效的无支承面密封装置，其密封度可以随压强升高而升高。这样，高压装置就不会再受漏压的限制，而只受材料强度的限制。1952年，他选择一种电炉铬－钒钢制成压砧——压缸型高压容器。其原理一直到今天仍在使用，例如在高压条件下制造人造金刚石、翡翠，等等。他在曼哈顿计划中测定了铀和钚的压缩性，还协助研制过原子弹。他因发明超高压装置和在高压物理学领域的成就而荣获1946年诺贝尔物理学奖。

埃米利奥·塞格雷（1905—1989年），意大利裔美国实验物理学家。1928年，他在费米的指导下获得罗马大学博士学位。1938年，他到美国加州访问，此时墨索里尼在国内通过排犹法令，于是他无法再回到意大利，劳伦斯给他一份在劳伦斯放射实验室担任助理研究员的工作。在伯克利期间，他发现了砹和同位素钚239，1944年获得美国国籍。1943—1946年，他在洛斯阿拉莫斯实验室担任曼哈顿项目的小组组长。

欧文·张伯伦（1921—2006年），美国实验物理学家。1937年，他在达特矛斯学院学习物理，“二战”时期和塞格雷加入曼哈顿计划。1946年，他在芝加哥大学成为费米正式的哲学博士。1955年，张伯伦和塞格雷用劳伦斯辐射实验室的加速器证实了前一年人们所观测的反质子的存在。他们在测量实验中综合利用磁装置、切伦科夫速度选择计数和照相乳胶技术，从包含着许多其他粒子的出射束中辨别出极其稀少的反质子的高超实验技巧是他们成功的标志。因发现反质子，埃米利奥·塞格雷和欧文·张伯伦共同分享1959年诺贝尔物理学奖。

翁萨格（1920—1976年），美国化学家。1935年，他获得耶鲁大学哲学博士学位，并在该校任教。1945年，他升为正教授，同年归化为美国公民。他的工作堪与约西亚·吉布斯（美国物理化学家，他奠定了化学热力学的基础，提出了吉布斯自由能与吉布斯相律）媲美。当翁萨格还是研究生时，他就着手解决不可逆过程中热与电势之间相当深奥的关系。“二战”期间，他用他的理论解决了从比较普通的铀 238 中分离出铀 235 的气体扩散法的理论基础，这是发展核弹和核动力的重要一步。凭借这个贡献，翁萨格荣获 1968 年诺贝尔化学奖。

1.8　疾病诊断利器——核磁共振技术

核磁共振（MRI）又叫核磁共振成像技术，是继 CT 后医学影像学领域又一重大进步，是 20 世纪最重大的医学技术发明之一。核磁共振成像（MRI）是现代医学必备的疾病诊断利器，它可以直接做出横断面、矢状面、冠状面和各种斜面的体层图像，对机体没有不良影响。对检测脑肿瘤、颅内动脉瘤、脑缺血、脊髓积水等颅脑常见疾病以及腰椎椎间盘后突、原发性肝癌等疾病的诊断非常有效。随着科学技术的发展，MRI 技术又衍生出大脑成像技术——功能磁共振成像（fMRI），这让人们对客观、确凿地追寻大脑真相成为可能。自 20 世纪 90 年代初问世至 2007 年年底，这种技术已出现在 1.2 万多篇科学论文中，而且这个数字至今还在以 30 ~ 40 篇 / 周的速度增长，为人类本身细微结构和疾病的认知研究开辟了新窗口。核磁共振成像技术的研究不仅成就了一个跨越国界的诺贝尔奖群体，而且发生了在诺贝尔奖历史上罕见的一幕：美国佛纳公司创建者和 CEO 雷曼·达马迪安指责诺贝尔奖委员会“篡改历史”。

伊西多·拉比（1898—1988 年），美国物理学家、核磁共振仪的发明者。他先后在哥伦比亚大学和麻省理工学院任教。20 世纪 30 年代，拉比发现在磁场中的

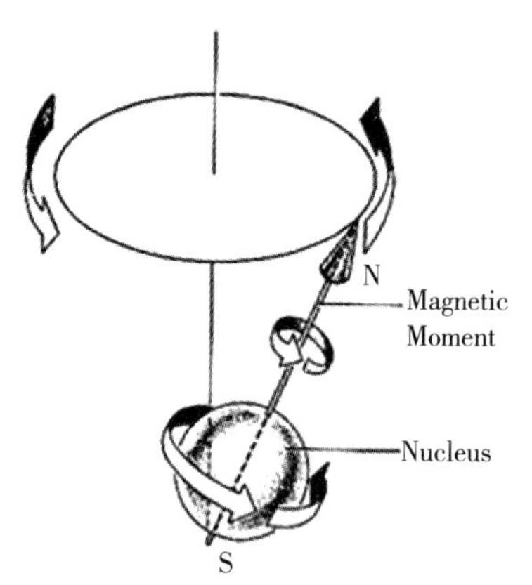

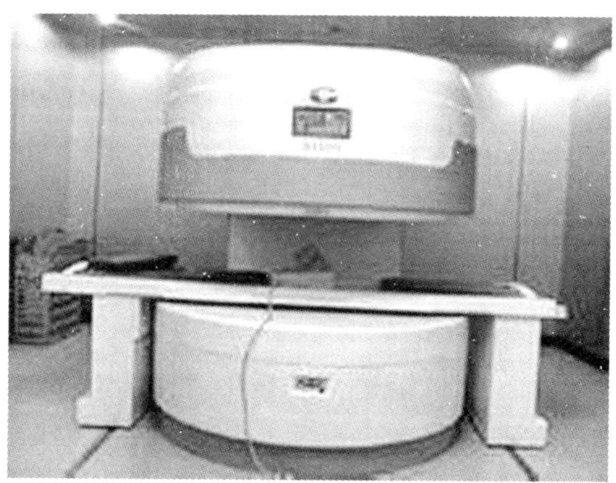

图 2-6　核磁共振仪原理和实物

原子核会沿磁场方向呈正向或反向有序平行排列，而施加无线电波之后，原子核的自旋方向发生翻转。这是人类关于原子核与磁场以及外加射频场相互作用的最早认识。他设计了一台磁共振仪，精确地测定 80 多种原子核的磁矩，为核物理的医学应用研究提供了坚实的实验基础。由于这项发明，拉比独享 1944 年诺贝尔物理学奖。

核磁共振技术医学应用的基本原理是将人体置于特殊的磁场中，用无线电射频脉冲激发人体内氢原子核，引起氢原子核共振，并吸收能量。在停止射频脉冲后，氢原子核按特定频率发出射电信号，并将吸收的能量释放出来，被体外的接收器收录，经电子计算机处理获得图像，这就叫作核磁共振成像。核磁共振技术的研究还成就了五位诺贝尔奖得主：菲利克斯·布洛赫和爱德华·珀塞尔（1952 年），诺曼·拉姆齐（1989 年），保罗·劳特伯尔和彼得·曼斯菲尔（2003 年）。

诺曼·拉姆齐（1915—2011 年），美国物理学家。1940 年，他从哥伦比亚大学博士毕业，师从诺贝尔奖得主拉比教授，1947 年到哈佛大学工作。时间标准是人类探测与研究物质运动和变化的标尺。计时因人类的需要而创立，计时方法和计时标准的准确与稳定，亦随人类技术的进步而更新换代、日新月异。从古代的日晷、沙漏，发展到近代的机械摆钟，直到现代的石英钟和原子钟，用于卫星导航、人类登月、宇宙星际探索，直至今日美国发射的“勇士号”“机遇号”和“好奇号”准确登陆火星进行探索并对太阳执行“触摸”任务的帕克太阳探测器，无不受益于时间标准创建者的丰功伟绩。1989 年，他研发成功的超精密铯原子钟和氢微波激射器，实现原子从一个能级转移到另一个能级的技术，因而分享 1989 年诺贝尔物理学奖奖金的一半。他的研究为核磁共振技术（MRI）的研发奠定了基础。

爱德华·珀塞尔（1912—1997 年），美国物理学家。1934 年，他进入哈佛大学攻读博士学位；1949 年，他成为该校物理学教授。他专长于微波技术、核磁学和无线电波谱学，是美国国家科学院成员。后来他发现了原子磁共振的吸收，由于他对物质核磁共振现象的研究和创立原子核磁力测量法方面取得重大成就而闻名世界。1945 年，珀塞尔和他的同事成功地利用“核磁共振”（NMR）来量度某一频率的电磁辐射被放置在强磁场中的原子核吸收的程度，帮助科学家揭示原子和分子的结构。

菲利克斯·布洛兹（1905—1983 年），瑞士裔美国物理学家。布洛赫在 1928 年研究晶态固体的导电性时，首次提出了布洛赫波的概念。1946 年，他提出的高精度测量核磁矩的方法："核感应"方法，其数学公式被称为"布洛赫方程"。他和珀塞尔两人发现原子核在强磁场中能够吸收无线电波的能量，然后重新释放出能量恢复到原来状态，这段时间被称为"弛豫时间"。通过分析这些无线电信号，人们能够知道许多种分子的结构和形状。他们因核磁共振的研究成果，共同分享1952年诺贝尔物理学奖。

保罗·劳特布尔（1929—2007年），美国科学家。1963—1984年，他成为纽约州立大学石溪分校教授。他致力于核磁共振光谱学及其应用的研究。20世纪70年代初，他在主磁场内附加一个不均匀的磁场，即引进梯度磁场，并逐点诱发核磁共振无线电波，最终获得一幅二维的核磁共振图像，他还把核磁共振成像技术推广应用到生物化学和生物物理学领域。因在核磁共振成像研究的关键性发现，劳特布尔与英国物理学家彼得·曼斯菲尔德以这一领域的奠基性成果共同获得2003年诺贝尔生理学或医学奖。在这两位科学家成果的基础上，第一台医用核磁共振成像仪于20世纪80年代初问世，主要制造商有美国GE公司和德国西门子公司，国内市场完全被外国公司垄断。2002年，全世界使用的核磁共振成像仪共有2.2万台，利用它们共进行了约6000万人次的检查，挽救了千百万人的生命。

但丁有言如斯："骄傲、嫉妒、贪婪是三个火星，它们使人心爆炸。"2003年度诺贝尔生理学或医学奖名单公布几天后，却发生了在诺贝尔奖历史上罕见的一幕：一向自称是MRI发明人的美国佛纳公司创建者和CEO雷蒙·达马迪安指责诺贝尔奖委员会"篡改历史"，花费29万美元在《华盛顿邮报》《纽约时报》和《洛杉矶时报》等美国大报以及瑞典报纸刊登整版广告，题图是一个上下颠倒的诺贝尔奖章，抗议诺贝尔奖评选委员会没有颁奖给他，犯下了"必须纠正的可耻错误"。雷曼·达马迪安当然不能改变诺贝尔奖委员会的决定。但在当年颁奖大会上，劳特布尔以谦谦君子的风度，主动想和达马迪安握手，但被达马迪安拒绝。1965年，中国科学院上海生物化学研究所、中国科学院上海有机化学研究所和北京大学生物系三个单位联合，世界上第一次人工合成牛胰岛素，是中国当时唯一一次能够获得诺贝尔奖的机会。虽几经周折，当年却没有获得提名，令国人扼腕长叹。我国科研领域是否笼罩着雷曼·达马迪安心中那样的阴云，如此深不可测？

1.9 生命代代相传的遗传密码

20世纪40年代末和50年代初，在DNA被确认为遗传物质之后，生物学家们不得不面临一个难题：DNA 应该有什么样的结构，才能担当遗传的重任？它必须能够携带遗传信息，通过自我复制传递信息，让遗传信息得到表达以控制细胞活动，并且突变并保留突变。

当时主要有三个实验室几乎同时在研究 DNA 分子模型。第一个实验室是伦敦国王学院的莫里斯·威尔金斯 - 富兰克林实验室，第二个实验室是加州理工学院的大化学家莱纳斯·鲍林（1954 诺贝尔化学奖、1962 年诺贝尔和平奖得主）实验室，在此之前，鲍林已发现蛋白质的 α 螺旋结构。第三个则是几个名不见经传的小人物搭档的非正式研究小组，由年轻的遗传学家詹姆斯·沃森主导，英国科学家弗朗西斯·克里克和莫里斯·威尔金斯参与。1951 年，沃森在剑桥大学做博士后时，颇似当年韩信声东击西，明修栈道，暗度陈仓。虽然其真实意图是要研究 DNA 分子结构，却挂着研究烟草花叶病毒课题项目，掩人耳目。沃森需要克里克在 X 射线晶体衍射学方面的知识。他们从 1951 年 10 月开始拼凑模型。1950 年，美国生物化学家埃尔文·查戈夫测定 DNA 的分子组成，发现 DNA 中的四种碱基的含量并不是传统认为的等量的，虽然在不同物种中四种碱基的含量不同，但是 A 和 T 的含量总是相等，G 和 C 的含量也相等。但研究 DNA 分子结构的这三个实验室都将它忽略了。几经尝试失败后，在沃森和克里克终于意识到埃尔文·查戈夫比值的重要性，终于“秦失其鹿，天下共逐之，于是高材疾足者先得焉”。在 1953 年 3 月，他们很快就拼凑出了 DNA 分子的正确模型，力挫高手夺得头筹。DNA 双螺旋结构发现是 20 世纪最为重大的科学发现之一，它和相对论、量子力学一起被誉为 20 世纪最重要的三大科学发现，标志着生物学研究进入了分子层次。作为现代生命科学和基因组科学的权威，沃森等人推动“生命登月”工程——人类基因组计划在过去 10 多年里成功得以实施，人类第一次拥有自己的基因图谱。

詹姆斯·沃森（1928 年— ），美国分子生物学家，20 世纪分子生物学的带头

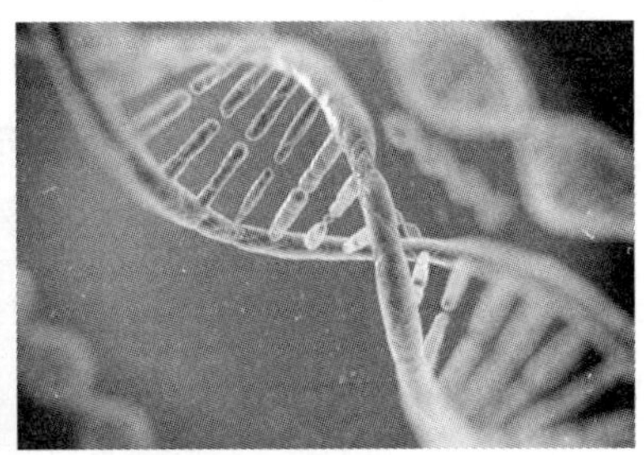

图 2-7　克里克（右）、沃森（中）、威尔金斯和 DNA 模型及图像

人之一，被誉为“DNA 之父”。1947 年后，他在 1969 年诺贝尔生理学或医学奖得主萨尔瓦多·卢瑞亚的指导下撰写博士论文，当时他研究的是 X 光对抗菌素（或噬菌体）繁殖的影响，1950 年他获博士学位。他先后去丹麦哥本哈根大学和英国剑桥大学进修，向约翰·肯德鲁（1962 年诺贝尔化学奖得主）学习蛋白质结构，坚信 DNA 就是遗传物质。1951—1953 年在英国期间，他和克里克合作，从众多竞争对手中赢得了破解 DNA 结构之争的胜利。沃森与克里克每天碰面几小时讨论研究方法，根据威尔金斯实验室的结晶学实验结果，他们用珠子、铁丝和纸板制作出了 DNA 分子的三维模型，找出了构建生命的基本模块，即提出了 DNA 的双螺旋结构学说，从而以崭新的观点揭示出生命如何代代相传的遗传密码，它被认为是生物科学中最具有革命性的发现，是 20 世纪科学成就的里程碑之一。由于提出 DNA 的双螺旋模型学说，三位科学家共同分享 1962 年诺贝尔生理学或医学奖。1968 年，沃森加入位于纽约长岛的冷泉港实验室的定量生物学分部，此后培养了一批遗传学事业的接班人。他曾著有《基因分子生物学》（1965 年），该书被广泛用作分子生物学教科书。他与别人的合著作品有《细胞分子生物学》（1983 年）和《重组 DNA》。

弗朗西斯·克里克（1916—2004 年），英国分子生物学家。1937 年，克里克考入伦敦大学攻读博士学位。1944 年，美国人埃弗里发现脱氧核糖核酸（简称 DNA），犹如一石激起千层浪，对 DNA 的研究顿成千帆竞渡，百舸争流。1951 年，当沃森来到剑桥卡文迪什实验室时，35 岁的克里克仅是一名研究生，而 23 岁的沃森已经有博士学位，克里克同他一拍即合，开始马不停蹄地对 DNA 分子结构开展合作研究。他后来加入卡文迪什实验室，与马克斯·佩鲁茨、约翰·肯德鲁一起研究。当时威廉·布拉格（1915 年诺贝尔物理学奖得主）领导卡文迪什实验室击败诺贝尔化学奖得主美国化学家莱纳斯·鲍林，首先发现 DNA 结构。卡文迪什实验室同时与伦敦大学国王学院竞争，当时约翰·兰德尔领导伦敦大学国王学院生物物理学系。兰德尔拒绝克里克在国王学院工作，但克里克和国王学院的威尔金斯成为朋友，影响到后来的科学活动，就像克里克和詹姆斯·沃森之间的亲密友谊一样。克里克和沃森二人优势互补，并善于吸收和借鉴鲍林、威尔金斯和富兰克林等人的成果，结果经过不足两年时间的努力，便完成了 DNA 分子的双螺旋结构模型。他们不仅发现了 DNA 的分子结构，而且从结构与功能的角度作出了解释。由于他们的发现，科学家们认识到有些疾病是遗传性的。今天，DNA 无论是对科学或是其他别的领域都很有用。DNA 被运用于犯罪案件中，还可以用来测定血亲以及克隆动物。

莫里斯·威尔金斯（1916—2004 年），英国分子生物学家。1940 年，他获剑桥大学博士学位。论文题目是《磷俘获电子的热稳定性和磷光的理论》。“二战”期间，他在军队中服役，研究改善阴极射线的屏幕和铀的分离等。后经选拔参加了美国的“曼哈顿计划”。从美国回英国后，他是牛津大学 X 射线衍射方面的教授，专注于磷光、雷达、同位素分离与 X 光衍射等领域。当时沃森和克里克拜访教授的目的，是想看一看富兰克林女士刚刚成功地拍到了 DNA 的 X 射线衍射照片，但富兰克林女士始终拒绝合作。威尔金斯只好独自与沃森他们一起研究这一课题。他们集中了埃尔文·查戈夫有关核酸的化学信息、克里克的设想、富兰克林女士的 DNA 的 X 射线衍射照片以及威尔金斯为照片写的说明，最终共同提出了 DNA 双螺旋结构模型。1958 年，富兰克林因患卵巢癌英年早逝，年仅 37 岁。其实，富兰克林离 DNA 双螺旋结构模型只差一步之遥。即便沃森与克里克的论文中未经她的许可，擅自使用了她的图片，富兰克林却非常大度地一笑了之，反而为两人的发现感到高兴。在伦敦国王学院期间，威尔金斯利用 X 光衍射技术破解了 DNA 分子结构，他与弗朗西斯·克里克、詹姆斯·沃森共同分享 1962 年诺贝尔生理学或医学奖。

1.10　考古学时钟的发明者——威拉德·利比

文明是人类发展史上的特殊阶段，是人类脱离动物界后进一步脱离了原始野蛮状态的阶段。我们从考古学上怎么来判断呢？考古学发现和研究古代的物质遗存，现在我们主要依靠考古来论证文明起源，就需要在考古方面找到文明的标志，是一个世界考古学面临的难题。国际认可的说法：第一个条件就是要有城市，第二个条件是文字，第三个条件是要有复杂的礼仪建筑。四大文明古国实际上对应着世界四大文明发源地，分别指古埃及、古巴比伦、古印度和中国。

古巴比伦美索不达米亚的苏美尔文明发源于两河流域，主要遗迹为欧贝德文化、乌鲁克文化，文明形成时间约公元前 4000 年，使用楔形文字，代表性建筑：空中花园和古巴比伦城等。古埃及文明发源于尼罗河流域，主要遗迹为涅伽达遗址，文明形成时间约公元前 4000 年，代表性建筑：金字塔、狮身人面像、卡纳克神庙、卢克索神庙和方尖塔等，使用象形文字；古印度文明发源于恒河流域，主要遗迹为巴连弗邑遗址，文明形成时间约公元前 1000 年，代表性建筑：泰姬陵、布道山洞和哈马尔大陵墓等，使用梵文；华夏文明发源于黄河流域、长江流域，主要遗迹为大地湾遗址、龙山文化群和仰韶文化群，文明形成时间约公元前 3000 年，代表性建筑：秦始皇陵、长城、秦兵马俑、敦煌莫高窟、龙门石窟、云冈石窟和法门寺地宫等，使用骨刻文、甲骨文、金文、篆文和隶书等。

“空中花园”金碧辉煌、美艳绝伦，引得无数建筑大师和艺术巨匠为之倾倒。“数千年的屹立，金字塔就像是刺向青天的太阳光芒，它的魅力不仅仅是恐怖的咒语、离奇的猜测、令人惊异的考古发现，更是人们对于它执着的向往与痴迷”。泰姬陵全部用纯白色大理石建筑，用玻璃、玛瑙镶嵌；泰姬陵精美绝伦的脚下，不知堆砌着多少人的鲜血乃至生命。秦兵马俑气势宏伟，个体整体间均有差异，不同色彩的服饰形成了鲜明的对比，艺术感染力令人叹服。陶马也同样有鲜艳而和谐的彩绘，使静态中的陶马形象栩栩如生。围绕这些世界奇迹诞生的千古之谜，学术争论喋喋不休。如何准确地从像阿拉伯世界中迷人的马赛克镶嵌画中，找出那块代表文明诞生的胎痣？考古学时钟应运而生，文明标志从此可以精确度量。

威拉德·利比（1908—1980 年），美国化学家，一生致力于放射性碳定年法的发展，革新了考古学。利比是著名的物理化学家，示踪技术、同位素示踪技术专家。1933 年，他获加州大学伯克利分校哲学博士。20 世纪 30 年代，他建造了一些盖格计数器去量度自然和人造的弱辐射。1941 年，他获得古根海姆奖后，他用绝大部分的时间在普林斯顿大学进行研究。“二战”爆发后，他和诺贝尔奖得主哈罗德·尤里投身于哥伦比亚大学的曼哈顿计划，利比负责研究利用气体扩散法来分离与浓缩用于广岛原子弹的铀同位素铀 235。1945 年后，利比受聘为芝加哥大学化学系和原子核研究所化学教授，1954 年 10 月被美国总统艾森豪威尔任命为原子能委员会委员，1962 年任地球物理与天体物理研究所所长。他从事宇宙射线和人工核反应的长期研究经历中得到启发，提出自然界存在生成碳 14 条件的设想，有可能被检测出来。1947 年，他在实验室里终于找到了一种解决检测碳 14 的方法：燃烧样品，使其转化为二氧化碳气体，用辐射计测定二氧化碳中碳 14 的数量。他另辟蹊径发表利比推论：新诞生的碳 14 会变为二氧化碳；植物吸收二氧化碳，碳 14 寄存于植物体内；当植物死亡后，植物体内的碳 14 将会按照放射性衰变规律随着时间延长而减少。这样，它便记录下了从死亡到测量时所经历的时间。1951 年，他又发表《放射性碳年代测定》的论文，并把自己的研究成果广泛地应用于考古学、地质学、地理学等科研领域。利比因发明用放射性碳 14 测定地质年代的方法，为人类创造出了第一个独特的计时工具——考古学时钟，因而独享 1960 年诺贝尔化学奖。

1.11 开创人体器官移植新时代——约瑟夫·默里和唐纳尔·托马斯

人体器官移植是一种挽救人类生命常见的最后手段。目前，全世界每年进行 1 万多例肾移植、1 千例左右肺移植、2000 多例心脏移植、4000 例左右肝移植和约 1000 例胰脏移植手术，迄今已有数万名患者通过他人捐献的器官获得新生。人体器官移植的成功是人类医学的伟大成果，开创人体器官移植新时代的双雄约瑟夫·默里和唐纳尔·托马斯，永远值得世人的感恩和怀念。

约瑟夫·默里（1919—2012 年），美国著名外科医生。1944 年，他在宾州总医院开始整形外科生涯。通过脏器移植来挽救生命，一直是医学界孜孜以求的梦想。正如诗仙李白诗云：“蜀道之难，难于上青天，使人听此凋朱颜！连峰去天不盈尺，枯松倒挂倚绝壁。”布朗上校与默里常常讨论用于重度烧伤皮肤移植的皮肤捐赠问题。1951 年，他参加设在犹他州医院的器官移植研究小组，1954 年到美国波士顿技术协会研究关于头及颈部癌症的重建手术。20 世纪 60 年代中期，他开发颅面重建新技术。1954 年 12 月 23 日，美国波士顿的医学家哈特韦尔·哈里森和约瑟夫·默里成功地完成了第一例人体器官移植手术——肾移植手术。

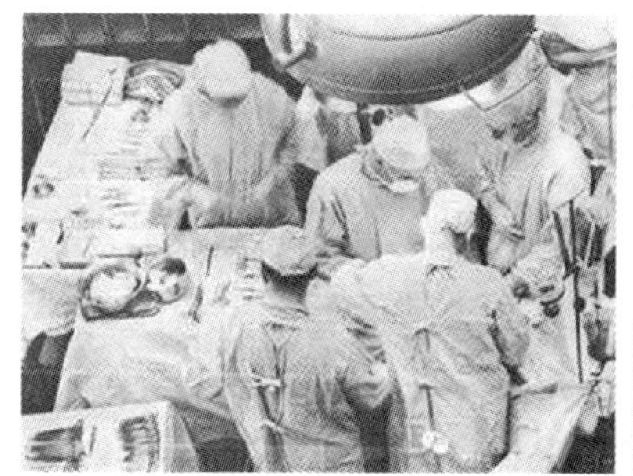

图 2-8 默里和第一例肾移植手术

他实施世界上第一例肾移植手术，该手术在双胞胎之间进行。于是，人体器官移植成为了一门前沿学科。默里由于在人体器官和细胞移植研究的贡献与唐纳尔·托马斯分享 1990 年诺贝尔生理学或医学奖。

唐纳尔·托马斯（1920—2012 年），美国著名外科医生。他入学哈佛医学院并于 1946 年获得了医学硕士学位。1948—1950 年，他应征入伍在陆军担任内科医生。退役后，他进入马萨诸塞科技学院以博士后学术研究员身份钻研白血病的治疗方法。1951 年，他成为麻省理工学院学者；1963 年成为华盛顿大学医学教授。1963 年，他加入一个华盛顿大学医学院的研究小组，开始试验一种能够压制免疫系统的新药。其他的研究人员则致力于研发一种能够确认有着相似或者相容的免疫系统人群的方法，用来把捐献者与接受者进行配对。这种配对的新方法基于一种被称作组织相容性抗原分子的基础之上。1969 年，他进行了第一次异体骨髓移植手术。在接下来的许多年里，这种方法被逐渐完善，手术的成功率也从大约 12% 上升到了 50%。20 世纪 70 年代末，他将此研究结果用于临床，成功地在不同个体之间移植骨髓，找到了一种可以有效治疗一些严重的遗传性疾病（如地中海贫血）和一些免疫性疾病（如白血病和再生障碍性贫血）的方法，他也成为现代骨髓移植治疗白血病和急性放射性损伤的先驱者之一。因托马斯在人体器官和细胞移植研究的贡献与约瑟夫·默里分享 1990 年诺贝尔生理学或医学奖。默里和托马斯成为开启“人体器官和细胞移植前沿学科大门”的双雄。

人体器官移植研究从此一发不可收拾：1963 年，美国医生 Starzl 施行了全球第一例人体原位肝移植；1967 年，南非外科医生克里斯·巴尔纳德博士完成世界上第一例心脏移植手术；2012 年，瑞士苏黎世大学医院为一名女性肝病患者成功实施了全球首例肝脏移植合并心脏部分切除和组织修复手术；2014 年，南非开普敦泰吉堡医院医生安德鲁·范德莫维完成世界上第一例阴茎移植手术，该男子在短短数月内顺利令女友怀孕；2014 年，瑞典哥德堡大学妇产科专家马茨·布伦斯特伦完成世界上第一例子宫移植手术，该女子如愿怀孕，剖宫产诞下儿子；现在已有 5 名移植子宫宝宝出生，天生没有子宫或子宫发育畸形的女人也可能有自己的孩子。人类的聪明才智和手术技巧发挥得如此淋漓尽致，难以想象下一步将会发生什么？人类无限的遐想也许要靠未来给出正确的回答吧！

第二节　加拿大及其诺贝尔奖得主

2.1　加拿大的优势和国力

加拿大为北美洲最北的国家，东北隔巴芬湾与格陵兰岛相望，西北与美国的阿拉斯加接壤，南界美国，东临大西洋，西濒太平洋，北接北冰洋，是一个地广人稀的国家，素有“枫叶之国”的美誉。加拿大土著居民是印第安人与因纽特人，主要民族为英裔加拿大人、法裔加拿大人、华裔加拿大人，加拿大是世界上移民率最高的国家之一。1763 年的《巴黎和约》使加拿大正式成为英属殖民地。约翰·麦克唐纳政府为发展经济，大力组织向西部移民开发西部，并于 1872—1881 年修建了横贯大陆的太平洋铁路，还实行保护关税政策。这些政策促进了加拿大经济的繁荣和发展。1858 年弗雷泽河沿岸和 1896 年育空河支流克朗代克出现了两次淘金热。随着横贯大陆铁路干线的完成，大批居民涌向西部开办农场，西部草原区成为世界最大的谷仓之一。近代工业，包括采矿、电力、钢铁、铁路设备等工业部门发展迅速，以铁路为主的全国交通运输网开始形成。铁路沿线出现了一批新城市，其中蒙特利尔和多伦多成为全国经济文化的中心。1982 年，英国女王签署《加拿大宪法法案》，加拿大议会获得立宪、修宪的全部权力，加拿大事实上从英国独立。联邦成立时，将新国家定名为加拿大。

加拿大是英联邦国家之一，政治体制为联邦制、君主立宪制及议会制。它是典型的英法双语国家。它是西方七大工业化国家之一，制造业、高科技产业、服务业发达，资源工业和农业是国民经济的主要支柱。它以贸易立国，经济上受美国影响较深。它是一个高度发达的资本主义国家，得益于丰富的自然资源和高度发达的科技，使其成为世界上拥有最高生活品质、社会最富裕、经济最发达的国家之一。著名产业有汽车业、银行业、保险业、食品及饮料业、林业、采矿业、石油与天然气和科技产业，是世界上最大最重要的钻石生产国之一。农业、食品业是加拿大经济重要的组成部分，占其国内生产总值的 8%。国土面积 998.467 万平方公里，略大于中国，人口数量 3534 万（2014 年）。GDP 总计 1.551 万亿美元（2015 年，国际汇率），人均 GDP 为 50271 美元（2014 年，国际汇率）。

加拿大教育事业发达。1999—2000 年，全国直接用于教育的经费约 676.97 亿加元，占国内生产总值约 6.6%。世界著名的一流高等学府有：麦吉尔大学、英属哥伦比亚大学、多伦多大学、蒙特利尔大学等。截至 2017 年，加拿大获物理奖 4 个、化学奖 3 个、生理学或医学奖 3 个、经济学奖 1 个、文学奖 1 个、和平奖 1 个，总计 13 个。其中，拉尔夫·斯坦曼因“发现树突状细胞及其在后天免疫系统中的作用”获得 2011 年度诺贝尔生理学或医学奖金的一半。这是诺贝尔奖唯一一次把奖项颁给已故人士。胰腺癌又被称作“癌症之王”。苹果公司前 CEO 史蒂芬·乔布斯和意大利男高音歌唱家帕瓦罗蒂均罹患胰腺癌，存活期往往只有数月。斯坦曼虽患胰腺癌，他积极尝试自己发明的细胞免疫疗法，生命从预期的数月延长至 4 年。树状细胞在他身上的治疗是成功的。他一直在用自己设计的免疫疗法维持生命，一直撑到诺贝尔奖颁奖前。因为委员会在评奖当时并没有接到斯坦曼去世的消息，所以授予斯坦曼的奖项成立。

2.2 糖尿病的克星——胰岛素

糖尿病是历史悠久的人类疾病，问题出在身体不能利用最重要的能源——葡萄糖，以致有大量的葡萄糖堆积在血液，造成血管病变及病菌滋生。直到20世纪20年代初，糖尿病仍被视为一种令人谈虎色变的不治之症。随着社会的不断变化，生活压力和饮食的不规律使得近年来越来越多的人患上糖尿病。2013年，全球约有3.82亿成年人患有糖尿病，其中中国的糖尿病患者人数居全球之首，调查统计人数为1.14亿。1889年，德国病理学家敏柯斯基发现胰脏和糖尿病的关联之后，就不断有人尝试分离胰脏的神秘内分泌物质，结果令许多学术权威铩羽而归。一位科学家在急不可待的心情下，把这个诞生不出来的内分泌“婴儿”，预先起了个名字，叫“胰岛素”。在胰岛素发现以前，常用的糖尿病控制方法就是禁食，成为医学界久攻不克的难题。

弗雷德里克·班廷（1891—1941年），加拿大医学家。1916年，他从多伦多大学医学院毕业。这时“一战”已在进行中，班廷应征入伍，他被派往法国前线，在卡姆勃雷战役中负伤险失一只手臂。因伤退役后，班廷曾在多伦多大学担任著名生理学家约翰·麦克劳德的研究助手。当时，美国生理学会的理事长约翰·麦克劳德是苏格兰人，专长在碳水化合物代谢生理。但班廷并非一个功底深厚、经验丰富的医学研究者。当他被要求作一个关于糖尿病问题的报告时，完全没想到这个偶然闯入他研究领域的课题竟会影响到他的一生和千百万人的生命。1920年10月，他读到一篇病理报告描述胰管遭结石阻塞的患者，其胰脏中分泌消化酵素的外分泌腺组织有所萎缩，但胰岛细胞却存活良好。受此病理报告启发，他突发奇思：如果结扎狗的胰管，并让狗存活，一直到胰腺腺泡萎缩，不再有外分泌，只留下胰岛的内分泌，然后提取那具有减轻糖尿病作用的物质。麦克劳德允许他在暑假实验室的空闲时间来自己这里工作两个月，并给他10只狗，其余一切自备。为了筹备实验费，他变卖了自己所有能卖的东西，虽一无所有，但大有当年项羽破釜沉舟之势：他拥有10条供实验的狗和一名实验助手——21岁的医科四年级学生查尔斯·贝斯特。贝斯特是个对生物化学十分熟悉的年轻人，他对测定狗的体液和血液中确切的含糖量等问题驾轻就熟，这正好弥补了班廷在这方面的不足。班廷是一位极其出色的外科医生，他进行的手术无可挑剔。两人优势互补，相得益彰。他们先给狗做胰管结扎，使其发生和胆结石堵塞胰导管造成相同的胰腺萎缩症状。然后，他们摘除了另一条健康狗的胰脏，造成实验性糖尿病。7 月 27 日，班廷从结扎的狗身上取出萎缩得只剩胰岛的胰腺，制成药剂，注入除去胰脏而患病的狗身上。他们发现，狗的血糖量迅速下降，并经数天治疗后，恢复了正常。在 1922 年的夏天，班廷正是在这个新设想的推动下，信心十足，锲而不舍，经过两个月来一次次地艰苦努力，两位无名的青年终于发现胰岛素。前辈“踏破铁鞋无觅处”，后生“得来全不费工夫”，正是印证爱因斯坦“想象力比知识更重要”名言的典范。细胞中血糖形成机理：胰岛素是钥匙，受体是锁，糖通道是大门。

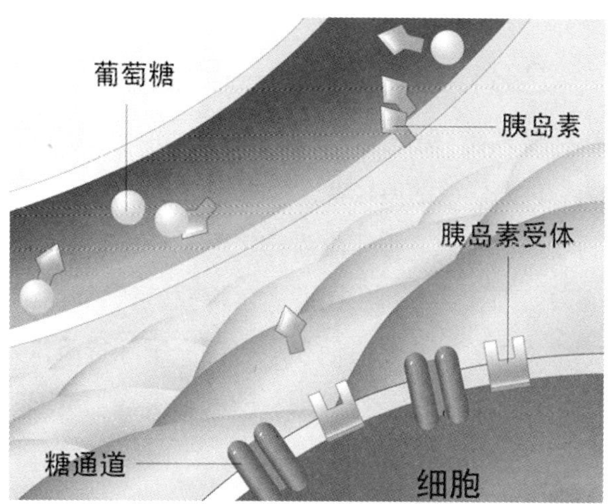

图 2-9　血糖形成机理示意图

这种提取物能够降低血糖，从而控制糖尿病。这一发现很快引起了全世界的轰动，近半个世纪以来困扰着生理学、医学界的难题终于被突破了，把胰岛素奉献给了人类。班廷和他的助手在研究糖尿病治疗方法的时候，制成了一种可以控制血糖的注射药物。他将这种提取物称为胰岛素，从那一刻起，有数千万糖尿病患者因为它获得了新生，成为医学史上一个伟大的贡献。1922 年，他们出版了《胰腺内分泌》并在书中给出了研究的细节。他们把从动物体内提取胰岛素这一程序申请了专利，然后他们把这一项专利卖给了多伦多大学，使一些制药公司可以利用这项专利。胰岛素终于可以通过人造生产获得，从此瑞士诺华公司生产的唐力（那格列奈）引领世界，给全世界糖尿病患者带来了福音。班廷因发现胰岛素和苏格兰生理学家约翰·麦克劳德（1876—1935 年）分享 1923 年诺贝尔生理学或医学奖，时年仅 32 岁，成为最年轻的诺贝尔生理学或医学奖得主。1935 年，他被加拿大总理破例授勋，班廷成为班廷爵士。

2.3 欧元之父——罗伯特·蒙代尔

罗伯特·蒙代尔（1923 年— ），加拿大经济学家、“最优货币区理论”的奠基人、供给学派的倡导者，被誉为“欧元之父”。在国际金融领域，他是一位伟大的先行者和预言家。他于麻省理工学院获得哲学博士学位。他先后在斯坦福大学、约翰霍普金斯大学和哥伦比亚大学执教。到 20 世纪 60 年代后半期，他已是芝加哥大学学术界的领袖人物。他是联合国、国际货币基金组织、世界银行、加拿大政府、拉丁美洲和欧洲的一些国家、欧洲委员会、美国联邦储备委员会和美国财政部等许多国际机构和组织的顾问，是起草关于统一欧洲货币报告的九名顾问之一。因他具有革新意义的研究为欧元国际汇率奠定了理论基础，以及对不同国际汇率体制下货币与财政政策以及最适宜的货币流通区域所做的分析，使他独享 1999 年度诺贝尔经济学奖。

他对经济学的伟大贡献：一是开放条件下宏观稳定政策的理论（蒙代尔－弗莱明模型）；二是最优货币区域理论。蒙代尔的贡献已经被证明是国际经济学研究的分水岭。三元悖论原则是国际经济学中的一个著名论断。根据蒙代尔的三元悖论，一国的经济目标有三种：①各国货币政策的独立性；②国际汇率的稳定性；③资本的完全流动性。这三者中，一国只能三选其二，而不可能三者兼得。“永恒的三角形”的妙处，在于它提供了一个一目了然地划分国际经济体系各形态的方法。由此得出了著名的“蒙代尔三角”理论，即货币政策独立性、资本自由流动与国际汇率稳定这三个政策目标不可能同时达到。中国正在进入一个“三元悖论”的时期，同时控制国际汇率并实行独立的国内货币政策正在变得越来越难。“只要中国还想要限制国际汇率波动在目标范围内，而现在中国的外汇储备已经超过 3 万亿美元，那就必须通过干预市场来阻止货币升值。这意味着一旦资本的流动更为自由，中国就不得不‘输入’美联储的宽松货币政策。那么，中国货币整体的情况将更加宽松，继而会推高国内通货膨胀。”

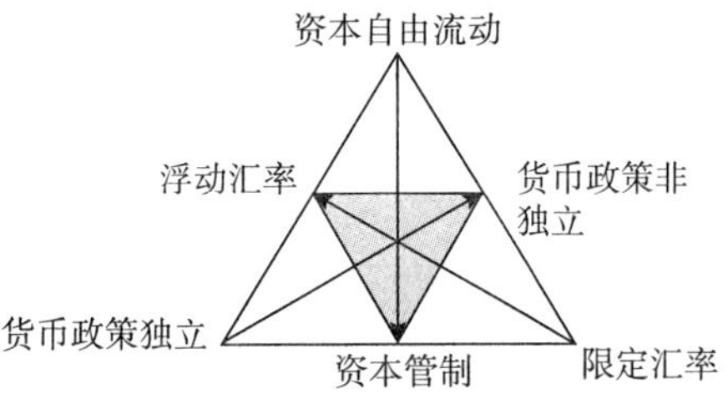

图 2-10　欧元、蒙代尔和蒙代尔三角形

第三节 墨西哥及其诺贝尔奖得主

3.1 墨西哥的历史和国力

墨西哥北部与美国接壤，东南与危地马拉和伯利兹相邻，是西班牙语世界第一人口大国和拉丁美洲第二人口大国。墨西哥是美洲大陆印第安人古老文明中心之一。1519年，西班牙入侵墨西哥，在两个世纪后才完全征服。1810—1821年，墨西哥的独立战争推翻了西班牙统治，成立了第一共和国。1917年颁布《墨西哥合众国宪法》并执行至今。宪法规定立法、行政、司法三权分立；总统通过直接普选产生，任期6年，终身不得再任；土地、水域及其他一切自然资源归国家所有；工人有权组织工会、罢工等。墨西哥多党制民主政体进一步发展，主要政党有三个。2000年，实现了首次的政党轮替。

墨西哥是一个民族大熔炉，全国共有62个印第安族、360种印第安语言，官方语言为西班牙语。1994年，北美自由贸易区正式建立后，它与美国的贸易和投资往来增加很快，极大地促进了经济发展和国民收入提高。它经济实力排名美洲第四，世界第十三，墨西哥是G20国家之一。它拥有现代化的工业与农业，墨西哥作为拉美经济大国和世界重要的矿业生产国，工业门类齐全，尤其化工和制药工业发达。墨西哥主要的能源矿产资源有石油、天然气、铀、银和煤等。主要农作物有玉米、大豆、水稻、棉花、咖啡和可可等。国土总面积197万平方公里，与我国的西藏自治区和青海省面积之和相当，人口1.238亿（2014年），GDP总计1.144万亿美元（2015年，国际汇率），人均GDP为10361美元（2014年，国际汇率）。墨西哥是教育大国，公共教育基本为免费教育，义务教育阶段的教材全部免费。宪法规定，从2008年开始实行从学前3年到初中的12年义务教育制。著名大学有墨西哥国立自治大学、蒙特雷科技大学、蒙特雷大学等。截至2017年，墨西哥获化学奖1个（1995年里奥·莫利纳）、文学奖1个（1990年奥克塔维奥·帕斯）、和平奖1个（1982年阿方索·加西亚·罗夫莱斯），总计3个。

3.2 臭氧层的保护神——里奥·莫利纳

太阳光中含有紫外线，被公认为是皮肤癌和白内障的元凶。由于臭氧能吸收太阳光中的紫外线，因此保护地球上生物免受灭顶之灾。英国南极考察科学家于1985

年报道发现南极上空的臭氧空洞。臭氧洞的危害是，透过臭氧洞的强烈紫外线对人和生物有杀伤作用。

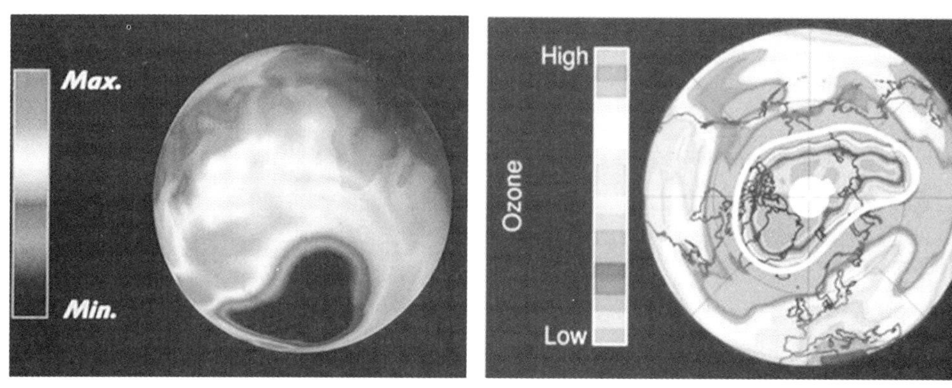

图 2-11　南极和北极臭氧洞

里奥·莫利纳（1943 年—　），墨西哥化学家。1972 年，他在加州大学伯克利分校获得化学专业博士。从 1989 年至今，在美国麻省理工学院从事大气化学研究。1974 年，当他在加州大学尔湾分校做博士后时，他与美国化学家弗兰克·罗兰合写一篇论文《由于含氯氟甲烷引起同温层下沉，氯原子催化分解臭氧》发表在《自然》杂志上，首次提出氟利昂即氯氟碳化合物（CFCs）气体对臭氧层的破坏。该论文强调了氯氟碳化合物对平流层臭氧层的威胁。当时，CFCs 被广泛用作制冷剂和喷雾剂。但科学界起初的冷淡促使他俩于 1974 年 9 月在大西洋城召开的美国化学协会的一次会议期间举行了一个新闻发布会。在发布会上，他们号召全面禁止继续排放 CFCs 到大气中。许多科学家和生产厂商都怀疑他们的说法，因而一直无法达成共识。直到 1976 年美国国家科学院出版了一个有关这个问题的评论报告，行动才得以开始。此后，削减来自冰箱和喷雾气罐的 CFCs 的行动扩展到全球。莫利纳和罗兰是发现南极臭氧洞的主要人物，他们因为解释了氯氟碳化合物破坏地球臭氧层的机理，研究并解释了大气中臭氧形成、分解的过程及机制而共同荣获 1995 年诺贝尔化学奖。他是第一位获得诺贝尔奖科学奖项的墨西哥人。他是教皇科学院院士、美国国家科学院院士和墨西哥科学院院士等，同时担任美国总统科技顾问委员会、公共政策委员会、麦克阿瑟基金会的全球安全和可持续发展委员会的委员并主持马里奥·莫利纳中心。一颗小行星（9680 Molina）也以他的名字命名。

3.3 墨西哥大文豪——奥克塔维奥·帕斯

“水滴石穿，风吹水散，石立风停，水、风、石。风琢磨石，石为水杯，水流成风。石、风、水。风动而歌，水流而语，石止而默。风、水、石。此即彼亦非彼：在虚名之间，渐行渐远渐无形，水、石、风。”如此简约含蓄、隽永传神的诗句出于哪位大师之手？这是墨西哥大文豪奥克塔维奥·帕斯的诗作。

“要理解一首诗的含义，首先是倾听这首诗。”“为了体验一首诗，我们必须理解它；而为了理解它，我们必须听一听、看一看、想一想——把它变成一种回声、一片阴影，把它变成无。理解是一种心智的运用”。如此峻峭犀利、入木三分的诗论出于哪位名家之口？这是墨西哥大文豪奥克塔维奥·帕斯的诗论。

奥克塔维奥·帕斯（1914—1998 年），墨西哥诗人、作家、外交家。他一生博览群书，天赋超群，才华横溢，在当代拉美和世界文坛享有盛誉。1931 年，他开始文学创作，曾与人合办《栏杆》杂志。两年后又创办了《墨西哥谷地手册》。1937 年，他发现了荒漠、贫穷和伟大的玛雅文化，《在石与花之间》就是那时创作的。1944 年，他赴美国考察研究。1945 年，他开始外交工作，先后在墨西哥驻法国、瑞士、日本和印度使馆任职。1953—1959 年，他回国从事文学创作。他一生写了很多著名的作品，比如《太阳石》《回》和《向里生长的树》等。作品中最突出的主题是人有能力通过爱情和艺术创作来克服生存中的孤独感。帕斯的创作融合了拉美本土文化和西班牙语系的文学传统，继承欧洲现代主义的形而上追索，以及用语言创造自由境界的信念。1962—1968 年，帕斯被墨西哥政府任命为驻印度大使，从此开始了他对东方文化的探索，研究印度的佛学思想，研究中国的阴阳学说。他的创作道路充满异彩，涉及超现实主义、理想主义、存在主义、象征主义和结构主义。在《翻译与消遣》中，他翻译了中国唐宋一些诗人如王维、李白、杜甫等中国古代诗歌大师的作品。帕斯的诗歌与散文具有融合欧美、贯通东西、博采众长、独树一帜的特点。帕斯创作了大量的诗歌、随笔和文论，具有广泛的影响，被誉为百科全书式的作家。其主要作品有诗歌《太阳石》《火种》和《清晰的过去》等；散文《孤独的迷宫》《印度纪行》等。他的作品《太阳石》充满激情，视野开阔。一方面扎根于印第安人的文化，另一方面以一种更开阔的世界眼光，表现出印第安人文化与西方文明的沟通。由于“他的作品充满激情，视野开阔，渗透着感悟的智慧并体现了完美的人道主义”而获得 1990 年诺贝尔文学奖。

第四节　圣卢西亚及其诺贝尔奖得主

4.1　圣卢西亚的历史和国力

圣卢西亚共和国北邻马提尼克岛，西南邻圣文森特岛，是小安地列斯群岛的一部分。最早居民为印第安人。1814 年，根据《巴黎和约》正式将该岛划为英国殖民地。1979 年其宣布独立，成为英联邦成员国。独立后，工党和统一工人党轮流执政。圣卢西亚农业和旅游业在国民经济中占主要地位，农业以香蕉种植业为主，主要出口到欧盟。粮食、食品和许多日用品不能自给，大多从美国进口。旅游业一直是圣卢西亚国民经济的支柱产业，旅游业发展迅速，是其主要的外汇来源。国土面积为 616 平方公里，略大于我国香港特别行政区面积的 1/2，人口数量 17.1 万（2015 年），85.3% 为黑人，10.9% 为黑白混血人种，另有少数白人。GDP 总计 14.36 亿美元（2015 年，国际汇率），人均 GDP 为 8410 美元（2015 年，国际汇率）。圣卢西亚重视文化教育，实行 5～15 岁义务教育和普及中等教育政策。成年识字率女性为 82%，男性为 81%。著名大学有西印度大学。截至 2017 年，圣卢西亚两次荣获诺贝尔奖：经济学奖 1 个和文学奖 1 个（德里克·沃尔科特，1992 年）。若以人均计算，它是诺贝尔奖的“超级大国”。

4.2　发展经济学的成就者——威廉·刘易斯

威廉·刘易斯（1915—1991 年），圣卢西亚共和国经济学家，是发展经济学的成就者、研究发展中国家经济问题的领导者和先驱。1932 年，他到英国伦敦经济学院学习经济学，受教于弗里德里希·哈耶克（1974 年度诺贝尔奖得主），1940 年获经济学博士学位并留校任教直至 1948 年。1948 年，他前往曼彻斯特大学担任正教授。他先后到曼彻斯特大学、美国普林斯顿大学和西印度大学执教，并在英国政府、联合国总部、加纳共和国和加勒比地区开发银行任职。他最重要的研究成果是 1954 年发表于《曼彻斯特学报》的《劳动无限供给条件下的经济发展》。这篇文章提出了用以解释发展中国家经济问题的著名“二元”模式，并使他获得诺贝尔经济学奖。1955 年，他出版专著《经济增长理论》，对经济发展的相关问题进行了广泛而深入的分析，至今仍被认为是“第一部简明扼要地论述了经济发展问题的巨著”。从 1968 年起，他兼任协调发达国家与发展中国家关系的联合国皮尔逊委员会成员，他主要研究发展中国家与发达国家国际经济关系的历史演变。因在经济发展方面做出了开创性研究，深入研究了发展中国家在发展经济中应特别考虑的问题，刘易斯与美国经济学家西奥多·舒尔茨共同荣获 1979 年度诺贝尔经济学奖，成为第一位获此殊荣的黑人，也是迄今为止唯一获此殊荣的黑人。他在获奖感言中指出：“我们的国家落后了几个世纪，并正在拼命追赶。我们会在一个更短的时间内走过相同的发展历程。但它们不会是完全相同的。在技术水平，解决一个问题往往有许多种不同的方式，但总有一种方法是最快最严谨的。因此，我们第三世界不能简单地借阅或购买摆在我们面前的科技。纯理论科学可以这样，但应用科学方面我们一定要自己研究。第三世界在过去 30 年以来，构建管理了各种新的研究机构，并已经有实质性回报。”

他一生出版了 12 本专著，撰写了 10 多篇政府发展报告和 70 多篇论文。他作为发展经济学开拓者的地位是无可争议的。由于这些贡献，他在 1963 年被英国女王晋封为勋爵。其主要著作有《经济成长理论》和《国际经济秩序之演化》等。法国科学家路易·巴斯德说过：“科学虽没有国界，但是学者却有他自己的国家。”刘易斯身为唯一获此殊荣的黑人，就教于英国，成就于英国，授勋于英国，但他仍然保持圣卢西亚国籍，为祖国争得崇高的荣誉，其人格魅力和成就与日月同辉。威廉·刘易斯以研究发展中国家经济问题著称，西奥多·舒尔茨以研究美国农业经济问题见长，中国是最大的发展中国家、世界第二大经济体，还有庞大的农业经济和农业人口，又有为数不少的诺贝尔经济学奖得主的入门弟子，两位诺贝尔经济学奖得主的思想精髓何时能在中国土地上开花结果？何时能发表“普适发展中国家的经济模式”诺贝尔奖级的论文？国人在屏息等待。

第五节　哥斯达黎加及其诺贝尔奖得主

5.1　哥斯达黎加的历史和国力

哥斯达黎加北邻尼加拉瓜，南与巴拿马接壤。哥斯达黎加原为印第安人居住地，1563 年沦为西班牙殖民地。哥斯达黎加于 1821 年宣告独立，1848 年成立哥斯达黎加共和国。中经 J. R. 莫拉·波拉斯和 J. M. 蒙特亚莱格雷两大家族和军事独裁统治。现行宪法于 1949 年生效。宪法规定，国家实行立法、司法和行政三权分立的共和制，总统和副总统由直接选举产生。1953—1978 年的 6 次大选中，民族解放党 4 次获胜。该党执政期间，强调国家干预经济，对一些工业实行国有化，提高进口税以保护民族工业，迫使美国联合果品公司增纳所得税，并于 1963 年加入中美洲共同市场。1983 年，它宣布成为永久中立国，是世界上第一个不设军队的国家。

哥斯达黎加经济发展水平在中美洲名列前茅，被誉为“中美洲瑞士”。外贸、旅游和服务业在国民经济中占重要地位。它经济的快速发展得益于政府的一项七年的高科技发展计划。在该国投资免税并且国民教育状况很好，使得其成为投资的乐土，很多跨国高科技公司已经开始出口产品。根据《2013—2014 年全球竞争力报告》显示，它的全球竞争力方面在 148 个国家和地区中排名第 54 位。欧洲工商管理学院、康奈尔大学和世界知识产权组织发布的“2013 年全球创新指数”排行榜中，它在 142 各参评国家中排名第 39 位，成为拉美最具创新力的国家，并首次进入创新经济国家行列。其工业以制造业和轻工为主，主要有纺织、电子产品、机械、食品、木材和化工等。主要出口精密设备、集成电路、医疗器械、半导体和电气材料等。重要企业有国家电力电信公司（中美最大的企业，固定资产 4.95 万亿科朗，近 2.4 万名员工）、国家石油公司、多斯皮诺斯乳制品集团（中美洲最大乳制品公司，年加工 4.38 亿升牛奶）。农业以生产咖啡、香蕉和甘蔗等传统产品为主，是世界上第二大香蕉出口国，仅次于厄瓜多尔。

哥斯达黎加国土面积 5.11 万平方公里，小于我国的宁夏回族自治区，人口 494 万人（2014 年）。2013 年，哥斯达黎加国内 GDP 为 511.07 亿美元（2015 年，国际汇率），人均国内生产总值 10035 美元（2014 年，国际汇率）。历届政府均高度重视教育事业。2010 年，公共教育支出和社会私人教育投资总额达国民生产总值的 7%。实行中小学免费义务教育，成人识字率为 96%，25.3% 的人口接受高等教育，教育水平位居拉美前列。高等教育资源主要集中在四所公立大学：哥斯达黎加大学、国立大学、国家科技学院和远程教育大学。截至 2017 年，奥斯卡·阿里亚斯·桑切斯因和平解决了中美洲危机，获得 1987 年诺贝尔和平奖。

5.2 中美洲危机调停者——奥斯卡·阿里亚斯·桑切斯

奥斯卡·阿里亚斯·桑切斯（1940 年—　），哥斯达黎加律师、经济学家、外交家、政治家，曾两次担任哥斯达黎加总统。他中学毕业后赴美国波士顿大学学医，他很快发现与医学相比较，他对社会科学方面的课程更感兴趣。其间，适逢约翰·肯尼迪竞选总统，美国浓郁的自由政治气氛给他很深的触动。他返回哥斯达黎加圣何塞国立大学学习法律和经济并获硕士学位，然后留学英国，获伦敦埃塞克斯大学政治学博士学位。1969 年归国后，他先在圣何塞大学教授政治学，不久步入政坛，担任民族解放党领袖和哥斯达黎加最杰出的领导人何塞·菲格雷斯·费雷尔总统的经济顾问，并同时担任中央银行董事会副主席。菲格雷斯·费雷尔成为他的导师和扶助者，并提升他担任经济计划部长、议员等职，同时培养他作为党内和政界的接班人。1979 年，他出任哥斯达黎加民族解放党总书记。1985 年，他因善于处理经济事务而被民族解放党提名为总统候选人，并于 1986 年当选总统。把政府工作的重点放在调整经济结构、推动对外开放方面。对内扩大就业，对外主张和平。他执政期间国家的经济结构发生巨大变化，从以传统的咖啡和香蕉等农产品为基础转变成以非传统农业和旅游业为基础，继续放宽对经济的限制，对外开放市场。这些措施对经济发展起到一定作用，使国内生产总值以每年 5% 的增长率递增。在他的倡导和努力下，中美洲五国（尼加拉瓜、萨尔瓦多、哥斯达黎加、危地马拉和洪都拉斯）在 1987 年签署《中美洲建立稳定和持久和平的程序》协议，为实现中美洲地区的和平奠定了基础，使动乱多年的中美洲露出了和平的曙光。阿里亚斯因和平解决了中美洲危机，而独享 1987 年诺贝尔和平奖。

第六节　危地马拉及其诺贝尔奖得主

6.1　危地马拉的历史和国力

危地马拉共和国向北与墨西哥相接，向东北邻伯利兹，向东南邻洪都拉斯和萨尔瓦多。4—11 世纪，危地马拉的佩滕低地地区是古代印第安人玛雅文化的中心。1524 年，它沦为西班牙殖民地。1840 年，危地马拉独立。1871—1944 年，国家才开始致力于经济现代化。同时，美国主导的联合果品公司开始收购危地马拉大面积的咖啡和香蕉庄园，并介入危地马拉的政治。1944 年 10 月革命后，危地马拉开始了民主化进程。1950—1954 年，执政的哈科沃·阿本斯总统施行了土地改革。1954 年，阿本斯被推翻，卡斯蒂略·阿马斯成为新的独裁者。新政府立刻将所有的改革都作废，进入右翼军政府和文人政府交替执政时期。1985 年，危地马拉重新组织大选。1996 年，阿尔苏政府（全国先锋党）与“危地马拉全国革命联盟”达成《最终和平协定》，危地马拉才正式结束长达 36 年的游击战内乱。

危地马拉是一个多党制、独立的民主共和国。宪法规定立法、执法和司法分离，属于三权分立系统。国会和总统的选举每四年一次由直接选举产生。矿产资源有铅、铬、金和镍等，石油储量 14.3 亿桶。森林面积占全国面积的 38%，盛产桃花心木等贵重木材。经济以农业为主，全国一半的劳动力从事农业生产，主要农产品有咖啡、棉花和香蕉等。经济作物出口是外汇收入的主要来源，输出以咖啡、香蕉、棉花和糖为大宗产品，其中小豆蔻出口居世界第 1 位，咖啡生产在中美洲占第 2 位。传统工业有采矿业、制造业、纺织业、食品加工、制药业和造纸业等。国土总面积 10.9 平方公里，与我国的江苏省面积相当。总人口达 1580 万人（2014 年），GDP 总计 637.94 亿美元（2015 年，国际汇率），人均 GDP 为 3450 美元（2014 年，国际汇率）。危地马拉实行小学义务教育，学制为小学 6 年，中学 6 年。大学共 10 所，其中国立圣卡洛斯大学（创建于 1676 年）最出名。2009 年，教育经费占国内生产总值的3.1%。截至2017年，危地马拉获诺贝尔文学奖1个（1967年米格尔·阿斯图里亚斯）、诺贝尔和平奖 1 个（戈韦塔·门楚·图姆，1992 年），总计 2 个。

6.2 魔幻现实主义文学奠基人——米格尔·阿斯图里亚斯

米格尔·阿斯图里亚斯（1899—1974 年），危地马拉诗人、小说家和外交官，在拉丁美洲文学史上占据着十分重要的地位。他童年和少年时代了解了印第安人的部落生活，使他从小对印第安人的古老文化发生了浓厚兴趣，并对他们的悲惨命运寄予深深的同情。他到首都攻读法律，同时开始诗歌创作。1923 年，他自大学毕业后，曾创办《新时代周刊》，后因同军方势力发生矛盾，被迫流亡英国伦敦学习并侨居法国。他在法国发表的以印第安神话为素材的短篇故事集《危地马拉传说》在西班牙出版，被认为是拉丁美洲第一本带有魔幻现实主义色彩的短篇小说集。1933 年，他回到祖国，投入政治活动，曾担任外交官等一些公职。1925—1932 年完成的长篇小说《总统先生》终于在 1946 年在墨西哥出版，使他一举成名，从此蜚声拉丁美洲文坛。他一生写了十部小说、四部诗集和几个剧本，在危地马拉以至拉丁美洲现代文学史上占有重要地位。他巧妙地将欧洲流行的超现实主义创作方法同拉美社会的双重文化——西班牙与印第安文化混合，并有机结合起来，用以表现拉美的社会现实，使其作品有一种独特的沁人心脾的无穷韵味，这就是后来人们津津乐道的“魔幻现实主义”。1946 年代表作《总统先生》问世，作品以犀利的讽刺手法揭露独裁者的狰狞面目，用各种幻景、梦境渲染独裁统治下的社会阴森恐怖，并借助联想、比喻刻画人物心理；小说用这种反客为主、虚实结合的漫画手法，荒诞夸张的语言，勾勒出独裁者的形象，感觉像是做了一场梦，周围充满阴森恐怖的感觉，把暴君的形象罩上了一层神秘的迷雾。《总统先生》同乌斯拉尔·彼特里的《独裁者的葬礼》、加夫列尔·加西亚·马尔克斯的《家长的没落》、何塞·加西亚·桑切斯的《暴君班德拉斯》合称为“拉美四大反独裁小说”。1954 年，反动军人阿马斯上台执政，他被剥夺国籍，再度流亡阿根廷。1966 年，他又被蒙地内格罗的中立派政府起用，出任危地马拉驻法国大使。他成功地运用魔幻现实主义手法创作的《总统先生》这部杰作，为魔幻现实主义的兴起奠定了基础。阿斯图里亚斯以其代表作《总统先生》荣获 1967 年诺贝尔文学奖。

第七节　阿根廷及其诺贝尔奖得主

7.1　阿根廷的历史和国力

阿根廷共和国与智利、玻利维亚、巴拉圭、巴西、乌拉圭等国相接壤。1527 年，它沦为西班牙的殖民地。1816 年，图库曼议会通过了《独立宣言》从而获得独立。从 1880 年胡利奥·罗卡上任开始，连续十届联邦政府加强经济自由政策，在政策激励下的欧洲移民潮重塑了阿根廷的政治、经济和文化的面貌。1870—1910 年人口翻了 5 倍，令阿根廷跻身于世界出口五强之列。1908 年，它成为世界第七经济大国，人均收入与德国比肩。布宜诺斯艾利斯也从“大农村”转身成为国际化的“南美巴黎”。经过军事政变军政府和胡安·贝隆的交替统治，1979 年加尔铁里军政府引燃马岛战争败给英国，军政府权威扫地，国家就此向民主法治过渡。2001 年，阿根廷宣布自己已没有支付能力，并停止支付利息和偿还国家债务，昔日的辉煌不再。

阿根廷实行总统制代议制民主，立法权、司法权、行政权三权分立，实行多党制，截至 2014 年有全国性政党 57 个。它是南美洲国家联盟、20 国集团成员和拉美第三大经济体。它是世界粮食和肉类重要生产和出口国，素有“世界粮仓和肉库”之称；矿产资源丰富，是拉美主要矿业国之一。它得益于丰富的自然资源、高文化修养的人民、对外开放政策和多元的经济体系，已经形成了门类较齐全的工业体系。它有着“极高”等级的人类发展指数和较接近发达水平的人均国内生产总值，有一个相对于其他拉丁美洲国家的庞大中产阶级。国土面积 278 万平方公里，相当于我国的新疆维吾尔自治区和内蒙古自治区面积之和，截至 2013 年年底，全国人口总数约为 4145 万人，GDP 总量 5371 亿美元（2014 年，国际汇率），人均 GDP 为 12958 美元（2014 年，国际汇率）。教育经费约占国内生产总值的 6.5%（2012 年）。2006 年颁布的《国家教育法》规定，全国实行 13 年制义务教育。著名大学有布宜诺斯艾利斯大学和罗萨里奥大学等。截至 2017 年，阿根廷获诺贝尔化学奖 1 个（卢伊斯·弗德里科·莱洛伊尔，1970 年）、诺贝尔生理学或医学奖 2 个（贝尔纳多·阿尔韦托·奥赛，1947 年；色萨·米尔斯坦，1984 年）、诺贝尔和平奖 2 个（卡洛斯·萨维德拉·拉马斯，1936 年；阿道弗·佩雷斯·埃斯基维尔，1980 年），总计 5 个。

7.2　脑下垂体前叶激素功能的发现者——贝尔纳多·奥赛

贝尔纳多·奥赛（1887—1971 年），阿根廷医学研究家。1904 年，他获得了布宜诺斯艾利斯大学医药学学士学位，并在 1911 年以一篇脑下垂学位论文获得医学学位。1912年，他任布宜诺斯艾利斯大学兽医部生理学教授，同时兼任医院医生，1913 年为阿贝亚医院主任医师。1915—1919 年，他任国立微生物研究所卫生学部部长；1919 年，他回布宜诺斯艾利斯大学医学部任生理学教授，兼任生理研究所所长，使其成为一个具有国际声誉的研究中心。1943 年，由胡安·贝隆上校带领的军官推翻了当时的阿根廷民选政府。奥赛和他的同事则因为反对贝隆的统治而被开除大学教职。1944 年，奥赛参与建立生物学和试验医学研究所。在此后，他一直担任该研究所的所长。1955 年，奥赛在贝隆下台后回到大学担任原职。

他毕生对胰脏进行研究，胰脏是胃部附近产生胰岛素的机体器官。他还研究了一个很小的脑下垂体，位于脑底部，并控制着许多机体功能的关系。他发现糖代谢取决于胰腺所产生的胰岛素与脑下垂体产生的激素之间的相互作用，他的研究对于糖尿病的理解有了很大的提高。其中他对脑下垂体的研究贡献最大，他发表的论文超过 500 篇。他年轻的时候就相继研究了垂体剔除或下垂体前叶抽出物注射所致的糖尿病以及对胰岛素作用的影响，终于明确了脑下垂体前叶激素和糖代谢的关系。

奥赛因发现脑下垂体前叶激素在糖代谢中的部分作用，与美国卡尔·科里夫妇分享 1947 年诺贝尔生理学或医学奖。奥赛是获得第一个诺贝尔科学奖的阿根廷人和拉丁美洲人。1971 年他逝世后，1972 年由泛美教育、科学与文化委员会设立奥赛科学奖以纪念阿根廷生理学家贝尔纳多·奥赛的科学奖。

7.3 拉丁美洲的和平使者——卡洛斯·拉马斯

卡洛斯·拉马斯（1880—1959 年），阿根廷著名的外交家、政治家和法律学家。他年轻时学习法律，他的事业开端于大学教授，但最终步入了政界。在他最著名的一部学术著作中，有一部分抨击了干涉主义，特别是美国所进行的干涉别国内政的政策。1932—1938 年，他出任阿根廷外交部部长。1936 年，他还担任了在布宜诺斯艾利斯召开的泛美会议主席和国际联盟大会主席。查科地区面积约 65 万平方公里。玻利维亚和巴拉圭对格兰查科北部约 26 万平方公里土地的归属一直存在争议。20 世纪 20 年代，在查科地区发现了石油后，两国为争夺石油资源纷争愈加激烈。从 1928 年起，玻、巴两国开始在查科大峡谷爆发武装冲突。而世界主要石油巨头以及邻近国家也卷入其中，分别支持巴拉圭和玻利维亚。1932—1935 年，玻利维亚和巴拉圭为争夺查科地区进行了历时 3 年的查科战争，两国共死亡 10 万多人，超过这两个小国每年的人口增长数，使这两个国家都面临崩溃的边缘。卡洛斯·拉马斯从战争一开始就努力进行和平调停。1933 年 10 月，美国、意大利和拉美 14 个国家签订了由他拟订的反战条约，这个条约被用作停战的基础和蓝本。他组织巴西、智利、秘鲁、乌拉圭和美国进行斡旋，促成玻利维亚和巴拉圭于 1935 年 6 月签订停战协议。1938 年，两国代表在阿根廷首都布宜诺斯艾利斯签订了《查科和约》。巴拉圭获得北格兰查科地区约 18 万平方公里的土地，并称为“查科地区”；玻利维亚获得约 8 万平方公里，并得到经巴拉圭河进入大西洋的航行权。这是萨维德拉·拉马斯在阿根廷外交史上和美洲史上写下的又一光辉篇章，为阿根廷在第二次世界大战中采取“中立”政策奠定了基础。他因成功地调停查科战争而载入史册，独享 1936 年诺贝尔和平奖。

第八节　哥伦比亚及其诺贝尔奖得主

8.1 哥伦比亚的历史和国力

哥伦比亚共和国东通委内瑞拉，东南通巴西，南与秘鲁、厄瓜多尔，西北与巴拿马为邻。哥伦比亚为南美洲国家联盟成员国。土著居民是奇布查印第安人，人口主要以印欧混血为主。1535 年，哥伦比亚沦为西班牙殖民地。1819 年，S. 玻利瓦尔领导起义军大败西班牙殖民军，从此取得独立。中间几经与委内瑞拉和厄瓜多尔的分合，1863年改称哥伦比亚合众国。1821年，哥伦比亚颁布了国家第一部宪法，规定公民享有平等权利，有言论、出版自由。哥伦比亚实行多党制，共有7个政党。根据宪法，哥伦比亚实行代议制民主，立法、行政和司法三权分立，总统由直接选举产生，为国家元首和政府首脑。

哥伦比亚历史上是以生产咖啡为主的农业国，自然资源丰富，煤炭、石油和绿宝石为主要矿藏，绿宝石储量居世界第一位。它是世界第十大煤生产国、第四大出口国，估计储量为170亿吨。矿业占经济重要地位，是拉丁美洲主要产金国，铂产量居世界第4位，绿宝石产量居世界首位。20世纪80年代后，国内生产总值一直保持3%～6%的增长速度。哥伦比亚有长期宏观经济的稳定和良好的增长前景，经济多元化。工业发展较快，其产值已占国内生产总值的1/5以上。以制糖、咖啡加工、纺织为主的轻工业占工业总产值的70%以上。

哥伦比亚是一个中等强国与拉丁美洲第四大经济体，也是世界新兴市场。国土面积约114万平方公里，与我国的内蒙古自治区相近，人口总数为4600万人（2014年），GDP总计3873.99亿美元（2013年，国际汇率），人均GDP为8097美元（2013年，国际汇率）。实行小学义务教育。2011年，文盲率仅6.6%。著名高等学府有哥伦比亚国立大学和安第斯大学等。2011年，教育预算116.63亿美元。截至2017年，哥伦比亚获诺贝尔文学奖1个（1982年加夫列尔·加西亚·马尔克斯）、诺贝尔和平奖1个（2016年胡安·曼努埃尔·桑托斯），共计2个。

8.2 一个魔幻般的人物——加夫列尔·加西亚·马尔克斯

加夫列尔·加西亚·马尔克斯（1928—2014年），哥伦比亚作家、记者，犹太人。马尔克斯的小说是拉丁美洲文学里最有力量的号角与传声筒。他自小在外祖父家中长大，外祖母善讲神话传说和鬼怪故事，这对其日后的文学创作有着重要的影响。他18岁进国立波哥大学攻读法律。1948年，他因内战中途辍学。不久他任《观察家报》记者，同时从事文学创作。1955年，他因连载文章揭露被政府美化了的海难受到冲击，被迫离开祖国，任《观察家报》驻欧洲记者。同年发表了第一部长篇小说《枯枝败叶》。1959年回国，他为古巴通讯社工作。1961—1967年侨居墨西哥，从事文学、新闻和电影工作。1967年出版《百年孤独》，他将现实主义与幻想结合起来，笔落惊风雨，文成泣鬼神，创造了一部风云变幻的哥伦比亚和整个南美大陆的神话般的历史，成为拉丁美洲魔幻现实主义文学的代表人物、20世纪最有影响力的

图 2-12　马尔克斯（左）、《百年孤独》和略萨

作家之一，奠定了 20 世纪文学成就的经典地位。该作品立即被评论家誉为一部杰作。这部小说自 1967 年问世以来，已被翻译成 40 多种语言，遍及世界多个国家和地区，影响极大，并为他赢得各类奖金和诸多荣誉，使他可以全身心投入写作。

1971 年，他获美国哥伦比亚大学名誉文学博士称号，1972 年获拉美文学最高奖——委内瑞拉加列戈斯文学奖。1972—1975 年，他出版长篇小说《家长的没落》等。1976 年，为了抗议智利军人政变，他曾于是年举行“文学罢工”，搁笔 5 年。1981 年，他受军政府迫害而流亡墨西哥。1982 年哥伦比亚新政府成立，他才得以返回故土，从事文学创作。他是一个地道的左派，并与古巴的菲德尔·卡斯特罗有很好的私交。1985 年，他发表代表作《霍乱时期的爱情》。1986 年，他的报告文学《里丁智利历险记》第一版被智利军政府在圣地亚哥公开销毁，不过这一事件保证了它后来几版的畅销。马尔克斯以其鸿篇巨制《百年孤独》荣获 1982 年诺贝尔文学奖。

2007 年，由迈克·内维尔导演，贾维尔·巴登、乔凡娜·梅索兹殴诺主演的《霍乱时期的爱情》，算是最为著名的马尔克斯电影作品。2007 年，他回到卡塔赫纳市，在他 80 岁生日会上演讲，那是 50 年前他放弃大学法律专业、完成《枯枝败叶》初稿的地方，参加生日会的有西班牙国王胡安·卡洛斯一世夫妇、哥伦比亚总统阿尔瓦罗·乌里韦·贝莱斯和四位前总统以及美国前总统比尔·克林顿，他演讲结束时全场起立，掌声经久不息。1999 年，他在患淋巴癌后为抗癌接受了化疗。2014 年 4 月 17 日，马尔克斯在墨西哥城辞世，享年 87 岁。人类又一颗睿智的大脑停止了思考，文坛大师永远放下了他手中的如椽巨笔。哥伦比亚总统桑托斯宣布接下来的 3 天为国家哀悼日，政府机构降半旗。墨西哥和哥伦比亚两国总统出席葬礼，加西亚·马尔克斯享尽生前身后的殊荣，独领文坛百年风骚。一位小说家的逝世享受如此隆重国葬礼遇，令全世界的文人仰慕不已。

加西亚·马尔克斯和巴尔加斯·略萨不仅是拉丁美洲文学主将，而且是惺惺相惜的挚友。1976年，年轻的略萨竟然在大庭广众面前袭击马尔克斯，致使他左眼乌青，鼻梁带伤，被人拍下照片，他俩对此也是讳莫如深。略萨曾出版一本赞美马尔克斯的专著《弑神者的历史》而获得西班牙马德里大学文学哲学博士。但在两人闹翻之后，略萨便不允许那本书再版，直到 2009 年才同意将它收入其全集。他俩曾是好友，但在长达 30 年间互不交谈，成为当代文坛最瞩目的花边新闻。马尔克斯在略萨 2010 年获诺贝尔奖后表示："现在我们平手了。"

第九节　秘鲁及其诺贝尔奖得主

9.1　秘鲁的历史和国力

秘鲁北邻厄瓜多尔和哥伦比亚，东与巴西和玻利维亚接壤，南接智利，是南美洲国家联盟的成员国。秘鲁的原始居民是奇楚亚、艾马拉、莫奇卡和普基纳等印第安人。1533 年，秘鲁沦为西班牙殖民地。1821 年宣布独立，建立秘鲁共和国。1854 年，秘鲁废除奴隶制。1879—1883 年，秘鲁联合玻利维亚同智利进行争夺硝石产地的南美太平洋战争。秘鲁战败后，智利夺取了世界最大的硝石产地塔拉帕卡省。1933 年与哥伦比亚发生边界战争，秘鲁战败。1948—1977 年，中经文人、军事政变交替统治。1980 年全国举行民主选举，恢复文人政府。秘鲁是总统制议会民主共和国，实行多党制，共 6 个政党，政治体制为三权分立。宪法规定总统不得连任，隔届可再当选。秘鲁是太平洋经济合作理事会和南美洲国家共同体等国际和地区组织的成员国。1998 年，秘鲁正式加入亚太经济合作组织。

秘鲁矿业资源丰富，是世界十二大矿产国之一。水力和海洋资源极为丰富，渔业资源丰富，鱼粉产量居世界前列。2009 年，秘鲁银产量位居世界第一，铜产量世界第二，锌产量世界第二，锡产量世界第三，金产量世界第六。秘鲁是发展中国家，人类发展水平为中等，主要经济有农业、渔业、矿业以及制造业。秘鲁在 2008 年和 2009 年仍保持 6.5% 和 3.4% 的增长，增速位居新兴市场前列。国土面积 128.5 万平方公里，略大于我国的西藏自治区，人口为 3081 万人（2014 年），GDP 总计 2065.09 亿美元（2013 年国际汇率），人均 GDP 为 6673 美元（2013 年国际汇率）。秘鲁政府重视发展教育事业，现行教育体制为学前教育1至2年，小学6年，中学6年，大学5年。2004年教育经费88.97亿新索尔（约合27亿美元），占国家预算的18.4%。最著名的国立大学有圣马科斯大学，是拉美历史最悠久的高等学府。著名的私立大学有天主教大学、利马大学和太平洋大学等。截至2017年，秘鲁获诺贝尔文学奖1个。

9.2 结构写实主义大师——马里奥·巴尔加斯·略萨

马里奥·巴尔加斯·略萨（1939年— ），秘鲁、西班牙双重国籍，著名作家和诗人。他创作小说、剧本、散文随笔、诗、文学评论、政论杂文，也曾导演舞台剧、电影和主持广播电视节目及从政，短期加入秘鲁共产党。略萨被誉为西班牙语世界中“最具威望”的“结构写实主义大师”“世界小说大师和拉美文学大爆炸”的主将之一。1950—1952年，略萨就读于莱昂西奥·普拉多军事学校，最后略萨从军校退学，并在皮乌拉省的国立圣米盖尔中学完成中学学业。1953年，他在国立圣马尔科斯大学双主修文学与法律。1957年，他第一次出版短篇小说《领袖》和《祖父》，标志着作家文学生涯的开始。1958年，他获文学（语言学）硕士学位，同年获奖学金赴西班牙马德里大学深造。1971年，他以研究哥伦比亚作家加西亚·马尔克斯的博士论文《弑神者的历史》获西班牙马德里大学文学哲学博士学位，两位文坛大师从此结缘。1989年，他在出生地亚雷基帕市正式宣布投入总统选战，在第二轮投票中败落。略萨曾先后在剑桥大学、伦敦大学、美国哥伦比亚大学和哈佛大学等校任客座教职。他还获得美国波士顿大学（1992年）、耶鲁大学（1994年）、哈佛大学（1998年）、英国牛津大学（2003年）、法国巴黎大学（2005年）等许多大学颁授的荣誉博士头衔。1963年，他以出版的长篇小说《城市与狗》成为西班牙简明图书奖第一位得主，奠定了卓著的国际声誉，旋即有超过20种语言的翻译本在世界各地出版，也很快被秘鲁当局查禁。《城市与狗》《阿尔特米奥·克罗斯之死》《跳房子》和《百年孤独》是标志拉丁美洲文学爆炸时期的四部里程碑小说，并将略萨在内的四位作家称为主将。其他主要作品包括长篇小说《绿房子》《崽儿们》《潘达雷昂上尉与劳军女郎》和《胡利娅姨妈与作家》等；剧本《塔克纳小姐》和《凯蒂与河马》等。其中《城市与狗》《潘达雷昂上尉与劳军女郎》等先后改编成电影，《潘达雷昂上尉与劳军女郎》曾入围1999年美国奥斯卡金像奖最佳外语片提名。略萨凭借其代表作品《绿房子》等荣获2010年诺贝尔文学奖。1995年4月23日，这天是塞万提斯去世的纪念日，他在塞万提斯的故乡从西班牙国王手中接过西班牙语文学的最高荣誉塞万提斯奖，成为1994年年度得主。

马尔克斯与略萨都是当代拉美文坛上的泰斗级人物，但是他们之间的不和也是个公开的秘密。30多年来，这对原本亲如兄弟的大文豪都将对方视作老死不相往来的仇敌。马尔克斯和略萨的第一次见面是在1967年。因为同是拉丁美洲“文学爆炸”的主帅，他们彼此景仰、神交已久，所以除了似曾相识，更是相见恨晚。然而，1976年，在墨西哥一家破电影院里，这两位汉子大打出手，马尔克斯不敌年轻的略萨，马尔克斯被打得左眼乌青，鼻子也破了。略萨当时大喊着说：“你在巴塞罗那对帕特里夏做了那种事，还敢来见我！”没人知道发生了什么，让他们视如仇敌，从此分道扬镳，30年陌如路人。2007年3月6日，马尔克斯迎来80大寿、《百年孤独》40周年特别版即将出版之际，70岁的略萨才同意为纪念版的《百年孤独》提供序言，80岁的马尔克斯也接受了这一安排。原来在30多年前，略萨早就已经写好序言了。但由于发生了两人打斗事件，因此《百年孤独》才没有了略萨写的序。

第十节　智利及其诺贝尔奖得主

10.1　智利的历史和国力

智利东同阿根廷为邻，北与秘鲁、玻利维亚接壤，是世界上地形最狭长的国家。智利拥有非常丰富的矿产资源、森林资源和渔业资源。它是世界上铜矿资源最丰富的国家，还是世界上唯一生产硝石的国家。1540年，智利沦为西班牙殖民地。1810年，圣地亚哥的土生白人推翻了殖民政权，成立独立政府。1818年正式宣布智利独立，成立共和国。1947—1964年，自由党、保守党和基督教民主党轮流执政。1970年，左派社会党人阿连德·戈森斯当选总统。1973年，军人发动政变推翻了阿连德政府，陆军司令奥古斯托·皮诺切特实行长达17年的独裁统治，迫害反对派。1991年，智利“真相与和解”国家委员会发布的报告认为，有2095人遇害，1102人失踪。1989年，智利举行差额选举的总统大选，帕特里西奥·埃尔文获胜，接替皮诺切特出任总统。2000年，皮诺切特从英国被引渡回国后，被剥夺作为智利前总统的豁免权，多次受到起诉和软禁。2002年，皮诺切特退出智利的政治舞台。世界上许多国家都曾发生过政府对反对派的迫害，真相随时间的推移被永远掩盖直至被遗忘，智利“真相与和解”国家委员会的成立和运作，充分表明智利政府的制度自信，纠错机制令世人钦佩和赞颂。

智利实行单一总统制，总统任期改为 4 年，实行多党制，共 7 个政党。智利在新闻自由、人类发展指数、民主发展等方面也获得了很高的排名。智利具有稳定的政治环境，全球化的、自由的经济环境，教育高度发达，拥有较高的竞争力和生活质量，是充满尊严、自信和政府信息透明的国家。无论在哪个国家都会发生矿难，政府相关部门或紧急救援，或匆忙应付，大多人员伤亡惨重，事后发生原因正在调查中，便如泥牛入海。2010 年 8 月 5 日智利发生矿难，33 名工人受困地下 622 米深处，10 月 13 日矿工开始升井，历时 69 天，受困人员全部生还，创造了人类救援历史上最伟大的奇迹。政府决定通过全球电视直播矿难救援行动，终于把一场矿难渲染成为炫目的国家名片。智利国家的自信和软实力令世人皆知，无不叹服。寻获矿工位置从 8 月 22 日开始，得知“我们全部 33 人都在避难所内，全部安好”，这中间已有 17 天。从矿难发生到成功升井第一人，相隔 60 多天。而这 60 多天里，井下受困人员全部状况良好。这些受到制度保障的矿难者，他们所得到的是政府赔偿、矿企赔偿和社会各界提供的一些资助等。在矿井中矿工看自己第一个孩子是如何降生，收到小型电视接收器并接通地下电视电缆，在井下收看足球比赛直播，通过电视转播观看国家独立日庆典活动，还听到总统对他们的高度赞扬，并与总统进行视频通话。矿工们跟随电视中教练的指导做健身训练为获救做好准备。在遇难的矿井中洗澡，免费获得酒水营养能量食品、升井后免费旅游、免费观赛和新的工作机会等。每人还将获得相当于 300 多万人民币的补偿。这不是死亡赔偿金，而是生命得以延续条件下的损失补偿。智利政府在救援行动中花费至少 1000 万美元。在这 60 多天里，政府有条不紊调动各种资源进行营救，称得上敬畏生命、以人为本，对矿工关怀备至。智利虽是小国，却尽显大国不可小觑的实力、自信和风范。2015 年这场矿难的营救过程被改编成拷问人性的美国灾难电影《地心营救》，2015 年 8 月 6 日在灾难发生地智利首映，11 月 13 日在美国上映，2016 年 3 月 4 日在中国大陆公映。智利国土面积 75.66 万平方公里，略大于我国的青海省，全国总人口 1782 万（2014 年），其中城市人口占 86.9%。GDP 总计 2770.23 亿美元（2013 年，国际汇率），人均 GDP 为 15778 美元（2013 年，国际汇率）。智利矿业、林业、渔业和农业是国民经济四大支柱。铜、三文鱼和纸浆等是智利出口支柱产品。智利是拉美教育水平最高的国家之一，实行 12 年义务基础教育。智利著名大学有智利大学、圣地亚哥大学和智利天主教大学等。截至 2017 年，智利获诺贝尔文学奖 2 个（加夫列拉·米斯特拉尔，1945 年；巴勃鲁·聂鲁达，1971 年）。

10.2 拉丁美洲精神皇后——加夫列拉·米斯特拉尔

“诗的背后，仍有人、人的精神世界；诗学所要追问的，最终是诗道，人之道。它涉及精神与身体，个体和社会、历史，语言和人的思维，古与今，中与西，以至纯与不纯，小与大，自由与规范，少数与多数等社会、历史、美学、哲学问题。”

加夫列拉·米斯特拉尔（女）（1889—1957 年），智利诗人。她靠做小学教员的同父异母姐姐辅导和自学获得文化知识。她 14 岁开始发表诗作，1895 年后即在家乡做小学教师。1909 年，初恋情人乌雷特自杀，使她在精神上受到极大打击，从此她立誓终身不嫁，对死者的怀念和个人忧伤成了她初期诗歌创作的题材。1914 年，在圣地亚哥的“花节诗歌比赛”中，她以悼念爱人的三首《死的十四行诗》获第一名。1918—1920 年，她任阿雷纳斯角女子中学校长；1921 年，她在圣地亚哥主持女子中学。1922 年，她发表第一部诗集《孤寂》，笔触细腻感人，人工雕琢的痕迹一扫而光，突破当时风行于拉丁美洲的现代主义诗歌风格。1922 年，由于教育工作上的成就，应邀到墨西哥参加教育改革工作。同年，美国哥伦比亚大学西班牙研究院出版她的第一本诗集《绝望》。《绝望》是她的成名作。1924 年，她回国接受了硕士学位和最高退休金，同时又被政府任命为驻外代表，先后到意大利、西班牙和美国等担任领事。1930 年，她发表《艺术十条原则》，认为世界上不存在无神论的艺术：美就是上帝在人间的影子；美是指灵魂的美，美即是怜悯和安慰。主要作品有:《死的十四行诗》，诗集《绝望》《柔情》和《葡萄压榨机》等。1945 年诺贝尔文学奖原本拟授予法国诗人、评论家、戏剧家保尔·瓦雷里（1871—1945 年，法国象征派大师、法兰西学院院士），从 1933 年起，他已被推荐为候选人至少十次。可在 1945 年，这位稳操胜券的候选人却在瑞典文学院表决之前的七月去世了。“悠然意自得，意外何人知”。于是桂冠落到第二候选人、智利诗人加夫列拉·米斯特拉尔的头上，其作品《柔情》获 1945 年诺贝尔文学奖。斯特拉尔成为拉丁美洲历史上第一位获得这一殊荣的作家。这位乡村小学教师一步步登上了拉丁美洲精神皇后的宝座。晚年，她曾任驻联合国特使。1954 年，她的最后一本诗集《葡萄压榨机》出版。

第三章

北欧国家及其诺贝尔奖得主

第一节　瑞典及其诺贝尔奖得主

1.1　瑞典引领世界的优势和国力

瑞典西邻挪威，东北与芬兰接壤，瑞典与丹麦、德国、波兰、俄罗斯、立陶宛、拉脱维亚和爱沙尼亚隔海相望。瑞典著名人物包括著名化学家、硝化甘油炸药发明人阿尔弗雷德·贝恩哈德·诺贝尔。

瑞典曾经有一度在欧洲是非常强大的。在17—18世纪之交，瑞典的军事政治实力在欧洲属于前三强，仅次于英、法两国。它曾经把波罗的海变成了瑞典湖，最后与俄国的彼得大帝会战于南乌克兰的波尔塔瓦，瑞典战败，从此其霸权彻底崩溃。但是，瑞典在世界文明中的地位却恰恰是在这以后才有了明显的崛起。战败之后，瑞典人痛定思痛，废除了专制制度，开启了瑞典历史上著名的一个时期——自由时代。它建立了政治稳定和社会和谐都居欧洲前列的宪政民主制度，在没有任何殖民地和势力范围的情况下，工业化后来居上，如果按人口平均来算，它的工业比美国还发达。它的文化也很发达，从诺贝尔奖的得主就可看出；它的社会福利制度更是独步全球——从摇篮到坟墓的瑞典模式。

瑞典在两次世界大战中都宣布中立，是一个永久中立国。瑞典是一个高度发达的资本主义国家，欧盟成员国之一，在联合国开发计划署的人类发展指数中通常名列前茅。按人口比例计算，瑞典是世界上拥有跨国公司最多的国家。它拥有航空业、核工业、汽车制造业和先进的军事工业，以及全球领先的电信业和医药研究能力。它有很多国际知名的品牌和企业：沃尔沃集团、萨博汽车及武器、爱立信、ABB 和利乐包装（世界软包装巨头，中国软包装供应商）。宪法规定瑞典实行君主立宪制。实行多党制，共有 8 个政党。议会是国家唯一的立法机构，由普选产生。政府是国家最高行政机构，对议会负责。国土面积约 45 万平方公里，与我国的黑龙江省相近，人口数量 968 万（2014 年），GDP 总计 5579.36 亿美元（2013 年，国际汇率），人均 GDP 为 58116 美元（2013 年，国际汇率）。瑞典实行 9 年一贯制免费义务教育。全国有各类高校 47 所，在校学生 41 万人。2011 年，政府科教投入占国内生产总值的 6.7%。著名大学有乌普萨拉大学、隆德大学、卡罗林斯卡学院和斯德哥尔摩大学等。瑞典皇家科学院是独立存在的科学机构，在世界上与英国皇家学会、法兰西科学院和苏联科学院齐名。截至 2017 年，瑞典获得的诺贝尔奖有物理学奖 5 个，化学奖 5 个，生理学或医学奖 7 个，经济学奖 2 个，文学奖 8 个，和平奖 5 个，总计 32 个，每百万人产生 3.30 个诺贝尔奖，瑞典是人均获诺贝尔奖首屈一指的国家。

1.2 电离理论的创立者——斯万特·阿累尼乌斯

斯万特·阿累尼乌斯（1859—1927 年），瑞典物理化学家。1878 年，他开始攻读乌普萨拉大学物理学的博士学位。他的导师塔伦教授是一位光谱分析专家，他却热衷于研究电流现象和导电性，因此另投师门。1881 年，埃德隆教授正在研究和测量溶液的电导。在埃德隆教授的指导下，他研究浓度很稀的电解质溶液的电导。如果没有这个选题，他就不可能创立电离学说。在电学领域中，他对把化学能转变为电能的电池很有研究兴趣。他发现在电池中，除了由化学反应产生的化学能转化为电能，还存在一些引起电极极化的因素，而这会降低电流回路的电压。于是，他潜心研究能够减少或防止发生极化作用的添加物。他反复实验，终于认识到极化效应取决于添加物——去极剂的数量。电离理论的创建，是他在化学领域最重要的贡献。他与众不同将溶液的电学 - 化学属性统一融合，力图以化学观点来说明溶液的电学性质。1884 年，他以《电解质的导电性研究》论文申请博士，答辩委员会认可以“及格”的三等成绩“勉强获得博士学位”。为了从理论上概括和阐明自己的研究成果和新的创见，他在《皇家科学院论著》杂志上发表两篇论文《电解质的电导率研究》和《电解质的化学理论》，专门阐述电离理论的基本思想。他的这些独具慧眼的创见，终于突破了法拉第（1791—1867年，首次发现电磁感应现象）的传统观念，提出了电解质自动电离的新观点。他打破物理与化学学科的界限，研究电解质溶液的导电性，因而能冲破传统观念，独创电离学说。尽管电离学说尚不被人理解，但德国著名物理化学家奥斯特瓦尔德（1909年诺贝尔化学奖得主）慧眼独具，认为他正在开创一个新的领域——离子化学。1885年，他到奥斯特瓦尔德实验室工作，又与当时著名的科学家柯名单劳希、奥地利物理学家玻耳兹曼（热力学和统计物理学的奠基人之一）、范特霍夫（1901年诺贝尔化学奖得主）等人进行了工作交流接触。在奥斯特瓦尔德和范特霍夫两位诺贝尔奖得主的支持下，他的电离学说开始逐步被世人所承认。正如巴尔扎克所言："苦难对于天才是一块垫脚石。"电离学说终于被人们所接受了。原来反对电离学说的克莱夫（因发现钬等稀土元素而闻名于世）教授，现在反而提议选举阿累尼乌斯为瑞典科学院院士。1905年，他任斯德哥尔摩诺贝尔物理化学研究所所长。1901年和1902年，他曾获物理奖和化学奖提名。他作为电离理论的创立者，独享1903年诺贝尔化学奖，成为瑞典第一位获科学奖项的科学家。

1.3 X射线的光谱发现者——卡尔·西格巴恩

卡尔·西格巴恩（1886—1978年），瑞典物理学家。1911年，他以"磁场测量"为课题获隆德大学博士学位。1907—1911年，他在隆德大学物理研究所当著名光谱学家里德伯（光谱学的奠基人之一）的助教，于1914年开始研究射线，他在隆德大学创建了著名的光谱学实验室。1920—1937年，他先后任隆德大学、乌普沙拉大学物理学教授。1937年，瑞典皇家科学院诺贝尔研究所物理部成立，他任第一届主任。1895年，伦琴发现X射线时，还没有建立X射线谱的概念。巴克拉（1917年诺贝尔奖得主）第一次发现X射线具有标识特定元素的特性。马克斯·劳厄（1912年诺贝尔奖得主）的发现不仅说明了X射线的特性和晶体点阵的真实性，还为科学研究提供了新的研究方法，这就是用X射线分析晶体。布拉格父子（1915年诺贝尔奖得主）成功地解释了X射线衍射图像，并且设计出了有效的X射线光谱仪。这一X射线光谱仪为研究X射线谱奠定了基础。物理学家莫塞莱（原子序数发现者）用布拉格X射线光谱仪研究不同元素的X射线，取得了重大成果。西格巴恩设计了新仪器，改进真空泵，特别是分子泵。他设计的X射线管，可使曝光时间大大缩短，从而使测量精度大为提高。因此，他能够对 X 射线谱系做出精确的分析，首先他验证了巴克拉用吸收方法测出的 K 系和 L 系，同时他又发现了 M 系。

西格巴恩利用两个显微镜，架在精密的测角器对角线两端，可读到角度的十分之几秒，整个光谱仪处于恒温状态。他测量波长的精确度比莫塞莱提高了 1000 倍。他证明了莫塞莱的 K 谱系一般都是双线，他还在 50 种元素的 X 谱线中找到了 28 条 L 系谱线和 24 条 M 系谱线。他的工作支持了尼尔斯·玻尔等人把原子中电子按“壳层”排列的观点。他和同事还从各种元素的标识 X 辐射整理出系统的规律，对原子的电子壳层的能量和辐射条件建立了完整的知识。他的《伦琴射线谱学》一书中对这方面的成果做了全面总结。简而言之，他发现每一种元素所特有的 X 射线光谱。从伦琴开始，人们一直试图证明 X 射线是一种波长短的电磁辐射。1924 年，他用棱镜演示 X 射线的折射获得成功，从而完成了这一历史使命。他因为发现 X 射线的光谱，而获得 1924 年诺贝尔物理学奖。1937 年以后，他领导的研究所致力于研究核物理问题，1939 年建造了一台可把氘核加速至 5 ~ 6MeV 能量的回旋加速器。由此可见，X 射线光谱学为原子物理学提供的丰富资料具有何等重要的价值！自伦琴始，中经巴克拉和莫塞莱，至卡尔·西格巴恩继往开来，X 射线的研究正如“行路难，行路难，多歧路，今安在。长风破浪会有时，直挂云帆济沧海”。57 年后，他的儿子凯·西格巴恩因用电子光谱学发展化学分析技术，成为 1981 年诺贝尔物理学奖得主。薪火相传，父子两代同获诺贝尔物理学奖实属凤毛麟角。

1.4　通向细胞 DNA 修复之路——托马斯·林达尔

最初你我只是着床于子宫壁的受精卵，但已经携带了属于我们双亲的全部遗传信息。现在的你我是它经过了数十万亿次分裂的产物，但你我的遗传物质仍然和孕育之初几乎一模一样。然而，你我身处紫外线照射、电磁波辐射、中微子穿透、闪电雷鸣的外部环境，病毒感染、食物中毒、药物化学过程的体内随机错误，控制我们遗传信息的 DNA 在“内忧外患”中经历了数十年的复制，遗传信息早该“遍体鳞伤”。细胞 DNA 到底是如何修复这些损伤的？是什么让你我始终如一直至终老？

托马斯·林达尔（1938 年—　），瑞典医学家，专门从事癌症研究。1970 年，他从卡罗琳斯卡医学院获医学博士学位，随后去普林斯顿大学和洛克菲勒大学做博士后研究，他跟 DNA 打了近半个世纪的交道。大约 1975 年或 1976 年，他从转染有 EB 病毒（人类疱疹病毒第四型）的伯基特淋巴瘤和鼻咽癌患者细胞中观察到，EB 病毒的 DNA 出现了两种形态：除整合到细菌 DNA 内部的片段之外，还出现了不被整合到宿主基因组的共价闭合环。这在当时十分令人惊讶，它比其他实验室后来在乳头瘤病毒上进行的类似研究都要早。1981 年，他移居英国加入帝国癌症研究基金会做研究人员。其主要研究成果在于描述并量化了自发的内源性 DNA 损伤，打破了科学界一直认为双螺旋结构极其稳定的认知。他发现“碱基切除修复”的途径——这是内源性 DNA 损伤的主要细胞防线。这种 DNA 修复机理也推动人们发现了几组新的酶——FTO 和 ALKBH5，它们可以对一种全新的表观遗传标记 RNA m6A 进行去甲基化。“修复”机制确保了维持生命存在的遗传物质 DNA 的稳定性，这一机制是维持生命体健康的根本。

因此，他首先发现了 DNA 损伤的现象以及修复的机制，都是生命最本质的科学问题。托马斯·林达尔与美国科学家保罗·莫德里奇和阿齐兹·桑贾尔三人在分子领域绘制出了细胞是如何完成 DNA 修复以及保护遗传信息，其研究成果在未来甚至能够为癌症治疗发展提供很大帮助。因而三人共同分享 2015 年诺贝尔化学奖。对于获奖，林达尔如是说：“我仍然很享受做科学研究。它让人快乐，它有趣，它刺激。它一直在改变。我真希望能活到一百岁，看着科学如何发展。”他寥寥数语，足以撩动无数学子的科学情思，心无旁骛，孜孜不倦地进行科学探索。

1.5　前列腺素生物机能发现者——本格特·萨米尔松

1936 年，戈德布拉特和冯·欧拉分别发现人、猴、羊的精液中存在一种使平滑肌兴奋、血压降低的活性物质——前列腺素（简称 PG），是具有广泛生物活性的物质，自卡里姆（Kariml）1970 年首次应用于流产取得成功以来，它在生殖生理和生育控制方面的作用日益受到重视。现已证明精液中的前列腺素主要来自精囊，人体的肺、肾、脑、胃肠等组织细胞几乎都可分泌前列腺素。PG 在体内由花生四烯酸所合成，结构为一个五环和两条侧链构成的二十碳不饱和脂肪酸。按其结构划分，前列腺素分为 A、B、C、D、E、F、G、H 和 I 等类型。不同类型的前列腺素具有不同的功能，如前列腺素 E 能舒张支气管平滑肌，降低通气阻力；而前列腺素 F 的作用则相反。前列腺素对内分泌、生殖、消化、血液呼吸、心血管、泌尿及神经系统均有作用。分子式为 $C_{20}H_{32}O_5$；分子量为 352.47；CAS 登录号为 363-24-6。

本格特·萨米尔松（1934 年—　），瑞典生物化学家。1960 年，他获得罗琳医学院生物化学博士学位；1961 年，他获得医学博士学位。1977 年，他任卡罗琳医学院医学系主任，后任该院院长。1964 年，艾里亚斯·科里（1990 年诺贝尔化学奖得主）用全合成法制备 PG 成功，这是 PG 类药物研究的重大突破。萨米尔松和伯格斯特龙（1975 年任诺贝尔基金会的主席）相继发现前列腺素、凝血腺素和抗凝血腺素，使人们对身体如何有效地控制血液的凝结作用有了清楚的了解，为一些疾病的治疗提供了新的广阔前景。目前把前列腺素当作药物使用的例子，正在世界上不断出现。例如可扩张血管，抑制血小板血栓素的合成，用于治疗心绞痛、心肌梗死和脑梗死；将前列腺素 E_1 用来治疗一种罕见的先天性心脏病，或将前列腺素 E_2 作为产妇引产的新药，因为它能引起子宫肌肉收缩。以上这些，都足以说明前列腺素对维持身体正常功能所起的重要作用。他们的研究成果对癌症研究也具有积极的意义。前列腺素的发现和利用，为征服癌症的研究提供了一条有效途径。萨米尔松由于关于前列腺素生物机能的研究，与苏恩·伯格斯特龙和约翰·范恩共同获得 1982 年诺贝尔生理学或医学奖。

1.6　身残志坚的“鹅妈妈”——西尔玛·拉格洛夫

西尔玛·拉格洛夫（女）（1858—1940 年），瑞典作家。她在三岁半的时候两腿麻痹不能行走，从此以后她只能坐在椅子上听祖母、姑妈和其他许多人讲传说和故事。经过多次治疗后她麻痹的双腿能像健康人一样行走。她 7 岁以后开始大量阅读，书籍给她病残的身体带来莫大的精神安慰。1885 年，师范学院毕业后，她受聘到伦茨克罗纳斯女子中学教了十年书。同时，她开始创作她的第一部文学作品《戈斯泰·贝林的故事》，这本书使她一跃成为瑞典的著名小说家。以巴勒斯坦的瑞典移民生活为题材的史诗小说《耶路撒冷》被认为是她艺术才华发展到完美的表现。1902 年，拉格洛夫受瑞典国家教师联盟委托，为孩子们编写一部以故事的形式来介绍地理学、生物学和民俗学等知识的教科书。1904 年夏，她以病残的身体开始跋山涉水，到瑞典全国各地考察，为写“一本关于瑞典的、适合孩子们在学校阅读的书……一本富有教益、严肃认真和没有一句假话的书”做准备。1906—1907 年，《骑鹅旅行记》被作为历史、地理教科书出版。

鹅本来体态优雅、性情恬静，正如唐代诗人骆宾王著名的诗句所写：“鹅，鹅，鹅，曲项向天歌，白毛浮绿水，红掌拨清波。”她在书中却想象尼尔斯能骑鹅在空中飞翔，把飞鹅的形象和神态描写得淋漓尽致、栩栩如生：“高高瘦瘦、自言自语、仔仔细细、一扫而空、心满意足、非常苦恼、若无其事。”“非常凶狠、有气无力、叽里咕噜、迷迷糊糊、一清二楚、十分着急、慢慢腾腾。”“它实在来得猝不及防，像断线风筝一般身子笔直往前冲过去，一口咬住一只大雁的翅膀，叼起来回头就往陆地上跑过去。”尼尔斯骑鹅旅行的形象跃然纸上。拉格洛夫真是“不鸣则已，一鸣惊人”，从此“天下谁人不识君”。这部童话巨著使她成为蜚声世界的文豪，赢得了与丹麦童话作家安徒生齐名的声誉。

图 3-1 《骑鹅旅行记》中译本封面和瑞典货币 50 克朗上拉格洛夫的肖像

1907 年 5 月，她当选为瑞典乌普萨拉大学荣誉博士，挪威、芬兰、比利时和法国等国家还把本国最高勋章授予她。拉格洛夫以其作品《骑鹅旅行记》获 1909 年诺贝尔文学奖。她是瑞典第一位得到这一荣誉的作家，也是世界上第一位获得这一文学奖的女性。1914 年，她被选为瑞典皇家科学院的第一位女院士。“二战”爆发后三个月，苏联军队入侵芬兰，斯大林希望在 1939 年结束战斗。她把自己的诺贝尔奖章送给芬兰政府，为后者筹钱进行苏芬战争。芬兰政府非常感动，但把奖章归还了她。她的行动鼓励芬兰拼死抵抗，保住国家独立。在去世前不久，她通过瑞典皇室，向德国纳粹政权交涉，从集中营里救出了犹太女作家、后来于 1966 年获得诺贝尔文学奖的奈莉·萨克斯女士和她的母亲。让人从中看出这位伟大女性所具有的非凡的人格和胸襟。从 1991 年开始，西尔玛·拉格洛夫的肖像出现在瑞典货币 50 克朗纸币上，以纪念她对祖国的贡献。

第二节　挪威及其诺贝尔奖得主

2.1　挪威引领世界的优势和国力

挪威领土与瑞典、芬兰、俄罗斯接壤。挪威公元 9 世纪形成统一的王国。1397 年，挪威与丹麦和瑞典组成卡尔马联盟，受丹麦统治。1905 年，瑞典王国承认挪威王国独立。第一次世界大战中挪威保持中立。在第二次世界大战中被德国占领，1945 年挪威获得解放。1949 年，挪威创始加入北大西洋公约组织。它目前还不是欧洲联盟成员国，不使用欧元。诺贝尔和平奖由挪威议会评审，挪威国王颁奖。著名人物有现代数学先驱、天才数学家尼尔斯·阿贝尔（1802—1829 年）；现代现实主义戏剧的创始人亨里克·易卜生（1828—1906 年）；阿蒙森（1872—1928 年）是人类中第一个到达南极极点的，也是第一个驾船通过加拿大以北的西北通道的人。

挪威是一个高度发达的资本主义国家，经济是市场自由化和政府宏观调控成功结合的范例。它是创建现代福利国家的先驱之一，2009—2013 年连续获得全球人类发展指数第一的排名。它是发达的工业化国家，是西欧最大的产油国和世界第三大石油出口国。此外，造船、造纸和机械等是其传统发达产业，尤其深海石油钻探设备居世界前列，我国著名的“981”和“982”深海石油钻探设备都是由挪威帮助设计制造的。

挪威宪法规定挪威实行君主立宪制。议会国家立法机构，采用比例代表直选制。挪威实行多党制，有 20 多个注册政党，主要政党有 7 个。国土面积 38.5 万平方公里，与我国的云南省相近。截至 2012 年，挪威总人口达到 500 万，GDP 总计 5001.36 亿美元（2013 年，国际汇率），人均 GDP 超过 10 万美元（2013 年，国际汇率），人均 GDP 居北欧之首。1998 年起实行十年制义务教育。著名大学有奥斯陆大学、挪威科技大学和挪威商学院（BI）等。截至 2017 年，挪威获得的诺贝尔奖有化学奖 1 个，生理学或医学奖 2 个，经济学奖 3 个（拉格纳·弗里希，1969 年；特里夫·哈维默，1989 年；芬恩 - 基德兰德，2004 年），文学奖 3 个，和平奖 2 个，总计 11 个。每百万人产生 2.20 个诺贝尔奖，挪威是按人均获诺贝尔奖领先的国家，尤其经济学奖的人数仅次于美国。

2.2 有机物构象分析理论主要奠基人——奥德·哈塞尔

奥德·哈塞尔（1897—1981年），挪威化学家、挪威第一个获诺贝尔奖的科学家。1922年，他到柏林威廉皇帝学会研究X射线晶体学。在弗里茨·哈伯（1918年诺贝尔化学奖得主）的帮助下，他获得了洛克菲勒基金会奖学金继续他的研究。1924年，他在柏林大学获得博士学位，然后回到奥斯陆大学。1925—1964年，他在奥斯陆大学工作，从1934年开始任教授。由于有机分子中σ键可以“自由”旋转，使分子中的原子或基团在空间产生不同的排列，这种特定的排列形式称为构象。由单链旋转而产生的异构体称为构象异构体或旋转异构体。1930年他开始注重研究分子结构，尤其是环己烷及其衍生物的分子结构的问题。

他利用X光衍射等方法发现同一有机物有椅式、船式等不同结构，提出了“构象分析”（繁杂分子空间几何结构理论）的原理和方法，从而为预测有机化合物反应提供了依据，大大地推动了立体化学的发展，其研究成果被认为“是1894年范德华－拉贝尔理论在立体化学中的一个真正的发展”，对立体化学的极大贡献。他的这项工作早在20世纪30年代就已奠定基础，由于德国为获得制造原子弹的材料——重水而占领挪威，他也惨遭纳粹迫害。“二战”结束后，他才陆续整理发表，使这项重大成果经30年后才获得世界的公正评价。他从此把电偶极矩和电子衍射的概念引入了挪威科学界。哈塞尔因研究有机化合物的三维构象与英国化学家德里克·巴顿分享1969年诺贝尔化学奖。

2.3 一对诺贝尔奖伉俪——爱德华·莫泽夫妇

莫泽夫妇是继1947年卡尔·科里夫妇之后医学奖第二对获奖夫妇，同时成为诺贝尔奖史上第五对获奖的夫妻。但莫泽夫妇与众不同，是大学同窗、博士校友、博士后同门，研究所同事、同台同日授奖，数十年齐眉举案、相濡以沫，像一株并蒂莲花别样红！人类很早就意识到，很多动物，包括人类都具有出色的方向识别能力，他们的脑海中似乎嵌入了一张地图，怎样都不会迷路，例如飞鸽传书，老马识途。莫泽夫妇在过去数十年中领导了一系列脑机理的前沿研究。莫泽夫妇与约翰·奥基夫因“发现构成大脑定位系统的细胞”，共同分享2014年诺贝尔生理学或医学奖。这项发现解决了长达数百年以来，困扰着哲学家和科学家的问题：大脑究竟如何映象出周围的空间三维地图，人类又如何在复杂的自然环境中不迷失方向？

它有助于理解方位意识减弱的阿尔茨海默病救治的可能方法。唐代山水诗中独具一格、广为古今传诵的名句：“清晨入古寺，初日照高林。曲径通幽处，禅房花木深。”诗人常建在与宫殿建筑一般的寺院，沿佳木葱茏的林道，入花草深深的庭院，顺殿堂、门廊、亭榭信步而行，均能感受到古寺景物独特、幽深寂静的境意，就是他的大脑定位系统进行导向所致。

迈－布里特·莫泽（女）（1963年—　），挪威神经科学家，挪威科技大学卡夫利系统神经科学研究所和记忆生物学中心创始主任。她在奥斯陆大学与她后来的丈夫爱德华·莫泽一起学习心理学。1995年，她获得神经生理学博士学位。她是爱丁堡大学的博士后研究员，随后在英国伦敦大学做访问学者。2000年，她被任命为神经科学教授，目前是特隆赫姆神经计算中心的主任。迈－布里特·莫泽也是继1928年的西格丽德·温塞特后第二位获得诺贝尔奖的挪威女性得主。

爱德华·莫泽（1962年—　），挪威神经科学家，挪威科技大学卡夫利科系统神经科学研究所和记忆生物学中心创始主任。他在奥斯陆大学拿到了三个学位：数学及统计、心理学和神经生物学及神经生理学博士学位。莫泽夫妇起初是在爱丁堡大学一起读博士后。爱德华和奥基夫颇有渊源，在英国期间，他曾在伦敦大学的奥基夫实验室中做过访问学者。莫泽夫妇在过去数十年中领导了一系列脑机理的前沿研究。2013年，莫泽夫妇和约翰·奥基夫共同获得路易莎·格罗斯·霍维茨奖。该奖项于1967年首次颁发，以哥伦比亚大学的捐赠者 S.Gross Horwitz 的女儿路易莎·格罗斯·霍维茨命名，以表彰获奖者在生物学或生物化学等领域的基础研究中做出的卓越贡献，其中近一半获奖者后来都获得诺贝尔奖。

2.4　国际难民事务先驱——弗里乔夫·南森

弗里乔夫·南森（1861—1930年），挪威探险家、科学家和外交家，国际难民事务先驱。1888年，他从克里斯蒂安尼亚大学获得博士学位，他写成一本名叫《爱斯基摩生活》的书并于1891年出版。1896—1917年，他致力于科学研究。他参与了国际海洋考察理事会的创建工作，并参加了“迈克尔·萨斯”号到挪威海的调查、“弗里德持乔夫”号穿过北大西洋中部的调查、“维斯列莫伊”号到斯匹次卑尔根海区的调查和“阿尔马乌尔·汉森”号到亚速尔群岛及B.赫兰德－汉森区的调查。在1893年，南森还曾通过巴伦支海和喀拉海到达叶尼塞河，后来经西伯利亚返回。上述这些调查研究的成果，最后出版了许多文献。1893年6月24日，南森带着12

个同伴启程从奥斯陆开航向北冰洋进发。9 月 22 日，“弗雷姆”号到达切柳斯金角东北方向的北纬 78° 50′、东经 133° 31′的冰区。因此，1895 年春天他带着一个同伴离船乘雪橇向北极前进，他们曾到达过北纬 86° 14′的地方，于 1896 年 8 月 13 日回到挪威，完成了长达三年多的北极探险。

他还收集了大量有关北冰洋的洋流、浮冰、水文、气温和海生物等方面的宝贵资料，并于 1897 年出版了一本名叫《穿越北冰洋》的专著。他回到挪威以后，在克里斯蒂安尼亚大学任动物学教授。他的主要著作还有《北极海域的海洋学》《北冰洋的海深测量特征》和《穿越西北利亚未来的土地》等。南森以其在北极探险的两项成就被人们所铭记。1906 年，他被任命为挪威首任驻英国公使。1920 年，他以高级特派员身份与苏联谈判解决遣返“一战”战俘问题。他还从事从西伯利亚、中国和世界其他地区遣返 50 万名战俘的工作，以及直接援救俄国遭受饥饿的人民（1921—1923 年）。他是国际难民事务的先驱，在解决难民的移居问题，或者在拯救难民方面都做出了卓越的贡献，为世人所颂扬。他由于担任国际联盟高级专员在和平事务上的贡献，独享 1922 年诺贝尔和平奖。联合国难民事务高级专员办事处先后于 1954 年和 1981 年获得诺贝尔和平奖。今天，来自利比亚、伊拉克和叙利亚等国的难民像潮水般涌向欧洲，令欧盟各国不堪重负而以邻为壑，更令人怀念国际难民事务先驱弗里乔夫·南森。

第三节　丹麦及其诺贝尔奖得主

3.1　丹麦引领世界的优势及国力

丹麦东靠波罗的海与俄罗斯隔海相望，西濒北海，北面隔斯卡格拉克海峡与挪威、瑞典隔海相望，南部毗连德国。世界上第一面国旗便是 1219 年诞生的丹麦国旗，被称为“丹麦人的力量”。丹麦为争夺波罗的海控制权和周围地区同瑞典反复较量，但历次战争都以失败告终，致使疆土日益缩减。16 世纪末，丹麦成立东印度公司，在西印度群岛和几内亚拥有殖民地。“一战”期间，丹麦执行中立政策。“二战”时法西斯德国占领丹麦。过去两个世纪中，丹麦相继失去了挪威、石勒苏益格－荷尔斯泰因以及冰岛。1948—1973 年，丹麦先后加入欧洲经济合作组织、北大西洋公约组织和欧洲共同体。丹麦著名人物包括童话大师安徒生（1805—1875 年），量子力学哥本哈根学派创始人尼尔斯·玻尔（1885—1962 年）和奥格·尼尔斯·玻尔，作曲家卡尔·尼尔森（1865—1931 年）和著有《走出非洲女》的著名作家卡伦·布利克森（1885—1962 年）。

丹麦是发达的西方工业国家，农牧渔业及食品加工业发达，有欧洲乳酪市场之称，丹麦的财富是建立在向全球出口培根和控制糖尿病药物上的，是食品和能源出口大国。在许多工业领域有先进的生产技术和经验。丹麦是世界上风力发电最发达的国家，拥有全球最大的海运集团马士基公司，生产胰岛素和酶制剂的诺和集团、丹佛斯集团，以及世界第五大酿酒集团嘉士伯。丹麦是一个社会和谐而非常富有的国家。在国际幸福指数调查中，丹麦通常排名第一或是排前几名。所有丹麦公民无论经济状况如何，都可以享受国家医疗体系提供的免费服务。

现行宪法规定，丹麦实行君主立宪制。国王与议会共同拥有立法权，议会为一院制，议员经普选产生。实行多党制，主要政党有 7 个。国土面积 4.296 万平方公里，小于我国的宁夏回族自治区，人口数量 562.8 万（2013 年），GDP 总计 3306 亿美元（2013 年，国际汇率），人均 GDP 为 58889 美元（2013 年，国际汇率）。丹麦教育事业发达，1973 年起实行九年制免费义务教育。学校注重学生独立思考的启发式教育。著名大学有哥本哈根大学、奥胡斯大学和丹麦技术大学等。截至 2017 年，丹麦获得的诺贝尔奖有物理学奖 3 个，化学奖 1 个，生理学或医学奖 5 个，文学奖 3 个，和平奖 1 个，总计 13 个。每百万人产生 2.31 个诺贝尔奖，丹麦是按人均获诺贝尔奖领先的国家。

3.2　星光熠熠的尼尔斯·玻尔家族

尼尔斯·玻尔（1885—1962 年），丹麦物理学家，哥本哈根学派的创始人，近代量子物理学的奠基者之一。元素“铪”的发现使得玻尔因研究原子结构及其辐射独享 1922 年诺贝尔物理学奖。同年他的儿子奥格·玻尔出生，53 年后，奥格·尼尔斯·玻尔获得 1975 年诺贝尔物理学奖。作为哥本哈根学派领袖的尼尔斯·玻尔，由于在原子科学方面的突出贡献，被世界物理学界公认为 20 世纪上半叶与爱因斯坦并驾齐驱的伟大物理学家。他的弟弟哈那德·玻尔也是一位杰出的数学家，足可以看出他们接受的家庭教育与众不同。父亲瑞斯·玻尔（1855—1911 年）是一位造诣很深的生理学家，常有几位要好的朋友来到家里做客。这些朋友中间，有的是生理学家，有的是物理学家，有的是语言学家，有的是哲学家……每次谈话或争论问题时，父亲总是有意识地让玻尔兄弟俩旁听。天长日久，耳濡目染，来自各学科的科学家们的见解和思考问题的方法，使玻尔兄弟二人开阔了眼界，增长了知识，增加了对科学研究的兴趣，受益匪浅。玻尔兄弟是在父母的全面教育当中，得到了完善的金字塔型知识结构。正是因为有这样的基础，才让他们有更多的空间去伸展塔的高度，以此来获得更大的成就。同时，两兄弟都喜欢踢足球，尤其是弟弟哈那德·玻尔还代表丹麦参加过奥运会，为丹麦夺得银牌立下汗马功劳，成为足球迷们崇拜的偶像。1922 年，瑞典斯德哥尔摩给尼尔斯·玻尔授予诺贝尔奖时，丹麦一家报纸报道的标题是这样写的：授予著名足球运动员尼尔斯·玻尔诺贝尔奖，也是唯一获得诺贝尔奖的足球运动员。

1911 年，尼尔斯·玻尔获得哥本哈根大学哲学博士学位。尼尔斯·玻尔的原子模型研究主要奠基于剑桥大学。他申请到嘉士伯基金去英国剑桥大学约瑟夫·汤姆逊主持的卡文迪什实验室学习，正好这时曼彻斯特大学的卢瑟福发现了原子核。后来，他参加了 α 射线散射的实验工作，帮助他们整理数据和撰写论文。尼尔斯·玻尔就这样在关键的时刻参加到卢瑟福的工作之中，成为这个集体的理论核心人物。在论证 α 射线散射时确定氢原子是最简单的原子，只有一个电子，是最佳的研究对象。这为以后的研究打开了通向成功的大门。从此他和卢瑟福建立了长期的密切关系。玻尔创造性地把普朗克的量子说和卢瑟福的原子核概念结合起来，他通过引入量子化条件，提出了玻尔模型来解释氢原子光谱，提出互补原理和哥本哈根诠释来解释量子力学，对 20 世纪物理学的发展影响深远。他在 20 世纪 30 年代中期提出了核的液滴模型，认为核中的粒子有点像液滴中的分子，它们的能量服从某种统计分布规律，粒子在“表面”附近的运动导致“表面张力”的出现，等等。他最大的贡献应该是在 1913 年所构筑的原子结构模型，以及他创建哥本哈根大学理论物理研究所，在 20 世纪 20—30 年代是整个世界物理学研究的中心，先后有 32 位诺贝尔奖获得者受益于这个中心或在那里工作过。“二战”期间，玻尔逃离丹麦抵达纽约。他将铀原子裂变这个重要的机密告诉美国决策人，由此促成了世界闻名的“曼哈顿计划”。然后，他又于 1936 年提出了复合核的概念，认为低能中子在进入原子核内以后将和许多核子发生相互作用而使它们被激发，结果就导致核的蜕变。这种颇为简单的关于核反应机制的图像至今还有它的用处。尼尔斯·玻尔和爱因斯坦是当代物理学比肩耸立的双峰。

在哥本哈根大学理论物理研究所，海森堡师从尼尔斯·玻尔，他俩是亦师亦友的关系，又同为在科学史上留下巨大影响的大科学家，但是“二战”中他俩分属两大敌对阵营，在原子弹的研制上他俩都是各自阵营的领军人物。1941 年 10 月，海森堡再次来到哥本哈根。海森堡专门和玻尔吃了一顿晚饭，面对恩师，似晤故友，当时他们主要探讨的还是物理。席间，海森堡希望丹麦的物理学家一起支持在德国开展物理学研究。面对踌躇满志的弟子，玻尔对铀原子裂变突破讳莫如深、未置一词。玻尔认为海森堡计算出来的制造原子弹所需的质子数比实际扩大了 100 倍，这个错误犯在海森堡那样的大家身上似乎很离奇，而且直到战争后期，德国确实也没有造出原子弹，海森堡是否有意误导希特勒成为不解之谜。“二战”后，玻尔专门给联合国写了一封公开信，提出为了使人类尽可能避免战争，应确保信息的透明和公开。他大力推动核能的和平利用并极力推进国际间的科技合作，发起和领导了欧洲核子中心和北欧原子物理学研究所。1947 年，丹麦国王决定授予玻尔宫廷勋章，要求他亲自设计图徽，他设计的图徽采用中国古代的“太极图”，形象地表达了他的互补思想。

奥戈·玻尔（1922—2009 年），丹麦物理学家，是尼尔斯·玻尔的第四个儿子。1940 年，他获得哥本哈根大学的物理学学士学位，此时德国已经占领丹麦好几个月。1943 年，由于玻尔的犹太血统，玻尔一家不得不离开丹麦，在瑞典短暂停留后，前往英国伦敦，参与英国政府组织的科学技术研究。1944 年，玻尔父子前往美国洛斯阿拉莫斯参与曼哈顿计划。1945 年战争结束后，玻尔一家回到丹麦，一年后他获得博士学位。1948 年，他进入普林斯顿高级研究所学习工作。1949—1950 年，在哥伦比亚大学与伊西多·拉比（1944 年诺贝尔奖得主）一起工作。1956 年，他回到哥本哈根大学，并在 1963 年接任掌管父亲的理论物理研究所。因为对原子核结构的研究，他与哥本哈根北欧理论物理研究所的本·莫特尔森、哥伦比亚大学的里奥·雷恩沃特，共同获得 1975 年诺贝尔物理学奖。当他得知荣获诺贝尔奖的消息时，没有范进中举式的癫狂，从容淡定地骑自行车上班去了，尽显乃父大师的风度！玛格丽特也堪称丹麦历史上唯一一个两次参加过诺贝尔奖授奖典礼的女士——因为她的丈夫尼尔斯·玻尔和儿子奥格·尼尔斯·玻尔。尼尔斯·玻尔 1937 年曾来中国访问，在中国学术界和教育界引起巨大反响。奥格·玻尔曾于 1962 年和 1973 年两次来华。奥格·玻尔等人来华，不仅提供了具体实际的帮助，而且对中国核物理学的发展有重要的推动作用，同时也促成了新中国成立后中国与西方签署第一个科学交流协议。在当时大多数西方国家不承认新中国的情况下，奥格·玻尔表明了与父亲一致的态度：反对国际上封锁中国的政策，继续做中国的好朋友，愿意成为联系东西方物理学交流的桥梁，体现了科学家的国际主义精神。

3.3 享誉欧洲的神医——尼尔斯·芬森

尼尔斯·芬森（1860—1904 年），丹麦科学家，是丹麦获得诺贝尔奖的第一人。1882 年，芬森高中毕业，不幸染上了可怕的胞虫囊病。他负病苦学，1890 年从哥本哈根大学医学院毕业，在母校外科专门学校任助教。他把自己的全部精力集中在医学研究上。为了集中精力从事科学研究，他辞去了助教职务。但芬森贫病交加，困顿不堪。下肢浮肿和腹水迫使他放下研究，到冰岛渔村去休养。他看到很多渔民染有难治的狼疮（一种典型的自身免疫性结缔组织病），他决心为他们解除病痛。1895 年，他在第一位狼疮患者身上使用他的治疗方法获得成功。当得救的患者跪下来拥抱和亲吻芬森时，发现芬森的下肢肿得和大象腿一样，不禁失声痛哭。芬森说："别难过，我们都在与疾病和死亡搏斗！"1896 年，他发表论文《聚集的化学性光线在医学中的应用》，轰动了全欧洲。患有狼疮病的人纷纷从各地来到哥本哈根，争先恐后地求芬森医治，他精心为他们治疗，人人满怀感激而去。"救人一命，胜造七级浮屠。"他的医德和医术不仅感动了患者，而且轰动了慈善界。由患者和慈善家发起，为芬森筹建了一座光学治疗所。芬森由于疾病的折磨，只能坐在轮椅上去研究所。他是创立光疗法治好狼疮、天花的人，因此独享 1903 年诺贝尔生理学或医学奖。当 12 月 10 日授奖庆典开始，很多人伫立在音乐厅的走道旁，翘首引颈，希望见到芬森。当莫诺教授讲述芬森的研究成果及其现实意义时，那些曾经受过疾病折磨的人们，更是百感交集，心潮如涌。他们举目四顾：芬森，您在哪里？忽然，扩音器里却传来令人失望的莫诺教授的声音："不幸的是芬森教授长期以来忍受着疾病的折磨，今天不能前来受奖。"他悬壶济世、舍生取义，把自己的一切贡献给人类医学事业，连他所获得的诺贝尔奖奖金，也捐赠给研究所和心脏病疗养院。

3.4 牡丹园内的姚黄魏紫——卡尔·耶勒鲁普和亨利克·彭托皮丹

洛阳牡丹甲天下，宋代洛阳牡丹中的极品：姚黄和魏紫，是最好、最奇的两种名花。姚黄是指千叶黄花牡丹，出于姚氏民家；魏紫是指千叶肉红牡丹，出于魏仁溥家。如果说牡丹是花中之王，那么，姚黄和魏紫则可称为"牡丹之冠"。卡尔·耶勒鲁普和亨利克·彭托皮丹，恰似丹麦文学的"姚黄"和"魏紫"而闻名于世。

卡尔·耶勒鲁普（1857—1919 年），丹麦作家。1874 年，他进入哥本哈根神学院学习神学，由于受到丹麦现实主义文学的开拓者勃兰兑斯的启发和影响，他对圣经的可信性产生了怀疑，开始广泛阅读歌德、席勒和海涅等德国作家的作品，不久开始转移了信仰，接受勃兰兑斯的文学理论。1878 年，他结束神学学习后开始攻读文学，并从事创作。同年，他的第一部小说《一个理想主义者》问世。1881 年，他发表了拥护达尔文主义的论文《遗传与道德》，受到丹麦教会的指责。作者随即发表小说《日耳曼人的门徒》予以反击。1883 年，他开始长途旅行，先后访问德国、瑞士和俄国等，对这些国家的文学艺术做了大量的考察。这次旅行导致他抛弃了勃兰兑斯的理论体系，转向了德国古典主义。主要作品有诗剧《布琳德》、戏剧抒情诗《泰米瑞斯》和韵文喜剧《毒素与抗毒素》等。代表作品有诗集《我的爱情之卷》，小说《磨坊血案》和《已为生命而热》等。耶勒鲁普以其作品《磨坊血案》获 1917 年诺贝尔文学奖。1892 年起，他一直居住在德国，具有德国人的气质。后期作品大部分都用德文写成，而且他的创作思想和创作手法明显受到德国哲学家和作家康德、叔本华、歌德和席勒等人的影响。受奖之后，德国也可以名正言顺地分享着这位丹麦作家的殊荣。

亨利克·彭托皮丹（1857—1943 年），丹麦小说家。他就读于理工学院，立志作一名工程师。后由于哥本哈根艺术环境与政治形势的影响，他改变初衷，转而从事文学事业。1818 年，他在乡村与一个恬静庄重的农家女结婚，同时开始其写作生涯，出版小说《破断的翅膀》。此后，他相继出版了小说《农村景象》和《农舍》。主要作品有短篇小说《去翳》，长篇小说《乐土》三部曲:《幸运的彼尔》《死者的王国》和《人的乐园》等。其中代表作《乐土》是作家“才华充分展露的一部杰作”。他是丹麦勃兰兑斯所倡导的现实主义文学的代表人物，其作品真实生动地描绘了 19 世纪末和 20 世纪初丹麦社会的现实，展示了丹麦人民的内心世界，抨击了自私虚伪和因循守旧等恶习。他被誉为丹麦现实主义文学的代表作家。彭托皮丹以其作品《天国》获 1917 年诺贝尔文学奖。他晚年还写有小说《男人的天堂》和自传《寻找自己》等。

卡尔·耶勒鲁普以诗歌著称，诗句含蕴深厚，词语韵味无穷；亨利克·彭托皮丹以小说见长，文笔洗练华美，情节扣人心弦。两位丹麦作家平分秋色，同年分享诺贝尔文学奖，在诺贝尔文学奖历史上是绝无仅有的双星同辉，恰似洛阳牡丹园内的姚黄魏紫，各自色彩缤纷。

第四节　芬兰及其诺贝尔奖得主

4.1　芬兰引领世界的优势和国力

芬兰与瑞典、挪威、俄罗斯接壤。芬兰冬季严寒漫长，夏季温和短暂，全国1/3的土地在北极圈内。

芬兰是一个高度工业化、自由化的市场经济体。芬兰是欧盟成员国之一，建立在森林基础上的木材加工、造纸和林业机械制造业为其经济支柱，并具有世界领先水平。著名公司有全球领先的数字移动和固定网络供应商之一的诺基亚集团公司，世界第三大纸和纸制品生产商的芬欧汇川集团，斯托拉－恩索纸业集团和富腾工程有限公司。国民享有极高标准的生活品质，芬兰政府公务员清廉高效，并且在社会形成广泛共识。监督世界各国腐败行为的非政府组织“透明国际”公布2012年全球清廉指数报告，在176个国家和地区中，芬兰名列第一，成为最清廉国家。

芬兰政治体制为共和制。宪法规定，国家立法权由议会和共和国总统共同行使。芬兰实行多党制，主要政党有8个。国土面积33.8万平方公里，小于我国的云南省，人口数量555万（2013年），GDP总计2568亿美元（2013年，国际汇率），人均GDP为47214美元（2013年，国际汇率）。芬兰人均产出超过美国、日本、法国、英国和德国等老牌强国，远高于欧盟平均水平，与其邻国瑞典相当。教育事业发达，实行九年一贯制免费义务教育。著名高等学府有赫尔辛基大学、阿尔托大学和坦佩雷大学等。截至2017年，芬兰获得的诺贝尔奖有化学奖（阿尔图里·维尔塔宁，1945年）1个、生理学或医学奖（拉格纳·格拉尼特，1967年）1个、文学奖（弗兰斯·埃米尔·西兰帕，1939年）1个、和平奖（马尔蒂·阿赫蒂萨里，2008年）1个，总计4个。

4.2　奶牛业饲料发明者——阿尔图里·维尔塔宁

牛奶是最古老的天然饮料之一，被誉为“白色血液”，对人体的重要性可想而知。牛奶含有钙、磷、铁、锌、铜、锰和钼等丰富的矿物质。最难得的是，牛奶是人体钙的最佳来源，而且钙磷比例非常适当，利于钙的吸收。

阿尔图里·维尔塔宁（1895—1973年），芬兰生物化学家。他毕业于赫尔辛基大学。1924—1948年，他在赫尔辛基大学研究青储饲料腐烂的发酵过程。由于发酵产生的乳酸能提高青储饲料的酸度而发酵终止，因而他研究出一种提高青储饲料的酸度达到发酵终止的 AIV 法（AIV 是维尔塔宁姓名的全称字头缩写）。这种方法既可防止腐烂而又不影响其使用和营养价值。他还研究了豆科植物根瘤的固氮细菌、奶油的保存方法等。他改进高蛋白质青储饲料的生产和储存系统，发明了酸化法储存鲜饲料。1932 年，AIV 饲料保鲜法获得专利。1943 年，他还出版专著《养牛基础 AIV 方法》。青储饲料是用新鲜的天然植物性饲料为原料，以青储的方式调制成的奶牛业饲料，该项发明对现代农业和畜牧业持续性发展有着巨大的贡献，一些需要在冬天大规模或完全依靠储藏饲料来喂养家畜的国家至今仍在沿用该方法。此方法在改进黄油保存方法、延长黄油的货架期方面也卓有成效。维尔塔宁因发明饲料保藏方法而荣获 1945 年诺贝尔化学奖。它是诺贝尔化学奖历史上对人类最杰出的 10 个贡献之一。

4.3 视觉神经的揭秘者——拉格纳·格拉尼特

拉格纳·格拉尼特（1900—1991 年），芬兰科学家。他在中学时参加 1918 年芬兰解放战争（Svidja 军团），并是自由十字军Ⅳ C1 的勋章的获得者。1924 年，他从赫尔辛基大学毕业获医学学士，1927 年获博士学位。1956 年，他获牛津大学理学博士；1961 年，他获香港大学理学博士。1949—1955 年，他为医学科研委员会委员；1956—1966 年，他任洛克菲勒研究所客座教授；1963—1969 年，他任瑞典皇家科学院会长。1967—1972 年，他先后在多所大学当访问教授和访问学者。1920—1947 年，他主要从事视觉方面的研究工作。1928 年，他从任牛津大学教授时开始了解和认识眼睛的视野，并认为视网膜本身功能作为神经中枢的视觉信息加工处理，传送给大脑视觉中心。他自制电子阀放大器，通过实验证明，视网膜是通过神经突触来激活或抑制的，并于 1935 年发表了他的研究成果。他进一步开展对颜色的生理基础研究，根据他的研究，视神经纤维能选择颜色而其他纤维则不能，显示彩色敏感性为蓝、绿、红三色，这些研究成果发表于 1937 年。

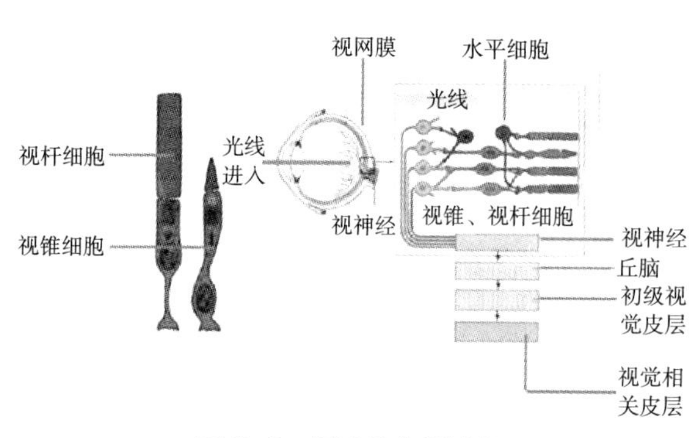

图 3-2 视冲动传导途径

1940 年之后，他前往瑞典的斯德哥尔摩，并成为保有芬兰国籍的瑞典公民。他接着进行肌肉传入特别是肌梭神经及其运动控制方面的工作，以后转至脊髓，研究肌肉传入神经的投射并区分开紧张性和时相性运动神经元，确立了在这些细胞上兴奋和抑制的代数总和，最后同样用细胞内途径研究这些问题和一些其他运动控制问题。因为发现了眼睛视觉的主要生理和化学过程，拉格纳·格拉尼特与美国科学家哈特兰和乔治·沃尔德共同分享 1967 年诺贝尔生理学或医学奖。他还曾获许多奖励，例如 1956 年伦敦谢林顿纪念金质奖章、1969 年布拉格浦肯也金质奖章等。

第五节　冰岛及其诺贝尔奖得主

冰岛是北大西洋中的一个岛国，位于大西洋和北冰洋的交汇处，是一个多火山、地质活动频繁的国家，虽然位于北极圈边缘，但受北大西洋暖流影响气候适宜。公元 930 年冰岛建立了世界上最早的议会并成立冰岛自由邦，冰岛保持了 300 年的独立。1814 年，冰岛是挪威王国的殖民地，此后成为丹麦的附属国。1918 年，冰岛脱离丹麦宣布独立。“二战”后，1944 年成立冰岛立共和国。

冰岛是高度发达的资本主义国家，经济主要依靠海洋渔业。渔业提供冰岛 60% 的出口收入，雇用了 8% 的劳工人口；生物制药业飞速发展，已位于世界第四，成为冰岛主要经济支柱之一；冰岛将成为世界铝生产大国之一，其产量将占世界铝产量的 5%。国民拥有国家提供的健康保险和高等教育等北欧福利系统。2014 年，它通过欧洲经济区（EEA）成了欧洲经济区的成员，但未加入欧盟。它是北约成员国中人口最少并且是唯一没有常备军队的国家。它属议会制民主共和国，实行共和制，议会和总统共同执掌立法权，法院执掌司法权，总统和政府共同拥有行政权。冰岛实行多党制，主要政党有 5 个。国土面积 10.3 万平方公里，与我国的江苏省相当，人口数量 32.56 万（2014 年），GDP 总计 157.2 亿美元（2014 年，国际汇率），人均为 GDP 为 42200 美元（2014 年，国际汇率）。教育事业发达，实行十年免费义务教育。全民文化程度较高，早在 100 多年前就已消灭文盲。2003 年，教育经费约占国内生产总值的 8.5%。冰岛大学是最大的综合性大学。截至 2017 年，冰岛获得诺贝尔文学奖（黑尔多尔·拉克司内斯，1955 年）1 个。

第四章

西欧国家及其诺贝尔奖得主

第一节　英国崛起及其诺贝尔奖得主

1.1　英国引领世界的优势和国力

英国本土位于欧洲大陆西北面的不列颠群岛，与欧洲大陆隔海相望。1588 年英国在与西班牙无敌舰队的海战中大获全胜，成为海上新兴的霸权国家，就此逐步登上世界舞台。之后，英国相继在英荷、英法战争中取胜，夺取两国的大片殖民地，确立了海上霸权。1815 年，英国再胜法国，进一步巩固了它在国际政治、军事的强权地位，工业革命更让英国成为无可争辩的经济强国。维多利亚女王在位 64 年，英国如有神助般的创造力使大英帝国步入鼎盛时期。当时，全世界有 4 亿～5 亿人，也就是当时全球人口的约 1/4 都是大英帝国的子民，其领土面积则有约 3000 万平方公里，是世界陆地总面积的 20%，从英伦三岛蔓延到横跨非洲、亚洲、大洋洲、北美洲和南美洲五大洲的冈比亚、乌干达、肯尼亚、南非、尼日利亚、马耳他、印度、马来亚、香港、新加坡、缅甸、澳大利亚、新西兰、美国阿巴拉契亚山脉以东的 13 个州、加拿大、阿根廷以及无数岛屿，地球上的 24 个时区均有大英帝国的领土。英国霸权领导下的国际秩序被称为“不列颠治下的和平”。

从中世纪走向现代社会的过程中，强有力的君主制成为关键的一环。1215 年，英格兰国王约翰（1167—1216 年）被迫答应 25 位贵族代表的要求签署《大宪章》。

这份用拉丁文书写在一张差不多 A3 大小的羊皮纸上的文件的主要内容是限制国王权力，保障贵族和自由民的权利。在总共 63 条、4000 多字的《大宪章》中，最重要的第 61 条（即所谓“安全法”）规定，由 25 名贵族组成的委员会可以随时召开会议，具有否决国王命令的权力；如果国王的行为违背了《大宪章》，必要时还可以使用武力，剥夺国王权力和财产。在信奉“君权神授”的中世纪政治合法性框架内，这种加诸王权身上“契约”是史无前例的。后来的历史证明,《大宪章》所创造的“法治”理念，不仅成为英国君主立宪制度的基石，也是人类民主宪政的源头。女王伊丽莎白一世鼓励贸易和开明治国等手段，使英国迎来了早期的辉煌。

但是，国王查理一世违背了国王必须遵守法律的原则，他和议会间进行为时 4 年的内战，战败的查理一世被处死。英国人民为了捍卫《大宪章》所赋予自己的权利，前赴后继地战斗了整整 500 年，最终英国人成功地驯服了“绝对权力”，使《大宪章》中蕴含的法治精神成为社会制度的典范。英国从此逐步完成了向现代社会的转型，形成了一个以保障公民“自古就有的自由”为核心，以市场经济为基础，实行法治、民主、宪政的现代国家和现代社会。这是 18 世纪产业革命发生的制度基础，也创造了体现人类现代文明的新的社会模式。相对宽容的社会环境，为英国的经济发展创造了条件，为工业革命的到来做好了准备。同时，也让英国一步步走向了世界舞台的中心位置。英国就此成为世界上第一个现代化国家并崛起为前无古人、后无来者的“日不落帝国”。著名历史学家袁伟时先生的研究指出：英国资产阶级革命的时候，人口仅四五百万，4/5 是农民，疆域也很小。但它迅速成长为世界上最发达国家，直到 20 世纪 30 年代仍是名副其实的世界大国。同期的俄国和大清帝国都没有发展成为世界性的现代大国，并都在 20 世纪初灭亡。最大的原因就是其人民没有自由。只有领土最小的英国成为领一代风骚的世界大国。这有力地证明，所谓大国不是以疆域大小和人口多少区分，主要指标是制度和综合国力。

18—19 世纪，随着英国殖民扩张和海外市场的成熟，商品的需求量越来越大，手工工场的生产已经不能满足需要。为了鼓励发明创造，英国颁布了世界上最早的《专利法》。英国 1710 年 4 月 10 日生效的《安妮女王法令》，被认为是世界上第一部版权法。这一切使得英国出现了全民热衷于发明、生产和贸易的景象。当牛顿发现了宇宙运行的规律、瓦特以万能蒸汽机解决了最核心的动力问题、亚当·斯密以《国富论》提出自由竞争的市场规律后，英国人开始推行自由贸易，拓展全球市场。在各种合力下，英国成为世界上第一个工业化国家。19 世纪中后期开始，英国的发展开始减慢，最终丧失了世界霸主的地位。英国在主导世界两个世纪后也开始重新认识自己的位置。

近代以来，英国注重发挥本国语言、文化、价值观、政治制度、生活方式在国际上的影响力，注重国家软实力的建设，借以弥补其国土小、人口少之不足。19世纪英国全盛时期的维多利亚女王有句名言："我宁愿失去一个印度，也不肯失去一个莎士比亚。"从此话可以看出英国社会的风气和价值取向。莎士比亚著名的"哈姆雷特之问"："生存，还是毁灭。"它成为对人类与人生际遇的普遍拷问。生活在英国由半封建社会向工业资本主义社会的过渡时期的狄更斯，在《双城记》的开篇就诘问："这是最好的时代，这是最坏的时代；这是智慧的时代，这是愚蠢的时代。"英国封建贵族地主阶级与新兴资产阶级之间为了争夺权力而进行的殊死较量，英国在大的历史转折关头，克服犹疑不决并立即付诸行动。15世纪末随"地理大发现"后的欧洲殖民热潮，携带英国文化开始向美洲、亚洲、大洋洲和非洲渲染，恰似"好雨知时节，当春乃发生。随风潜入夜，润物细无声"。迅速膨胀形成全球范围的英语文化圈。时至今日，虽然英国早已不再是"日不落帝国"，但以英语为核心的盎格鲁－撒克逊文化仍风靡世界，保持着强大的磁场吸附效应。当代英国作家J. K. 罗琳的哈利·波特系列7本小说，被翻译成67种文字在全球发行4亿册和改编为电影。由于《安妮女王法令》使其版权收入达到10亿美元，2004年罗琳荣登《福布斯》富人排行榜。再略举几例我们日常生活中英国的发明创造：约翰·斯塔利设计新的自行车；邓洛普开启充气轮胎的应用；贝尔试通电话成功和流行推广；乔治·史蒂文森发明的蒸汽机车开启轨道交通的旅程；亨利·贝塞麦发明转炉炼钢法；海勒姆·马克沁发明每分钟发射600发子弹的马克沁机枪；埃德沃德·迈布里奇使用多个相机拍摄运动的物体即慢动作影像；埃默里·莫利纽克斯创制地球仪；汤玛斯·纽科门发明纽科门蒸汽引擎，被用作抽油机；约翰·凯发明的纺织业滑轮梭子（俗称飞梭）；伯纳斯·李发明万维网、不申请专利致富，却连通全球。我们绝不能小觑英国，心怀敬畏，并感恩其对人类发展做出的贡献。

在诸多西方民族当中，盎格鲁－撒克逊人的战略操作能力最强，西方主导天下五百年，其中有三百年是盎格鲁－撒克逊民族主导的，前两百年是英国日不落大不列颠帝国，后一百年是美利坚帝国。盎格鲁－撒克逊人具有非常强的创新能力，截至目前人类三次工业革命都是其创造的：第一次是1776年，一个苏格兰裔的英国人詹姆斯·瓦特发明了蒸汽机，人类进入工业时代；第二次是1860年，美国人发现了电的使用，人类进入电气时代；第三次是1946—1960年，计算机发明普及成就了数字化时代。三次影响人类历史进程的发明全是盎格鲁－撒克逊人创造的。英国是盎格鲁－撒克逊的发源地。工业革命时期出现了艾萨克·牛顿（1642—1727年）、亚当·斯密（1723—1790年）和查尔斯·达尔文（1809—1882年），这是物理科学、社会科学和生物科学的三位世界顶尖人物。英国著名文学家和思想家有英语文学鼻祖、著名剧作家威廉·莎士比亚（1564—1616年）、丹尼尔·笛福（1660—1731年）、乔治·拜伦（1788—1824年）、查尔斯·狄更斯（1812—1870年）、约翰·高尔斯华绥（1867—1933年），政治家、哲学家托马斯·霍布斯（1588—1679年）、文艺复兴时期的巨人约翰·弥尔顿（1608—1674年），哲学家、思想家约翰·洛克（1632—1704年），哲学家、近代经验主义的重要代表乔治·贝克莱（1685—1753年），苏格兰哲学之父弗兰西斯·哈奇森（1694—1746年），哲学家、经济学家大卫·休谟（1711—1776年），哲学家、经济学家、思想家约翰·密尔（1806—1873年），英国唯物主义和整个现代实验科学的真正始祖弗兰西斯·培根（1909—1992年），哲学家、数理逻辑学家、历史学家伯兰特·罗素（1872—1970年），“近世以来最伟大的历史学家”阿诺德·汤因比（1889—1975年），哲学家、经济学家弗里德里希·哈耶克（1899—1992年）和哲学家、政治理论家以赛亚·伯林（1909—1997年）等。200多年前，历史上最有影响力的哲学家康德写道：“有两种东西——头上的星空和心中的道德律，我们愈经常、愈反复思想时，它们就愈给人以时时更新、有加无已的惊赞和敬畏之情。”这些伟人以其思想影响全人类，历久弥新。只有向世界输出思想和文化的国家，才是真正的强国。

英国有许多对人类历史产生巨大影响的科学实验室。例如，卡文迪什实验室是以英国物理学家和化学家亨利·卡文迪什的名字命名的，其相当于英国剑桥大学物理系，是当时剑桥大学校长W.卡文迪什私人捐款兴建的。它是近代科学史上第一个社会化和专业化的科学实验室。100多年来，它在现代科学发展中发挥了特殊的重要作用。如果从麦克斯韦算起，他在这里完成了他的名著《热理论》和《电磁学通论》；约瑟夫·汤姆逊出版《电磁理论新近研究》，奠定气体导电理论，1897年他发现了电子，打开了揭示原子结构的大门，从而开始了原子物理学的时代。此后的100年里，该实验室的有关人员做出了许多对现代科学有重要意义的发现和发明，其中包括卢瑟福发现原子的核结构、发现人工元素蜕变、证实核势垒；布拉格父子发现X射线晶体衍射公式和测定晶体点阵常数；詹姆斯·查德威克发现中子、布莱克特验证正电子、奥利芬特验证质能等价定律；克里克和沃森发现 DNA 双螺旋结构，约瑟夫森提出超导体隧道效应理论等。这些重大发现不但冲破了经典原子论框架，改变了人类两千多年的物质观，而且将观念的变革扩大到生命物质的遗传机理，奠定了电磁理论、气体导电理论、物质电结构理论、X 射线晶体物理学、原子物理学、核物理学、分子生物学、射电天文学、表面物理学和凝聚态物理学的基础，因此这些科学发现和颠覆性创新大多具有划时代意义。这些成就显示了卡文迪什实验室在现代科学革命和发展中起到了引领世界科学的关键性作用。卡文迪什实验室从 1874 年至 1989 年共计产生了 28 位物理、化学和生理学或医学诺贝尔奖得主，至今没有任何大学实验室能出其右。卡文迪什实验室的科研效率之惊人、成果之丰硕，举世无双。在鼎盛时期甚至获誉“全世界二分之一的物理学发现都来自卡文迪什实验室”。其成为英国主导世界两百年和推动人类历史进程的驱动引擎。

英国政体为议会制的君主立宪制。国王是国家元首、最高司法长官、武装部队总司令和英国圣公会的“最高领袖”，但实权在内阁。实行多党制，主要政党有 8 个。英国在两次世界大战中都取得了胜利，但国力严重受损。20 世纪下半叶大英帝国解体，资本主义世界霸主的地位被美国取代。现在英国仍是一个在世界范围内有巨大影响力的大国。它是高度发达的资本主义国家，欧洲四大经济体之一，著名企业有全球领先的国际油气集团——英荷壳牌集团、著名航空发动机生产商罗尔斯·罗伊斯公司、巴克莱银行、汇丰控股公司、英国石油公司和联合利华公司等。其国民拥有较高的生活水平和良好的社会保障制度。英国作为英联邦元首国、欧盟（2016 年全民公投退出）、申根公约和八国集团成员国、北约创始会员国，同时也是联合国安全理事会五大常任理事国之一。国土面积 24.41 万平方公里，略大于我国的广西壮族自治区，总人口超过 6400 万，GDP 总计 2.99 万亿美元（2014 年，国际汇率），人均 GDP 为 46393 美元（2014 年，国际汇率）。200 多年来，英国的各类学校和大专院校随着该国举世瞩目的技术、工业和金融革命而发展起来。但是，其世界一流的教育历史更为悠久，可追溯到 12 世纪牛津大学（始建于 1185 年）和剑桥大学（始建于 1209 年）成立的时代。著名高等学府还有布里斯托大学（始建于 1876 年）、曼彻斯特大学（始建于 1824 年）、伦敦大学学院（始建于 1826 年）、圣安德鲁斯大学（始建于 1413 年）、帝国理工学院（始建于 1907 年）和诺丁汉大学（始建于 1881 年）等。英国皇室对科学家敬重和厚待的传统让人敬佩，令世人赞许传颂：科学家的头像被印在英镑纸币上，对诺贝尔奖得主授勋封爵；诺贝尔奖得主逝世后举行国葬仪式，或葬于英国皇室举办婚丧仪式和加冕典礼的西敏寺，享尽哀荣。截至 2017 年，英国获得的诺贝尔奖有物理学奖 23 个、化学奖 27 个、生理学或医学奖 29 个、经济学奖 7 个、文学奖 11 个、和平奖 13 个，总计 110 个。每百万人产生 1.72 个诺贝尔奖，占 117 年 921 个诺贝尔奖的 11.9%，名列全球第二。

1.2 造就诺贝尔奖神话的科学巨人——弗雷德里克·桑格

托马斯·摩尔根（1933 年诺贝尔生理学或医学奖得主）是美国进化生物学家、遗传学家和胚胎学家，1926 年出版他的巨著《基因论》，从而建立了著名的基因学说。人类基因组计划是美国科学家于 1985 年率先提出的，旨在阐明人类基因组 30 亿个碱基对的序列，发现所有人类基因并搞清其在染色体上的位置，破译人类全部遗传信息，使人类第一次在分子水平上全面地认识自我。20 多年前诞生的基因工程使整个生物学科学、生物技术进入了崭新时代，传统的生物技术与基因工程的结合，产生了富有无限生机的现代技术。

弗雷德里克·桑格（1918—2013 年），英国生物化学家。桑格被誉为人类“基因学之父”，是 20 世纪世界最伟大的科学家之一。1943 年，在阿尔伯特·钮伯格的指导下，他在剑桥大学获得哲学博士学位。1944—1951 年，他在剑桥大学当医学研究员。1948 年，他选择了一种分子量小，但具有蛋白质全部结构特征的牛胰岛素作为实验的典型材料进行研究。1952 年，他搞清了牛胰岛素的 G 链和 P 链上所有氨基酸的排列次序以及这两个链的结合方式。1955 年，他将胰岛素的氨基酸序列完整地定序出来，同时证明蛋白质具有明确构造。他利用自己新发现的桑格试剂，通过将胰岛素降解成小片段、水解蛋白质的胰蛋白酶混合、电泳等顺序处理后，这些片段最后会各自停留在不同的位置，产生特定的图案。他将此图案称为“指纹”。之后，他又将小片段重新组合成氨基酸长链，进而推导出完整的胰岛素结构。因此得出结论，认为胰岛素具有特定的氨基酸序列。他成功完成测定胰岛素的分子结构、氨基酸序列和测定其一级结构的系统性工作，为合成胰岛素奠定了坚实而稳定的基础。桑格因测定胰岛素分子结构而独享 1958 年诺贝尔化学奖。1962 年，他参与英国医学研究委员会分子生物学实验室组建工作，围绕在他身边的科学家多是 DNA 研究的集大成者，迄今为止总共诞生了 13 位诺贝尔奖获得者。桑格 1963 年获得不列颠帝国勋章（CBE）。

1975 年时，他发展出一种被称为链终止法的技术来测定 DNA 序列。

他利用此技术成功定序出 Φ-X174 噬菌体（Phage Φ-X174）的基因组序列，这是世界上首次完整的基因组定序工作。核糖核酸（DNA）序列的技术“双去氧终止法”又称“桑格法”。桑格和他的研究小组后来确定了人类线粒体 DNA 中的大约 16000 个核苷的序列。线粒体是细胞的一部分，能够把化学能量转化成细胞可以利用的能量形式。然后，他们又接着确定爱泼斯坦 - 巴尔病毒中的 172000 多个核苷的序列。他发明的 DNA 测序方法“打开了分子生物学、遗传学和基因组学研究领域的大门”。这项研究后来成为人类基因组计划等研究得以展开的关键技术基础之一，并使桑格与沃特·吉尔伯特，以及另一团队的保罗·伯格分享 1980 年诺贝尔化学奖。桑格 1981 年获得名誉勋位（CH）。他于 1958 年和 1980 年两度获得诺贝尔化学奖，是第四位两度获得诺贝尔奖以及唯一获得两次化学奖的人。科学高峰如“拔地通天之势，擎手捧日之姿”巍然屹立的珠穆朗玛峰，无论从层峦叠嶂、峥嵘险峻的南坡，还是从峭壁断岩、雪峰高耸的北坡，桑格历尽艰难两次登顶，从而独步云端，览尽人间无限风光。

纵观历史文明的长河，就会发现人才链和人才群的崛起，名师的指点起着不可忽视的作用，正是“名师出高徒”。桑格的导师是阿尔伯特·钮伯格，钮伯格的导师弗雷德里克·唐南曾经得到诺贝尔化学奖得主雅各布斯·范特霍夫和威廉·奥斯特瓦尔德的指导。两位诺贝尔奖得主的指点，虽然未能使唐南和他的学生钮伯格两代获得诺贝尔奖，但是在钮伯格指导的博士生桑格身上，发生了地壳熔岩积累效应的大喷发，开创了诺贝尔化学奖历史上一人获双奖的先河。他以自己的渊博学识和人格魅力，培育和影响了年轻一代。他的第一个博士生罗德尼·波特，因为对抗体化学结构的研究分享 1972 年诺贝尔生理学或医学奖。他培养的另一名博士生伊丽莎白·布莱克本是端粒和端粒酶研究领域的先驱，并因在该领域的贡献与她的博士研究生卡罗尔·格雷德以及杰克·绍斯塔克共同获得 2009 年诺贝尔生理学或医学奖。这是诺贝尔奖历史上唯一的两位女性同时获奖。1983 年的某一天，他在专心做实验时突然感到自己已经够老了（65 岁），于是停下实验并宣布自己退休，从此在自己的花园里度过大部分余生。1986 年，他获得英国最高荣誉“功绩勋章”，但拒绝封爵，因为不喜欢别人称自己为“爵士”（Sir）。面对前来拜访的人，他不止一次被问及是否是天才，回答总是尴尬地一笑，“呃，我想应该不是”。至于自己被各种奖章和荣誉填满的职业生涯，他谦逊地总结说：“我只是个一辈子在实验室里瞎胡混的家伙。”1988 年，桑格为自己写了唯一的一篇自传，其中总结说，“对于科学家来说，行动就是做实验”。桑格于 2013 年 11 月在英国剑桥逝世，享年 95 岁。

1.3 抗生素鼻祖——亚历山大·弗莱明

抗生素是由微生物（包括细菌、真菌、放线菌属）或高等动植物在生活过程中所产生的具有抗病原体或其他活性的一类次级代谢产物，能干扰其他生活细胞发育功能的化学物质。抗生素是用于治疗各种非病毒感染的药物，治疗如猩红热、肺炎、淋病、脑膜炎和白喉等，对其他致病微生物也有良好的抑制和杀灭作用，通常将抗菌素改称为抗生素。

亚历山大·弗莱明（1881—1955 年），英国细菌学家，青霉素的发现者。他进入伦敦威斯敏斯特大学圣马利亚医院医科学校学习。1906 年，他毕业后留在母校的研究室，帮助其导师赖特博士进行免疫学研究。1921 年 11 月，他得了重感冒。在培养一种新的黄色球菌时，他索性取一点鼻腔黏液，滴在固体培养基上。两周后，他意外发现一个有趣现象：培养基上遍布球菌的克隆群落，但黏液所在之处没有，而稍远的一些地方，似乎出现了一种新的克隆群落。他一度认为这种新克隆群落是来自他鼻腔黏液中的新球菌，由于细菌溶化所致。1921 年 11 月 21 日，他在实验记录本上，写下了“抗菌素”这个标题，并素描了三个培养基的情况。他同时推断这种新发现的抗菌素一定是种酶，导师赖特博士建议将它称为溶菌酶。1922 年 1 月，他们发现鸡蛋的蛋清中有活性很强的溶菌酶，这才解决了溶菌酶的来源问题。1922 年，他发表了《皮肤组织和分泌物中所发现的奇特细菌》的报告。在工作 22 年后，他因溶菌酶的发现等多项成就，获得教授职位。1929 年，他在《不列颠实验病理学杂志》上发表《关于霉菌培养的杀菌作用》的研究论文，他指出青霉素将会有重

图 4-1　青霉素发明者弗莱明（左）、弗洛里（中）、柴恩和分子结构

要的用途，但他自己无法发明一种提纯青霉素的技术，致使此药十几年一直未能商品化。

1939 年，弗洛里和柴恩重复了弗莱明的工作，证实了他的实验结果，然后提纯了青霉素。1941 年，他们给患者使用获得成功。在“二战”中，大批伤员需要治疗伤口感染，在英、美政府的鼓励下，他们很快找到大规模生产青霉素的方法，促使青霉素在美国产业化，主要生产商为创建于 1849 年的辉瑞公司，是当时唯一使用发酵技术生产青霉素的企业，这给公司带来了巨大的经济利益。1944 年，英美两国公开在医疗中使用。1945 年以后，青霉素遍及全世界。青霉素的发现，使人类找到了一种具有强大杀菌作用的药物，结束了对肺结核等传染病几乎无法治疗的时代。从此出现了寻找抗菌素新药的高潮，人类进入了合成新药的新时代，挽救了无数人的生命，青霉素的使用大大提高人类平均寿命。因发现青霉素及其在治疗各种传染病中的效果，弗莱明、柴恩和弗洛里三人共同分享 1945 年诺贝尔生理学或医学奖。1944 年，弗莱明被英国皇室授予爵士头衔。

霍华德·弗洛里（1898—1968 年），澳大利亚裔英国著名病理学家。1922 年，他到牛津高等生理学院和剑桥大学深造。1924 年，他在罗德奖学金（由塞西尔·罗德兹于 1902 年创设的奖学金，赞助全球学子就读牛津，获奖比例 1 万比 1，获奖者称“罗德学者”）的赞助下，取得牛津大学硕士学位。1927 年，他在剑桥大学获得博士学位。1931—1962 年，他先后任雪费尔德大学和牛津大学病理学教授，后任牛津王后学院院长。1960—1965 年，他任英国皇家学会会长。他早年研究细菌和霉菌分泌的抗生物质，1939 年以后与柴恩等人进行青霉素研究。1941 年，青霉素提纯的接力棒传到了他的手中。几经周折，他买一个烂西瓜回到实验室后，立即从瓜皮上取下一点绿霉，开始培养菌种。让他激动不已的是，从每立方厘米西瓜皮上得到的青霉素猛增到 5 倍。1941 年 2 月，他第一次用他研制的青霉素为一个已处于休克状态的 43 岁警察治病，效果显著。这是人类历史上第一次将青霉素用于医疗。1943 年，他和美国军方签订首批青霉素生产合同。1944 年，盟军携带青霉素在法国诺曼底登陆，迅速扭转了盟军的战局。他的突出贡献是对青霉素的化学、药理和毒理等方面的系统研究，尤其以青霉素的商业化生产技术著称。他的祖国澳大利亚发行的 50 元钞票上面就印有他的头像，以纪念他的杰出贡献。

斯特·柴恩（1906—1979 年），英国生物化学家。1930 年，他毕业于柏林洪堡大学，获化学学位。在纳粹党掌权后，1933 年他离开德国前往英国。他后来在剑桥大学从事研究，并在弗雷德里克·霍普金斯（1929年诺贝尔生理学或医学奖得主）的指导下研究磷脂。1935 年，他担任牛津大学病理学的教师，这时他的研究范围包括肿瘤的新陈代谢、蛇毒、生物化学技术与溶菌酶。1948—1961 年，他在罗马的一所化学微生物学研究中心当科学主任。1964—1973 年，他返回英国先后担任伦敦帝国学院、伦敦大学教授。1969 年，他被册封为爵士。1939 年，他在旧书堆里看到了弗莱明的那篇论文，于是开始做提纯实验。1940 年冬，他提炼出一点点青霉素，这虽然是一个重大突破，但离临床应用还差得很远。他研究出如何分离与浓缩青霉素的方法，他所推论的青霉素分子结构由英国化学家多萝西·霍奇金（1964年诺贝尔化学奖得主）借助 X 射线所证实。柴恩与弗洛里还发现青霉素的医疗用途与化学组成，尤其以青霉素的提纯技术见长。由于其有关青霉素的研究，他分享了1945 年诺贝尔生理学或医学奖。三位科学英才分别从鼻腔黏液和烂西瓜绿霉中发现与提纯青霉素。该团队优势互补，完成发现、设计和生产青霉素，是“二战”中靠自力更生获得成功的著名故事。

1.4　敲开原子世界的大门——约瑟夫·汤姆逊

1859 年，德国的普吕克尔利用盖斯勒管进行放电实验时看到了正对着阴极的玻璃管壁上产生出绿色的辉光。1876 年，德国的戈尔兹坦提出玻璃壁上的辉光，是由阴极产生的阴极射线所引起的。那么阴极射线是由什么组成的？众说纷纭，一时得不出公认的结论。英、法科学家和德国科学家们对于阴极射线本质的争论，竟延续了 20 多年。

图 4-2　约瑟夫·汤姆逊测量电子比荷的实验

约瑟夫·汤姆逊（1856—1940 年），著名英国物理学家，以其对电子和同位素的实验著称。1880 年，他取得剑桥大学博士学位。1884 年，汤姆逊在卡文迪什实验室主任瑞利（1904 年诺贝尔物理学奖得主）的推荐下，担任卡文迪什实验室物理学教授。1897 年，他在研究稀薄气体放电的实验中，证明电子的存在并测定电子的荷质比，轰动了整个物理学界。

他用这种方法来测定“微粒”电荷与质量之比值。这说明这种粒子的质量比氢原子的质量要小得多，前者大约是后者的 1/2000。他测得的结果肯定地证实了阴极射线是由电子组成的，人类首次用实验证实了一种“基本粒子”——电子的存在。电子作为人类发现的第一个亚原子粒子，从此打开原子世界的大门。电子是构成原子的基本粒子之一，质量极小，带单位负电荷，不同的原子拥有的电子数目不同。最新实验观测到电子由轨道子、自旋子和空穴子组成。电子带有 1/2 自旋，是一种费米子。1906 年，汤姆逊因发现了电子独享 1906 年诺贝尔物理学奖。

汤姆逊是世界著名的卡文迪什实验室第三任主任，1916 年任皇家学会主席。他既是一位理论物理学家，又是一位实验物理学家。他测定了电子的荷质比，发现了电子；创造了把质量不同的原子分离开来的方法，为后人发现同位素，提供了有效的方法。他在担任实验室主任的 34 年间，着手更新实验室，引进新的教授法，他创立了一个极为成功的物理研究学派。汤姆逊“学高为师，身正为范”，“学为人师，行为世范”，“桃李不言，下自成蹊”。他门下弟子闻名天下，实验室接二连三地涌出新发现，像钱塘江潮般后浪推前浪：他的学生卢瑟福和他儿子乔治·汤姆逊等九位弟子获得诺贝尔奖。在鼎盛时期甚至获誉“全世界二分之一的物理学发现都来自卡文迪什实验室”。汤姆逊的著作很多，如《电与磁的现代研究》和《电与磁数学基本理论》等。从汤姆逊物理研究学派英才辈出，可以管窥英国的科研文化，没有近亲繁殖、门户之见而导致碌碌无为。

1.5 原子核物理学之父——欧内斯特·卢瑟福

欧内斯特·卢瑟福（1871—1937 年），英国著名实验物理学家。1871 年出生于新西兰，并在新西兰长大。1895 年，他在新西兰大学毕业后获得英国剑桥大学奖学金成为约瑟夫·汤姆逊的研究生。1898 年，他提出了原子结构的行星模型，为原子结构的研究做出了非常重大的贡献。1919 年，他完成用 α 粒子轰击氮核的实验，他从氮核中打出一种粒子，并测定了它的电荷与质量，它的电荷量为一个单位，质

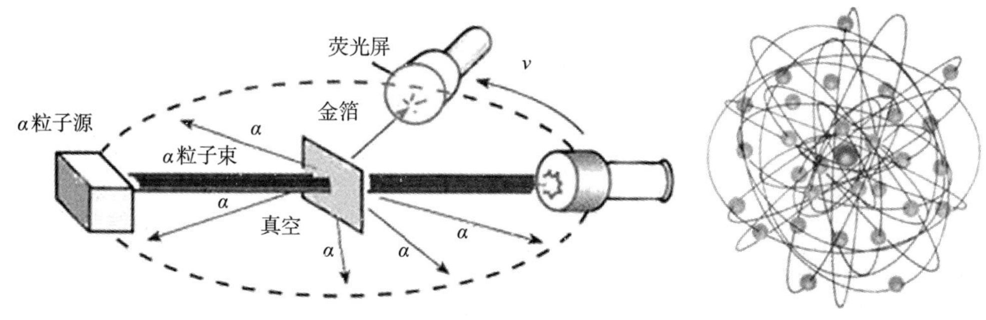

图 4-3　α 粒子散射实验和原子的核模型

量也为一个单位，卢瑟福将之命名为质子。他通过 α 粒子为物质所散射的研究，无可辩驳地论证了原子的核模型，因而一举把原子结构的研究引上了正确的轨道，于是他被誉为“原子核之父”。

1898 年，卢瑟福担任加拿大麦吉尔大学物理教授。1907 年，他返回英国出任曼彻斯特大学物理系主任。他在放射性和原子结构等方面都做出了重大的贡献，独享 1908 年诺贝尔化学奖。师徒仅隔两年，先后在两个领域荣获诺贝尔奖，令汤姆逊物理研究学派熠熠生辉、扬名四海。1919 年，他接任卡文迪什实验室主任。1925 年，他当选为英国皇家学会会长。1931 年，他受封为纳尔逊男爵；1937 年 10 月因病在剑桥逝世，享年 66 岁。卢瑟福与牛顿和法拉第并排安葬于英国皇室举办婚丧仪式和加冕典礼的西敏寺，尽享殊荣。他还是最先研究核物理的学者，人工核反应的实现是卢瑟福的另一项重大贡献。他的发现有许多重要的应用，如核电站、放射标志物以及运用放射性测定年代。学术界公认他为继法拉第（1791—1867 年）之后最伟大的实验物理学家。他还是一位杰出的学科带头人，培养出 12 位诺贝尔化学奖得主：尼尔斯·玻尔、狄拉克、查德威克、索迪、沃尔顿、哈恩等，是科学史上最伟大的导师之一。尼尔斯·玻尔曾深情地称卢瑟福是“我的第二个父亲”。正如清朝郑燮诗云：“新竹高于旧竹枝，全凭老干为扶持。明年再有新生者，十万龙孙绕凤池。”他的头像出现在其祖国新西兰货币的最大面值——100 元上面，作为祖国对他最崇高的敬意和纪念。英国之所以能够成为主导世界二百年和推动人类历史进程的驱动引擎，关键是国家制度所决定，卢瑟福与牛顿和法拉第并排安葬于西敏寺，足见英国文化尊重科学家的传统。相对纳粹德国、意大利和苏联等国用驱逐、囚禁等手段对科学家进行迫害、摧残，其结果不言自明。

1.6 “哥本哈根解释”创立者——马克斯·玻恩

马克斯·玻恩（1882—1970 年），德裔英国理论物理学家，量子力学奠基人之一。1907 年，他在哥廷根大学获得博士学位，导师是“数学界的无冕之王”希尔伯特（著名的哥廷根学派领导者）。此后，他前往剑桥大学跟随约瑟夫·拉莫尔（首先推论电子、原子核和原子的磁矩在外部磁场作用下的运动）和约瑟夫·汤姆逊学习一段时间。1908—1909 年，他回到布雷斯劳学习相对论。1908 年，他在哥廷根大学随物理学家闵可夫斯基（爱因斯坦的老师、闵可夫斯基时空为广义相对论的建立提供了框架）研究相对论。1912 年，接受阿尔伯特·迈克尔逊（1907 年诺贝尔物理学奖得主）的邀请前往芝加哥大学教授相对论，并与迈克尔逊合作完成了一些光栅光谱实验。1912 年，他与“航空航天时代的科学奇才”西尔多·卡门合作发表《关于空间点阵的振动》的著名论文，从此开始了他以后几十年创立点阵理论的事业。1915 年，他任柏林大学理论物理学教授，发表他的第一本书《晶格动力学》，开创了一门新学科——晶格动力学。在那里，他与普朗克、爱因斯坦和能斯特并肩工作，玻恩与爱因斯坦结下深厚的友谊。1921 年，他成为哥廷根大学物理系主任。1925—1926 年，他与泡利、海森堡和帕斯库尔·约尔丹一起发展了现代量子力学（矩阵力学）的大部分理论。

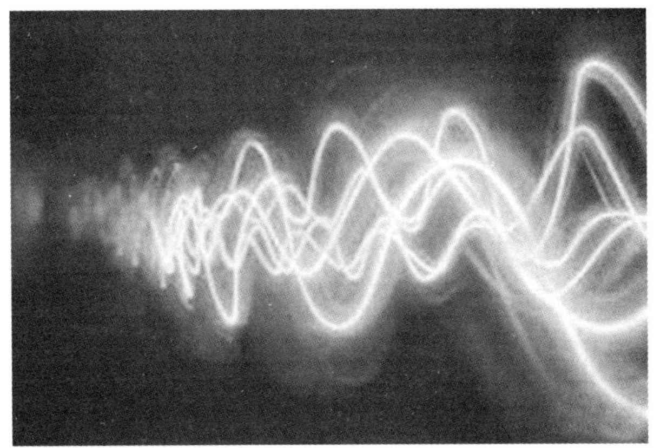
图 4-4　矩阵力学中波函数

1926 年，他又发表了他自己的研究成果玻恩概率诠释（波函数的概率诠释），后来成为著名的“哥本哈根解释”。1933 年纳粹上台，他被迫移居英国，1934 年起受邀在剑桥大学任教授，并与利奥波德·因费尔德一起提出了玻恩 - 因费尔德理论。1935 年冬天，他在印度班加罗尔的印度科学研究所工作 6 个月，与喇曼（1930 年诺贝尔物理学奖得主）共事。1936 年，他被纳粹剥夺德国国籍。1939 年，他加入英国国籍。1936 年，他前往爱丁堡大学任教直到 1953 年退休。因对量子力学的基础性研究尤其是对波函数的统计学诠释，玻恩和德国物理学家瓦尔特·博特分享 1954 年诺贝尔物理学奖。在玻恩所写的 300 多篇论文和 200 本书中，有一本迷人的半通俗著作——《永不停息的宇宙》。他最后一本关于晶体的书《晶格动力学理论》是 1954 年完成的（与我国物理学家黄昆合著，其博士导师是 1976 年诺贝尔物理学奖得主莫特）。玻恩是“两弹一星”功勋科学家、中国核试验科学技术的创建者程开甲的博士生导师。

1.7　计划经济的经典批判者——弗里德里希·哈耶克

弗里德里希·哈耶克（1899—1992 年），英国知名经济学家和政治哲学家。1921 年和 1923 年，他分别在维也纳大学取得法律和政治学的博士学位。最初，他相当同情社会主义，但在他参加了路德维希·米塞斯（1881—1973年，20世纪著名的经济学大师，卓越的自由主义思想家，奥地利学派第三代掌门人）的授课之后，经济思想开始逐渐转变。他的思想深受大卫·休谟（1711—1776年）、亚当·斯密（1723—1790年）、埃德蒙·伯克（1729—1797年）、亚历西斯·托克维尔（1805—1859年）和欧根·博姆－巴维克（1851—1914年）等大师的影响。他的思想更是影响了乔治·斯蒂格勒（1982年诺贝尔经济学奖得主）、罗纳德·里根（第49届、第50届美国总统）和玛格利特·撒切尔（第49任英国首相，1979—1990年在任）等人。1923—1924年，他在纽约大学担任耶利米·精其教授的研究助理。接着他回到奥地利，协助政府处理在第一次世界大战后留下的国际条约上有关法律和经济的问题。1931年，他应英国经济学家罗宾斯爵士邀请，前往伦敦政治经济学院任教。在奥地利被纳粹德国侵吞后，他不愿意再返回祖国，1938年成为英国公民。1950年，他离开伦敦政治经济学院，前往芝加哥大学任教。1962—1968年他退休，他先后在弗赖堡大学、伦敦政治经济学院、芝加哥大学等大学任教。他以坚持自由市场资本主义，反对社会主义、凯恩斯主义和集体主义而著称。在“二战”方酣期间，1944年他出版《通往奴役之路》，此书被广泛认为是对计划经济的经典批判，同时也是发扬个人主义和古典自由主义的名著。他是20世纪的主要政治思想家，他提出的价格信号在协助经济里的个体协调经济活动上的角色理论，被认为是经济学的重大突破。他被视为是奥地利经济学派最重要的成员之一，但他的经济理论却和当时新崛起的凯恩斯学派格格不入。两个经济学派之间的争论一直持续至今日。他是20世纪学术界对于集体主义的主要批评者之一。他相信所有形式的集体主义，最终都只能以中央集权的机构加以维持。

在他的名著《通向奴役之路》和其他作品里，他认为社会主义必须要有一个中央的经济计划，而这种计划经济最终将会导致极权主义，因为被赋予了强大经济控制权力的政府，也必然会拥有控制个人社会生活的权力。苏联的建立和解体过程就是明证。哈耶克高瞻远瞩的政治预言堪与爱因斯坦的科学预言相媲美，为“二战”后的世界政治经济格局

图4-5　弗里德里希·哈耶克和名著中译本《通往奴役之路》

所证实。他的理论在 20 世纪 70 年代后期，开始于美国和英国获得重视，例如美国总统里根和英国首相撒切尔。哈耶克和他理论的对手贡纳尔·默达尔共同获得 1974 年诺贝尔经济学奖。在 1974 年 12 月的诺贝尔奖颁奖典礼上，他认识了亚历山大·索尔仁尼琴，他后来还寄送一本《通往奴役之路》给索尔仁尼琴。70—80 年代，他的著作对许多生活在中欧国家的反对运动领导人产生重大影响。他对人类思想的影响可能会与孔子思想对中国人的影响一样深远。1984 年，在英国首相撒切尔的推荐下，他获得英国女王伊丽莎白二世颁发的名誉勋位，以奖励他“在经济学上的研究贡献”，并与女王会面 20 多分钟。1991 年，他获颁美国总统自由勋章，以表扬他“终身的高瞻远瞩”。在伦敦政治经济学院任教期间，他门下弟子包括了威廉·刘易斯（1979 年诺贝尔经济学奖得主）、罗纳德·科斯（1991 年诺贝尔经济学奖得主）、约翰·加尔布雷斯、尼古拉斯·卡尔多等人。其代表著作有《通往奴役之路》《法律、立法与自由》三卷和《致命的自负》等。

1.8 试管婴儿之父——罗伯特·爱德华兹和帕特里克·斯特普托

试管婴儿是体外受精，即分别将卵子和精子取出后，置于培养液内使其受精，再将胚胎移植回母体子宫内发育成胎儿的过程。1978 年，英国产科医生帕特里克·斯特普托和生理学家罗伯特·爱德华兹研究成功了世界上第一个“试管婴儿”路易丝·布朗，被称为人类医学史上的奇迹。2007 年，长大成人的路易丝·布朗又诞下一名健康男婴，用事实证明了试管授精技术的安全性。该技术引起了世界科学界的轰动。“试管婴儿”一诞生就引起了世界科学界的轰动，甚至被称为人类生殖技术的一大创举，也为治疗不孕不育症开辟了新的途径。目前全世界已经诞生的试管婴儿大约有 500 万个。2009 年，中国不孕不育高峰论坛公布的《中国不孕不育现状调研报告》显示，全国不孕不育患者人数已超过 5000 万，以 25 ~ 30 岁人数最多，呈年轻化趋势。我国的不孕不育率攀升接近发达国家 15% ~ 20% 的比率。最为严峻的是，这一发生比例还在不断攀升，卫生组织专家预估中国的不孕不育率将会在近几年攀升到 20% 以上，不孕不育率攀升对中国人口红利断崖式下降不啻于雪上加霜。

罗伯特·爱德华兹（1925—2013 年），英国生理学家，被称为“试管婴儿之父”。1955 年，获得爱丁堡大学博士学位。1958 年，他进入英国医学研究院，开

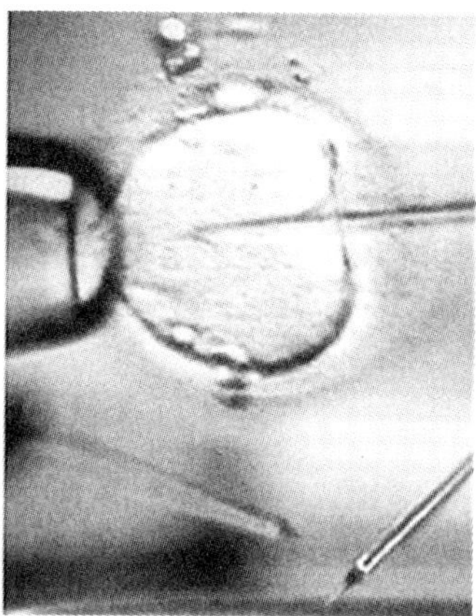
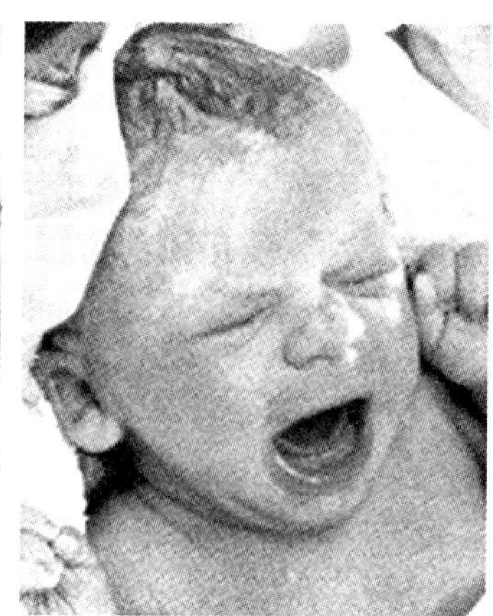

图 4-6　爱德华兹、试管婴儿技术和布朗出生

始在生殖医学领域的研究。1950 年，他就认为 IVF（体外受精）可以有助于不育症的治疗，并成功实现人类卵细胞在试管中受精。从 1963 年起，他开始在剑桥大学供职并任教授，并与帕特里克·斯特普托研究成功体外受精技术，即试管婴儿技术。1978 年世界上第一个试管婴儿路易丝·布朗出生。

随后，爱德华兹和他的同事将 IVF 进行改良，并无私地将其与世界分享。他与斯特普托又共同创立了全球首个体外受精研究中心——英国剑桥大学伯恩霍尔生殖医学中心，并一直担任该中心研究部主任，帮助众多因各种问题不能自然生育的夫妇有了自己的后代。2001 年，他获得美国艾伯特·拉斯克医学研究奖。因为在人类试管授精（IVF）疗法上的卓越贡献，85 岁的罗伯特·爱德华兹独享 2010 年诺贝尔生理学或医学奖，并于 2011 年获封爵位。耄耋之龄的爱德华兹得到 32 年后姗姗来迟的诺贝尔奖，遗憾的是共同研究的伙伴帕特里克·斯特普托却早已驾鹤西去，没有等到与他分享殊荣。他们的贡献使治疗不育症成为可能，使全球超过 10% 的高龄家庭在内的人类因此获益匪浅。对 IVF 疗法的研究获得了许多重要发现，一门新医学领域也由此诞生。他们的贡献代表着现代医学史上的又一座里程碑。如今在发达国家，经体外受精出生的婴儿占整个出生率的 3%。在试管婴儿中，最幸运的是 82 岁的传媒大亨鲁珀特·默多克和邓文迪夫妇两个女儿格蕾斯和克洛伊。

帕特里克·斯特普托（1913—1988 年），英国发明家，体外受精和试管婴儿技术的发明者。他在伦敦的圣乔治医院取得医学博士学位。1968 年，致力于研究人工受孕问题的爱德华兹找到了正在担任英国奥尔德姆地区综合医院中心顾问的斯特普托。他当时的主要任务是研究绝育方法，但与此同时，他也是腹腔镜检查的发明人。爱德华兹需要斯特普托提供技术援助，从卵泡中取出卵母细胞。两位科学家随后开始了长达 10 年的合作。同一年，他们成功让一个人类卵子受精，并于第二年在《自然》杂志上宣告了这一消息。18 个月后，他们获得已经到了胚胞阶段的胚胎。1972 年，爱德华兹和斯特普托开始胚胎移植研究，但直到 1975 年夏天，才实现第一例胚胎移植后的成功怀孕。经过种种失败和挫折，1978 年 7 月 26 日，人类历史上第一个试管婴儿路易丝·布朗在伦敦诞生，消息传遍世界。他和爱德华兹共同创建了著名的剑桥大学伯恩霍尔生殖医学中心，是全球第一所人体体外受精科学和临床研究所。1988 年，他因前列腺癌逝世，享年 74 岁。斯特普托虽然没有获得诺贝尔奖，但他对医学的贡献永远成为人类心中耸立的丰碑。

1.9 克隆教父——约翰·戈登

克隆是指生物体通过体细胞进行的无性繁殖，以及由无性繁殖形成的基因型完全相同的后代个体组成的种群。1952 年，罗伯特·布里格斯和托马斯·J. 金两人成功地克隆了北方豹蛙：35 个完整的胚胎和 27 只蝌蚪 104 个核克隆成功。1963 年，中国科学家童第周通过将一只雄性鲤鱼的遗传物质注入雌性鲤鱼的卵中，从而成功克隆一只雌性鲤鱼。

约翰·戈登（1933 年—　），英国发育生物学家，有“克隆教父”之称。15 岁的戈登在伊顿公学求学时，学习成绩排名都是靠后的，尤其是生物，在 250 名学生中排名倒数第一。报考大学时，戈登跟老师说要学科学，将来当一名科学家。他的生物老师给他写了终身激励他的评语：“我相信戈登想成为科学家，但以他目前的学业表现，这个想法很荒谬，他连简单的生物知识都学不会，根本不可能成为专家，对于他个人及想教导他的人，这根本是浪费时间。”他由于科学成绩太差，只能报考英国古典文学，并申请进入牛津大学基督学院就读，之后获准转念动物学，1960 年获得牛津大学博士学位，随后前往美国加州理工学院做博士后研究。1962 年，他在牛津大学发表有关基因的重要突破报告，首次提出人类全身的每个细胞都有同样的基因。同时，戈登发现细胞的特性是可逆转的。

在一项经典实验中，他将一个青蛙卵细胞的细胞核替换为成熟肠细胞的细胞核。这个改变了的卵细胞发育成为一只正常的蝌蚪。该成熟细胞的 DNA 仍含有发育成青蛙所需的全部信息。戈登这次里程碑式的发现，随相关技术获得进一步发展，最终发展到哺乳动物的克隆。他用成年狗肠内的细胞，培育出克隆狗，犹如

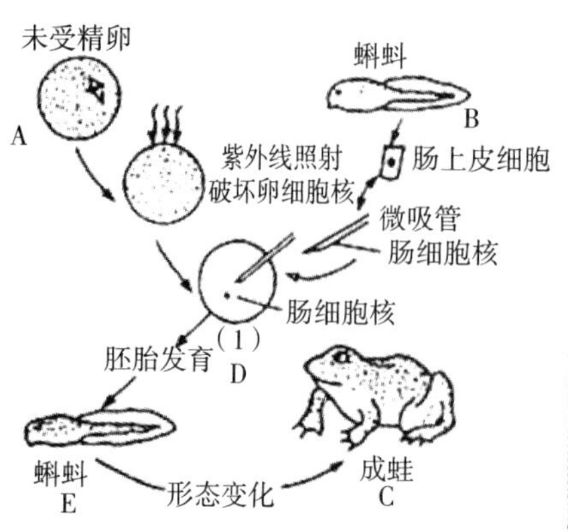

图 4-7　戈登和青蛙克隆过程

“风乍起，吹皱一池春水”。当年这项突破启迪伊恩·维尔穆特教授所做的克隆羊多莉，以及山中伸弥以皮肤细胞制造出干细胞等研究，被誉为动物细胞全能型研究的先驱。

1972 年，戈登加入剑桥大学，成为细胞生物学教授。1989 年，他获得以色列沃尔夫医学奖。目前，79 岁的戈登“其为人也，发愤忘食，乐以忘忧，不知老之将至云尔”，在剑桥大学戈登研究所和知名的维康信托基金会服务，专门研究细胞生物学与癌症。因在细胞核重新编程研究领域的杰出贡献，约翰·戈登和长山中伸弥共同分享 2012 年诺贝尔生理学或医学奖。从 1996 年英国科学家伊恩·维尔穆特用一个成年羊的体细胞成功地克隆出了小羊多莉开始，催生出全球众多的克隆物种和生物学新领域的诞生。现在研究人员利用该技术在牛、山羊、猪、猕猴和小鼠等物种上均获得了成功。中国克隆动物基地有世界上最大的胚胎克隆山羊群体，有世界上首例体细胞克隆山羊，还有他们的“基因”传代。由于约翰·戈登的杰出贡献，1995 年英女皇授予他骑士头衔。2004 年，剑桥大学把他领导的生物医学实验室改用他的名字命名。

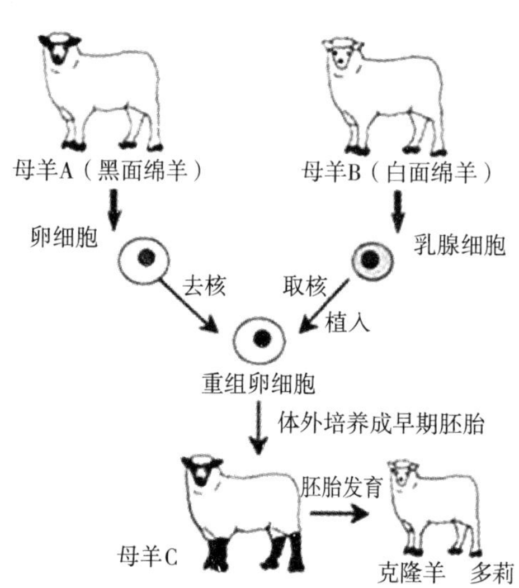

图 4-8　多莉克隆过程

第二节　法国崛起及其诺贝尔奖得主

2.1　法国引领世界的优势和国力

法国东与比利时、卢森堡、德国、瑞士、意大利接壤，南与西班牙、安道尔、摩纳哥接壤，西北隔英吉利海峡与英国相望，科西嘉岛是其最大岛屿。从 16 世纪起，法国资本主义生产关系开始萌芽和发展。中经英法、法意战争直到 17 世纪时，国王路易十四在法国建立起欧洲大陆最强大的绝对王权，法国的经济、文化、军事力量达到了历史上的第一个高峰，巴黎城就此诞生。路易十四对文化艺术的喜好培育了国民对思想文化的推崇，席卷了整个欧洲的启蒙思想在法国得到普遍传播，促进资本主义工商业的发展，代表资产阶级利益的启蒙运动蓬勃发展起来，传播科学知识，宣扬民主、自由、平等、理性。法国从中世纪末期开始成为欧洲大国之一。从 17 世纪起，法国向北美洲、中美洲、非洲和印度支那扩张殖民地。在 19—20 世纪初，它成了仅次于大英帝国的第二大殖民地帝国：加拿大、美国；中南美洲的多米尼加、圭亚那和巴西等；非洲的阿尔及利亚、突尼斯、摩洛哥、几内亚、刚果和喀麦隆等；亚洲的叙利亚、法属印度、越南、老挝和柬埔寨等均是法国的殖民地。

启蒙思想打破了欧洲中世纪的神学枷锁，开启了理性的大门，而法国社会一直无法解决的三个等级之间的矛盾却愈演愈烈。1789 年，法国大革命爆发，法国资产阶级在革命中发表《人权与公民权宣言》，简称《人权宣言》，首次在政治纲领中提出“自由、平等、博爱”的革命口号。但是，欧洲各君主国的绞杀使法国出现了极端事件和长期动荡。这时，拿破仑一世用征服欧洲的方式再次将法国带向巅峰。拿破仑的铁蹄踏遍过整个欧洲，亦将其政治思想传遍所有所到之处！现代的思想风潮迅速传播，促使了德国的统一。然而，武力扩张并不能长久维持大国地位。在“二战”中被纳粹德国占领，直到战后法国才在戴高乐独立自主发展道路的带领下，恢复了往日的光荣。

法国是一个文化强国和一个极其注重思想的国家，非常敬重思想家、艺术家和科学家。在漫长的历史中，该国诞生了许多对人类发展影响深远的著名思想家和文学家：哲学家、数学家笛卡尔（1596—1650 年），思想家孟德斯鸠（1689—1755 年），启蒙思想家、文学家、哲学家伏尔泰（1694—1778 年），启蒙思想家、哲学家、文学家卢梭（1712—1778 年），哲学家、教育理论家狄德罗（1713—1784 年）

等。1789 年，法国国民议会通过《人权与公民权宣言》，确立了“个人权利不可侵犯”的原则。从 17 世纪开始，法国的古典文学迎来了自己的辉煌时期，相继出现了以喜剧《伪君子》《吝啬鬼》闻名的喜剧作家莫里哀（1622—1673 年），以国歌《马赛曲》闻名的一夜天才鲁热·德·利尔（1760—1836 年），以小说《红与黑》风靡至今的司汤达（1783—1842 年），著有被誉为“资本主义社会的百科全书”《人间喜剧》的现代法国小说之父巴尔扎克（1799—1850 年），以《基督山伯爵》享誉世界的大仲马（1802—1870 年），以名著《巴黎圣母院》《悲惨世界》被誉为“法兰西的莎士比亚”的维克多·雨果（1802—1885 年），以《包法利夫人》为代表的“自然主义之父”福楼拜（1821—1880 年），以《羊脂球》著称的“短篇小说巨匠”居伊·莫泊桑（1850—1893 年），以《茶花女》传世的小仲马（1824—1895 年），自然主义文学流派领袖、完成巨著《卢贡 - 马卡尔家族》的爱弥尔·左拉（1840—1902 年），以《海底两万里》《地心游记》闻名的“科幻小说之父”儒勒·凡尔纳（1828—1905 年）和以《约翰·克利斯朵夫》而获诺贝尔奖的思想家、文学家罗曼·罗兰（1866—1944 年）等文学巨匠。著名的先贤祠于 1791 年建成，是永久纪念法国历史名人的圣殿。具有“纯粹的爱国与民族”特性，先贤祠内安葬着伏尔泰、卢梭、雨果、左拉、马塞兰·贝托洛、安德烈·马尔罗、居里夫妇和大仲马等名人。在法国巴黎，经过公民决定，至今安息在“先贤祠”中的 460 多人中，只有 11 位政治家，其余都是伟大的文学家、艺术家、思想家和科学家等。法国人认为，不是拿破仑而是雨果拯救了法国，法国社会的根本转折是“从拿破仑回到雨果”。尊重先贤，是一个民族所应有的品质，法兰西人因这些先贤而光荣与骄傲，全球的仰慕者因这些先贤而崇拜与激励。法国是一个非常有独特魅力的国家，法兰西人珍惜自己的语言胜过孔雀对于自己的羽毛。在一次欧盟会议上，当法国财长用会议语言之一的英语发言时，密特朗总统愤怒地走到会议厅外的走廊上，直到财长发言完才返回座位并质问他为什么不讲法语？法国文化曾经影响全欧洲，让整个欧洲的人都以说法语为荣；在沙俄时代，不说法语的俄国人被视为农奴。此外，它还具有全球第四多的世界遗产。启蒙思想家伏尔泰和卢梭都具有统一欧洲的思想，这一思想最终得以实现的事件是 1993 年《马斯特里赫特条约》生效，欧盟建立，至 2017 年已有 28 个成员国，其中包括前东欧社会主义国家。因“欧盟在过去的 60 年中为促进欧洲的和平与和解、民主与人权作出了贡献”而获得 2012 年诺贝尔和平奖。因为向世界输出文化和思想，法国才是真正的强国。

法国是高度发达的资本主义国家，其国民拥有较高的生活水平和良好的社会保障制度，是欧盟和北约创始会员国、八国集团成员国和欧洲大陆主要的政治实体之一。宪法规定，总统为国家元首和武装部队统帅，任期 5 年，由选民直接选举产生。法国实行多党制，主要政党有 7 个。法国本土面积为 54.4 万平方公里，略大于我国的四川省，如包括海外领土面积为 63.3 万平方公里，小于我国的青海省。法国全国总人口6660万（2016年1月1日）。法国是最发达的工业国家之一，在核电、航空、航天和高铁方面居世界领先地位。著名企业有埃尔夫·阿奎坦公司、阿尔卡特·阿尔斯通公司、道达尔公司、雷诺汽车公司、标致雪铁龙集团和通用水务公司等。GDP 总计 2.83 万亿美元（2014 年，国际汇率），人均 GDP 为 42736 美元（2014 年，国际汇率）。法国教育经历两次重大改革，逐渐形成现今极具特点、复杂多样的教育体制。6 ~ 16 岁为义务教育。公立小学和中学免收学费，免费提供小学和初中教材。高等学校除私立学校外，一般也只缴纳少量注册费。2011—2012 学年，法国拥有 83 所大学以及 226 所名校，各类在校生人数 1515 万人。著名大学有巴黎大学（公元 13 世纪初已具雏形）、里昂第一大学和巴黎高等师范学院等。截至 2017 年，法国获得的诺贝尔奖有物理学奖 13 个、化学奖 9 个、生理学或医学奖 13 个、经济学奖3个、文学奖15个、和平奖11个，总计64个。每百万人产生0.96个诺贝尔奖，诺贝尔奖总数占世界第四位，其中文学奖名列第一。

2.2 群星璀璨的居里家族

唐代诗人陈子昂登燕昭王为招揽人才所筑的黄金台有感而作《登幽州台歌》：“前不见古人，后不见来者。念天地之悠悠，独怆然而涕下。”在诺贝尔奖逾百年历史上，迄今为止，仍可以说几乎没有哪个家族能像居里家族一样为科学世界做出如此伟大的贡献——这个极有天赋的科学家族共有五人获得六次诺贝尔奖，至今无人超越，唯望其项背兴叹。居里家族“前无古人，后无来者”，竟可算是独步千古。

皮埃尔·居里（1859—1906 年），法国著名物理学家，居里夫人的丈夫，也是“居里定律”的发现者。1895 年，他获巴黎物理化工学院博士学位，并被任命为物理学教授。他与德斯爱因斯利用压电现象，设计了一种压电石英静电计——居里计。这种仪器能把数量极微的电量精确地测量出来，并且成为当代石英控制计时计与无线电发报机的先驱。在其研究磁性的博士论文工作中，他设计制造一台十分精密的扭秤，现称为居里 - 谢诺佛秤。1895 年，他发现了顺磁体的磁化率正比于其绝对温度，即居里定律。1895 年，皮埃尔·居里和玛丽·居里在巴黎成婚后，转而和她一起研究放射性元素。1898 年，他们用沉淀法从沥青矿渣中发现放射性物质镭和钋两种元素。他们写了许多论文，奠定了原子物理学和化学研究的基础。天然放射性的发现仍不愧是划时代的事件，它打开了微观世界的大门，为原子核物理学和粒子物理学的诞生与发展奠定了实验基础。因发现天然放射性现象，他和居里夫人还有法国物理学家安东尼·贝克勒耳共同获得 1903 年诺贝尔物理学奖。1906 年，居里在一场马车车祸中丧命。1995 年，他与妻子玛丽·居里一起移葬入法国最著名的文化名人安葬地先贤祠。96 号化学元素锔（Cm）为纪念居里夫妇而命名。

玛丽·居里（1867—1934 年），波兰裔法国籍女物理学家、放射性化学家。她 17 岁开始当家庭教师，靠着省吃俭用积攒的一笔钱，前往法国巴黎大学攻读物理学。1893 年，她终于以第一名的成绩毕业于巴黎大学物理系。第二年又以第二名的成绩毕业于该校的数学系，并且获得了巴黎大学数学和物理的双学士学位。1902 年，她和丈夫用 3 年零 9 个月才从 7 吨沥青铀矿的炼渣中提炼出 0.12 克纯净的氯化镭，并测得镭的原子量为 225。他们发现镭和钋两种天然放射性元素。她被人称为“镭的母亲”“放射性元素的母亲”。镭的发现从根本上改变了物理学的基本原理，对于促进科学理论的发展和在实际中的应用，都有十分重要的意义。巴黎大学于 1903 年授予居里夫人以物理学博士学位。她是唯一在两个领域获得诺贝尔奖的女科学家（1903 年诺贝尔物理学奖，1911 年诺贝尔化学奖）。出人意料的是，在虚怀若谷的居里夫人获奖之后，面对专利技术带来巨额财富，她并没有为提炼纯净镭的方法申请专利，而是将之公布于众，她以“计利当计天下利”的无私贡献有效推动了放射化学的发展。但在其中年时期，丈夫不幸丧生在马车的车轮下，这给她带来的打击难以言表。她的科学成就包括创建放射性理论，发明分离放射性同位素技术，以及发现两种新元素钋和镭。在她的指导下，人们第一次将放射性同位素用于治疗癌症。1910 年，她又完成专著《放射性专论》。一位女科学家，在不到 10 年的时间里，两次在两个不同的科学领域里获得世界科学的最高奖，这在世界科学史上是独一无二的事情！因为是成功女性的先驱，她的典范激励了很多人。由于长期接触放射性物质，1934 年 7 月，她因恶性白血病逝世。爱因斯坦曾说：“在所有世界著名人物中，玛丽·居里是唯一没有被盛名所宠坏的人。”

居里夫妇育有两个女儿。玛丽 · 居里从整个科学生涯和人生道路上体会出一个道理：人之智力的成就，在很大程度上依赖于品格之高尚。她因此告诫两个女儿：

“我们应该不虚度一生。”玛丽·居里家学渊源，精深博大，其大女儿和女婿法国核物理学家让－弗雷德里克·约里奥－居里夫妇比翼双飞，1935年获诺贝尔化学奖。小女儿艾芙·居里是一名优秀的音乐教育家和人物传记作家，在第二次世界大战期间曾作为战地记者访问过中国。她的丈夫亨利·拉波易斯担任过联合国儿童基金总干事，联合国儿童基金在1965年获得诺贝尔和平奖。

让－弗雷德里克·约里奥－居里（1900—1958年），法国核物理学家。他童年非常崇敬法国大科学家路易斯·巴斯德（1822—1895年，开创了微生物生理学）和居里夫妇。1918年，他考取居里夫妇发现镭的巴黎理化学院，每门功课都是第一。“一战”后，他回巴黎理化学院一边工作，一边在著名物理学家朗之万（创立朗之万动力学和朗之万方程）指导下学习。1923年，毕业于巴黎理化学院。1925年，他在玛丽·居里领导的镭研究所工作，从事钋的电化学研究。1926年，伊伦与约里奥在巴黎第四区的市政大厅里举行了婚礼，他就把自己的姓同居里的姓连在一起，改称为“约里奥－居里”。1930年，他因发表关于放射性元素电化学性质的博士论文而获博士学位，1937年任法兰西学院教授，1956年任镭研究所和巴黎大学奥尔赛研究所所长。1932年1月，约里奥－居里夫妇用放射性元素钋所放出的α粒子轰击铍核，发现从铍核发出一种看不见的穿透力很强的中性射线，这种射线能量达到55兆电子伏，能将石蜡等含氢物质中的质子撞出，他们认为这种中性粒子是光子。卢瑟福早在1920年就预言了中子的存在，他的学生查德威克从约里奥－居里夫妇所做的实验受到启发，他重复了同样的实验并用云雾室作为探测器，从1932年2月开始夜以继日地工作，仅用10天证实了这种射线是名为中子的中性粒子流，并计算出中子的质量。中子的发现对认识原子核内部结构是一个转折点，因此他获得1935年诺贝尔物理学奖。约里奥－居里夫妇就这样与中子的发现这一殊荣擦肩而过。1932年8月，美国物理学家卡尔·安德森在宇宙射线的云室照片中发现了一条奇特的径迹，与电子的径迹相似，却又具有相反的方向。显然是某种带正电的粒子轨迹，于是他判断这是带正电的电子，这正是英国物理学家狄拉克早就预言的“正电子”。约里奥－居里夫妇立即查阅他们的云室照片档案，并且认出了他们过去未能认出的正电子轨迹，再次与诺贝尔奖失之交臂。正电子的发现使安德森获得1936年诺贝尔物理学奖。1937年，伊丽芙·居里和南斯拉夫科学家萨维奇用慢中子轰击铀，在生成物中发现有一种半衰期为3.5小时的放射性物质。他们认为这种物质要么是89号元素锕，要么是一种新的神秘“超铀元素”。他们没有想到这个所谓的“锕”或新元素就是镧，以至于第三次走到诺贝尔物理学奖的门槛前而终未能破门而入。1938 年 12 月，德国化学家哈恩和斯特拉斯曼重做伊丽芙·居里和萨维奇的实验，发现用中子轰击铀核的产物中有钡的放射性同位素（它可以由于衰变而成为镧），钡的原子序数是 56，这意味着铀核分裂成了两个中等质量的核。哈恩因发现核分裂荣获 1944 年诺贝尔化学奖。约里奥得知消息后，他为再一次与重大科学发现失之交臂懊丧不已。后来，他独立地推断出由裂变产生的巨大能量释放，并考虑到链式反应的可能性。约里奥 - 居里夫妇不愧为第一流的科学大师，虽然错过三次重大发现的机会，但每一次他们都能迅速从遗憾和沮丧中振奋起来，表现出顽强的意志和高超的科学素养。

1934 年，约里奥 - 居里夫妇重复别人用 α 粒子轰击铍、锂、硼原子核实验，产生了一种神秘的穿透力很强的射线，这种神秘的射线击破了氢原子核，其效果是电磁波所不能具有的。因此，他们设想，这是一种新的基本粒子，它的质量同质子相近，但不带电荷，所以具有高度的穿透力。以后，物理学家们研究和发展了他们的方法。越来越多的、更大的粒子加速器问世了。从此，科学家们几乎能制取到每一种元素的放射性同位素。他和夫人伊伦·约里奥 - 居里“失之东隅，收之桑榆”，因合成人工放射性元素而共同分享 1935 年诺贝尔化学奖。夫妻俩还于 1948 年领导建立了法国第一个核反应堆。让 - 弗雷德里克·约里奥 - 居里获奖时年仅 35 岁，成为最年轻的化学获奖者。

伊伦·约里奥 - 居里（1897—1956 年）（玛丽·居里的大女儿），法国女核物理学家。伊伦出生于科学世家，可谓家学渊源。伊伦从小耳濡目染、得天独厚，就受教于 3 位诺贝尔物理学奖得主和 1 位物理大师：玛丽·居里教物理，泡利、朗之万讲授数学，让·佩兰讲授化学。她进入巴黎大学学习，第一次世界大战爆发之前得到学士学位。1946 年，伊伦就任镭研究所主任，在 1946 年到 1950 年期间，她还任法国原子能委员会的理事。由于缺乏防护，长期受 X 射线和 γ 射线辐照，伊伦的健康受到严重伤害，使她患了急性白血病，并于 1956 年 3 月不幸逝于巴黎。“起转承合自有度，行云流水最宜人”，夫妇两人就像其高堂之楷模铸就的比翼鸟一样，双双飞上斯德哥尔摩的领奖台，使其家族日月同辉，无人可及。

同时，他们积极致力于世界的和平事业，为保证科学发明用于增进人类的富裕与幸福而努力奋斗着。1950 年，法国当局借口约里奥 - 居里有共产党（当时法国共产党员达 60.8 万人）嫌疑而罢免他的一切职务。1951 年，伊伦也受到株连被迫退出了原子能委员会。这些突如其来的打击，影响了他们在学术上取得更大的成就。中国的核研究，是从居里夫人的实验室里走出的科学家那里起步的。在居里实验室，物理学家钱三强和妻子何泽慧合作，发现了铀核的三分裂和四分裂现象。1948 年，钱三强离开巴黎回到了北平。后来分别由英、法归国的杨澄中和居里夫人的博士生杨承宗代购仪器与图书。在约里奥 - 居里先生的帮助下，研究用的仪器、图书和同位素顺利带回祖国，居里家族为中国的核研究做出重要贡献。

2.3　物质波理论的创立者——路易·德布罗意

物质波理论的创立过程充满传奇色彩，曾引起诺贝尔奖得主的怀疑、赞许和启迪波动力学的创立，产生新的诺贝尔奖得主。“物质波”和屠呦呦先生的“青蒿‘绞汁’服用截疟”有异曲同工之妙！

路易·德布罗意（1892—1987 年），法国著名理论物理学家，波动力学的创始人，物质波理论的创立者，量子力学的奠基人之一。1909 年，他进入巴黎索邦大学。1910 年，他取得历史学学士学位，随后他又专攻法律，然后他又爱上哲学。他读过著名数学物理学家昂利·庞加莱（1854—1912 年，被公认是 19 世纪末期和 20 世纪初的领袖数学家，对电子理论的研究被公认为相对论的理论先驱）的两本著作《科学和假设》与《科学的价值》并深为着迷。这位物理大家的逝世更激起了他对物理学热情，并终其一生，再无改变。他弃文从理，1913 年又获物理学学士学位。“一战”后，他拜于一派宗师朗之万门下读研究生。他还在长兄的实验室帮忙，研究 X 射线光谱和光电效应。这兄弟俩还共同发表了几篇论文。他的博士论文仅长 70 多页，里面充满了数学的推导，其核心只讲述了一个物质波理论。答辩委员会给予论文高度评价，认为很有独创精神，但无法验证，以至于像马克斯·普朗克和亨德里克·洛仑兹等人都很难相信它的正确性。恩师郎之万万般无奈，只得将这篇独具匠心的论文寄给爱因斯坦评介。爱因斯坦对此赞许：“德布罗意的工作给我留下了深刻的印象，一幅巨大崭新帷幕的一角卷起来了。”1924 年，德布罗意获巴黎索邦大学博士学位，并在其博士论文中首次提出了“物质波”概念。从此他的“物质波”引起了物理学界的广泛重视，特别是对埃尔温·薛定谔（1933 年诺贝尔物理学奖得主）产生了积极的影响，创立了波动力学。1923 年，他连续在《法国科学院通报》上发表了两篇有关波和量子的论文：《辐射——波与量子》和《光学——光量子、衍射和干涉》，前者提出实物粒子也有波粒二象性，认为与运动粒子相应的还有一正弦波，两者总保持相同的相位；后者提出设想：在一定情形中，任一运动质点能够被衍射。穿过一个相当小的开孔的电子群会表现出衍射现象。1927 年，美国的戴维森和革末及英国的 G. P. 汤姆逊（1937 年诺贝尔物理学奖获得者）通过电子衍射实验，各自证实了电子确实具有波动性。至此，他的理论作为大胆假设成功的例子获得了普遍的赞赏，他也因提出粒子具有波粒二项性独享 1929 年诺贝尔物理学奖。此后，他先后任巴黎大学理论物理学教授、法兰西学术院第一席位的院士。其主要著作包括《波动力学导论》《物质和光：新物理学》和《确定关系和波动力学的概率诠释》等。

2.4 揭开“死亡元素”神秘面纱——亨利·莫瓦桑

氟是一种非金属化学元素，化学符号 F，原子序数 9。氟元素的单质是 F_2，它是一种淡黄色剧毒的气体。氟气的腐蚀性很强，化学性质极为活泼，是氧化性最强的物质之一。在化学元素发现史上，持续时间最长、参加人数最多、危险最大、工作最难的研究课题——单质氟的制取，它是经过百年孕育，带着一身的煞气，才得以出世的凶神。德国化学家马格拉夫发现了氢氟酸的制取方法。经过瑞典化学家舍勒、法国化学家安培、戴维、泰纳、盖·吕萨克，苏格兰化学家乔治·诺克斯和托马斯·诺克斯弟兄、比利时化学家鲁那特、法国化学家弗雷米、英国化学家哥尔，付出无数的心血乃至中毒、死亡的代价，都没有制得单质氟。氟的“死元素”之称不胫而走，提取氟一时成为化学界的禁区。“照耀我们的真理之光是如此明澈”，这时不难联想到普罗米修斯盗取火种为人类带来光明和温暖所经历的苦难。亨利·莫瓦桑攻克世纪化学难题，也像普罗米修斯盗取火种一样，越挫越勇，历尽苦难。

亨利·莫瓦桑（1852—1907 年），法国著名化学家。他 18 岁在巴黎一家药房当学徒。莫瓦桑当学徒之后，“头悬梁，锥刺股。彼不教，自勤苦”。仍然坚持刻苦学习。1877 年，他又通过考试获得了大学毕业证书和学士学位。他聪明好学，常去旁听一些著名科学家的讲演，后来获得法国自然博物馆馆长、工艺学院教授弗雷米的赏识而成为其学生。他十年如一日长期自学，后来考上了法国著名化学家弗雷米的实习生，相当于现在的研究生。他还经德勃雷教授的指导，通过《论自然铁》的论文答辩，荣获巴黎大学物理学博士学位。他受到老师弗雷米的影响，对氟的研究非常感兴趣，下决心攻克这一世纪化学难题。他认真研究了前辈 70 多年制取氟单质的经验教训，他几次因实验失败而中毒，死神如影随形。

他几经设计、改进提取装置，决定改用电解氟氢化钾和氢氟酸的方法，即把氟氢化钾（KHF_2）溶解在无水氢氟酸中，作为电解质。后来他又发现可以用铜制U形电解槽。铜虽然不具有抗氟的作用，但是由于最初生成的氟化铜保护了里层的铜，使铜不再受氟的腐蚀。电极是用铂或铂铱合金制成，并且用萤石制成绝缘的塞子。为了降低氟的活性，他把U形电解槽浸放在氯乙烷冷冻液中，这样可以冷却到零下50℃。终于在1886年6月26日，他用这套装置首次分离出了淡黄色的气体——单质氟。法国科学院指定贝特罗、德布雷和弗雷米三人组成审查委员会审定了这项发现的真实性。莫瓦桑的名字，伴随着制取氟单质的伟大成就，顷刻间蜚声科学界。化学家两百多年的追求，经过一代接一代的不懈努力，胜利地抵达了终点。法国科学院发给他一万法郎的拉·卡泽奖金，他用这笔钱偿还了实验的费用。他被任命为巴黎药学院的毒物学教授，同时还享有一座私人实验室进行科学研究。1891年，他被选为法国科学院院士。因制取了单质氟（F_2），莫瓦桑独享1906年诺贝尔化学奖。他曾发明了以他的名字命名的电炉——莫氏电炉，这种电炉可以简单而迅速地熔炼各种金属。他著有《氟及其化合物》和《电炉》等著作。因长期和毒品接触，严重损害了他的健康，在获得诺贝尔奖的第二年他英年早逝，年仅55岁。不久，他的妻子路更也因哀伤过度而去世。他们的独生子路易，把他父母的遗产20万法郎，全部献给巴黎大学作为奖学金：莫瓦桑化学奖和路更药学奖，分别用以纪念他父亲和母亲。在科学的事业上，莫瓦桑曾取得过重大的成就，是一代科学巨人。然而，他成才的道路却十分坎坷，亲历许多困难和危险。2006年，法国发行邮票以纪念莫瓦桑对科学的贡献。

2.5 人体器官移植的先驱——亚历克西·卡雷尔

生命，每个人只有一次，但是当生命终结时，一个器官捐献的决定，也许能让有限的生命通过器官移植延续下去。一个生命逝去，却可以让其他生命重生。人体器官移植，是指摘取人体器官捐献人具有特定功能的器官的全部或者部分，将其植入接受人身体以代替其病损器官的过程。

亚历克西·卡雷尔（1873—1944年），法国外科医生、生物学家与优生学家。1900年他取得里昂大学医学博士学位。毕业后，他留在母校担任解剖学和外科手术的教学工作。1905年，他进入芝加哥大学工作。1906年，他转入洛克菲勒基金会医学研究所工作。“一战”时期，他在法国军队中任陆军军医少校，他首创了“卡雷尔戴金疗法”的治疗战伤新疗法。1939 年“二战”爆发，他曾在法国卫生部工作一年，后在政府所设人类问题研究所任所长。1902 年，卡雷尔在里昂经过研究试验，成功地进行了人的血管缝合术，被称为“卡雷尔缝合法”。1935 年，他与美国飞行家查尔斯·林白合作发明机械心脏，卡雷尔因此成为 1935 年时代周刊上的封面人物。后来他在美国，先进行输血治疗试验成功，后来又创造了能够在体外观察细胞发育和分裂的“组织培养法”。他提出了人的任何脏器都可以移植的理论，他经过试验证明，人体中的任何器官都可以离开人体在体外的装置中继续存活，需要时可以替换患者的坏死器官。这一成就在医学史上是划时代的贡献，他成为人体器官移植的先驱。因为对于血管缝合以及器官移植的研究，卡雷尔独享 1912 年诺贝尔生理学或医学奖。他所著《人，难以了解的万物之灵》对人体组织、生理作用及病理医疗等做了详尽而通俗的介绍，这本书很受欢迎。由于医学上的成就，他成了美国等十几个国家学术协会的名誉会员。法国和美国等多所著名大学授予他荣誉博士学位，并得到法国和比利时等几个国家的奖章或勋章。卡雷尔启迪后继者“随心所欲、移花植木”，开创了“器官移植”人类医学新领域：首创者有美国约瑟夫·默里（1990 年诺贝尔生理学或医学奖得主）医生移植的肾脏（1954 年），美国哈迪医生完成肺移植手术（1963 年），科罗拉多大学的斯达泽教授移植的肝脏（1963 年），南非克里斯蒂安·巴纳德医生成功移植心脏（1967 年），南非安德烈医生的团队成功更换阴茎（2014 年），瑞典诞生在移植子宫中发育成熟的宝宝（2014 年）。

2.6 艾滋病毒研究双雄——吕克·蒙塔尼和弗朗索瓦丝·西诺西

联合国秘书长潘基文在 2011 年世界艾滋病大会上提出，争取在十年内实现艾滋病零感染、零歧视、零致死率的目标。经过全世界科学家的不懈努力，艾滋病已经从“世纪瘟疫”成为可防可治不可怕的“慢性传染病”。人类彻底攻克艾滋病的日子不会太远了。

弗朗索瓦丝·西诺西（女）（1947 年—　），法国病毒学家。1983 年，她和吕克·蒙塔尼等合作发现了人类免疫缺陷病毒。1983 年 5 月，弗朗索瓦丝·西诺西和吕克·蒙塔尼等人在《科学》杂志上发表报告称，分离出一种新的人类逆转录病毒。

1988 年以来，西诺西一直在法国巴斯德研究中心工作，主要从事反转录病毒研

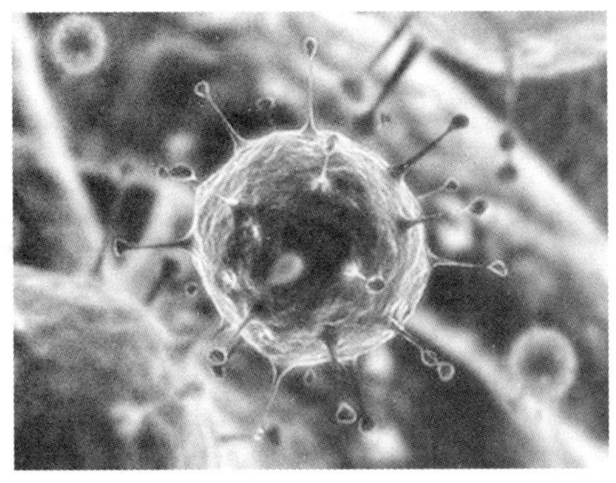

图 4-9　西诺西（左）、逆转录病毒和蒙塔尼

究。逆转录病毒治疗方法的原理在于抑制病毒的复制，保存和恢复免疫功能，并降低病死率和艾滋病病毒（HIV）相关疾病的发病率。他们从淋巴结肿大的早期患者的淋巴细胞和晚期患者的血液中确定了病毒复制。他们根据形态、生物化学、免疫特性将这种反向病毒定为首个人类已知慢性病毒。由于大量的病毒复制对淋巴细胞的破坏，艾滋病病毒（HIV）破坏了人体的免疫系统。这一发现对于了解艾滋病的生物学和抗病毒治疗提供了一个前提。由于这种病毒已感染了全球 1/100 的人口，这成就具有非凡的意义。他们并在此后十年参与研制艾滋病病毒疫苗的项目。她独立或与人共同发表 120 多篇科技论文及出版 200 多种其他出版物，参与过 250 多次国际学术会议，并培养训练了许多青年研究人员。她同时担任世界卫生组织和联合国艾滋病规划署的顾问。她于 2006 年获得第四等法国荣誉军团勋章。弗朗索瓦丝·西诺西和吕克·蒙塔尼与德国医学家哈拉尔德·豪森共同分享 2008 年诺贝尔生理学或医学奖。

1984 年，美国国家卫生研究院肿瘤研究所的罗伯特·盖洛及同事在《科学》杂志上宣布，他们发现的一种人类逆转录病毒可能是导致艾滋病的元凶。吕克·蒙塔格尼和弗朗索瓦丝·西诺西及罗伯特·加罗都被认为是艾滋病病毒的发现者。

吕克·蒙塔尼（1932 年—　），法国著名病毒学家，艾滋病病毒研究第一人。他获巴黎巴斯德学院病毒学博士学位，是巴黎大学的病毒学教授，主要致力于寻找艾滋病疫苗和疗法。1982 年，他应法国巴黎比夏医院的邀请，着手研究一种罕见的肿瘤病毒，这种病毒就是后来人们所说的艾滋病病毒。1983 年，他加入了由多位科学家和医生组成的研究小组，小组负责人是美国科学家罗伯特·加罗。以蒙塔尼为代表的法国科学家与以罗伯特·加罗为代表的美国研究团队曾发生过激烈的争论，双方为争夺艾滋病的优先发现权争执不休。直到1990年，美国国立卫生研究院的科学求实办公室搜集了大量档案资料，最终确认吕克·蒙塔尼和罗伯特·加罗共同发现了艾滋病病毒，他们最终成功分离出艾滋病病毒。2010年，吕克·蒙塔尼受聘上海交通大学全职教授，并在上海交通大学生命科学技术学院创建蒙塔尼研究所，专攻艾滋病研究。

这次诺贝尔奖最大失意者美国国家癌症研究中心科学家罗伯特·加罗，他坚持认为吕克·蒙塔尼培养那株艾滋病细胞的方法完全是采用了他发明的技术再加之改进，他也的确是世界上第一次建立了在细胞系上培养艾滋病病毒的方法，并且发明了艾滋病的血液检测，也就是现在普适的直接血化验即可以知道艾滋病阳性阴性的方法，极大地推进了艾滋病的科学治疗，也是里程碑式的工作。为这事，美国和法国政府也互相不断较劲。他在艾滋病领域内做了大量的有实际意义的工作，看上去比吕克·蒙塔尼更值得浓墨重彩、大书一笔。1995年，他发现能抑制艾滋病病毒并延缓艾滋病发病的白介素。白介素是在白细胞或免疫细胞间相互作用的淋巴因子，它和血细胞生长因子同属细胞因子。两者相互协调、相互作用，共同完成造血和免疫调节功能。白细胞介素在传递信息，激活与调节免疫细胞，介导T、B细胞活化、增殖与分化及在炎症反应中起重要作用。罗伯特·加罗的研究所治疗了4000名在巴尔的摩的艾滋病患者，以及大约10万名非洲和加勒比海的艾滋病患者，可谓是对抗艾滋病的领军人物。他虽然与诺贝尔奖失之交臂，但仍誉满全球。2009年1月9日出版的美国《科学》杂志刊登由美国、意大利、瑞典、英国、法国、德国等国共106位科学家联名撰写的书信——《无人歌颂的英雄罗伯特·加罗》，为美国科学家罗伯特·加罗未获得2008年诺贝尔生理学或医学奖鸣不平。当年2月，他获得了以色列丹·大卫基金会100万美元的奖励，表彰他对未来全球公共卫生的贡献。

2.7 破解垄断行业竞争与规制暗码——让-马塞尔·蒂罗勒

20世纪80年代，世界各地在电信、电力、铁路、煤气、自来水等天然垄断工业中掀起了“管束改造”的浪潮，放松管束、引进竞争、产权私有，由垄断走向竞争已成为世界各地天然垄断工业市场化改造的主导趋向。放眼全球，限定与征服垄断成为国际经济发展的首要问题，法国经济学家让-马塞尔·蒂罗勒破解了垄断行业竞争与规制暗码，他和让-雅克·拉丰（1947—2004年）配合首创了激励理论的应用领域——新规制经济学。

让 - 马塞尔·蒂罗勒（1953 年—　），法国经济学教授。他研究产业组织、博弈论、银行和金融、经济和心理学。蒂罗勒是让 - 雅克·拉丰基金会主席，法国图卢兹大学产业经济研究所创始人，世界著名经济学家，新规制经济学创始人之一，哈佛大学经济学博士，威尔斯奖得主。1976—1978 年，他在著名的巴黎综合理工学院、国立桥路学校取得工程学学位。1978 年，他在巴黎第九大学取得决策数学第三周期博士学位。1981 年，他获麻省理工学院博士学位，师从当今国际经济学最受尊敬的经济学大师埃里克·马斯金（2007 年诺贝尔经济学奖得主）。1984—1991 年，他任麻省理工学院经济学教授。1988 年，他从美国回到法国和著名经济学家让 - 雅克·拉丰教授一起创办了享誉全球的法国产业经济研究所（IDEI）并担任科研主任。他创立一个关于鼓励性规制的一般框架，综合了公共经济学与工业组织理论的基础思维，以及信息经济学与机制设计理论的基础方式，成功地解决了不对称信息下的规制问题。他为法国乃至整个欧洲经济学的振兴做出了卓越的贡献。如今的 IDEI 已经成为经济学界公认的世界第一的产业经济学研究中心，也是欧洲的经济学学术中心。自 20 世纪 90 年代中期起，他开始以一个开拓者的姿态征服经济学的新领域：经济组织中的串谋问题、不完全契约理论和最近完成的经济心理学等。他目前担任法国图卢兹大学产业经济研究所科研所长，同时在巴黎大学和麻省理工学院任兼职教授，并先后在哈佛大学、斯坦福大学任客座教授，还先后在洛桑大学、普林斯顿大学等担任访问教授或访问学者。因分析大型企业、市场力量与监管方面的贡献，蒂罗勒独享 2014 年诺贝尔经济学奖，被誉为当代“天才经济学家”。他发表超过 300 篇经济学和金融领域的论文，出版了 11 本专著：《政府采购与规制中的激励理论》（与让 - 雅克·拉丰合著）和《金融危机、流动性与国际货币体制》等。让 - 雅克·蒂罗勒还获得许多国内外奖项。

2.8　一切生命的意义在于创造——罗曼·罗兰

罗曼·罗兰（1866—1944 年），法国思想家、文学家、社会活动家。1889 年，他毕业于法国巴黎高等范学校，通过会考取得了中学教师终身职位的资格，并开始与他崇拜的大文豪托尔斯泰通信。此后他多次去意大利、贝鲁特、比利时和荷兰等地旅游，收集创作素材。其后，他进入罗马法国考古学校当研究生。他归国后，在巴黎高等师范学校和巴黎大学讲授艺术史，并创立了罗曼·罗兰家族纺织品牌和从事文艺创作。20 世纪初连续写了名人传记《贝多芬传》《米开朗基罗传》和《托尔斯泰传》共称《名人传》。1904—1912 年，他创作了标志着他艺术和思想发展里程碑的十卷本长篇小说杰作《约翰·克利斯朵夫》，被誉为 20 世纪最伟大的小说。1913 年，该小说获法兰西学院文学奖金。1914 年，“一战” 爆发，他定居在日内瓦，他利用瑞士的中立国环境，写出了一篇篇反战文章。他的立场受到了德国作家托马斯·曼（1929 年诺贝尔文学奖得主）等人的指责，但他没有屈服。1914 年，他在《日内瓦日报》上发表《超然于纷争之上》。1915 年，他以其作品《约翰·克利斯朵夫》获 1915 年诺贝尔文学奖。但由于法国政府的反对，结果拖到 1916 年的 11 月 15 日，瑞典文学院才正式通知他这一决定。他将奖金全部赠送给国际红十字会和法国难民组织。1917 年，俄国十月革命爆发，他与法朗士、巴比塞等著名作家一起反对欧洲帝国主义国家的干涉行动。1917 年，他放弃国际红十字会奖的奖金和其他文学奖金。1922—1933 年，他又发表了另一部代表作《欣悦的灵魂》。这一时期还发表了音乐理论和音乐史的重要著作七卷本《贝多芬的伟大创作时期》，此外还发表过诗歌、文学评论、日记和回忆录等各种体裁的作品。1922—1924 年，他发表《战败者》和《甘地传》。1934 年，他与一位俄国妇女玛丽·库达切娃再婚。1935 年 6 月，他应高尔基的邀请访问了苏联，并与斯大林见面。1931 年，他发表《向过去告别》。1938 年 5 月底，他从瑞士返回故乡定居。1940 年，德军占领巴黎，罗兰本人被法西斯严密监视。1944 年 8 月，纳粹德国败退，巴黎解放，罗兰重获自由。1944 年 12 月，罗曼·罗兰去世，享年 78 岁。1945 年，在他的故乡克拉姆西镇举行了宗教葬礼。罗兰其他主要作品有《夏天》《群狼》和《七月十四日》等 8 部剧本。

2.9 年轻一代的良心——阿尔贝·加缪

阿尔贝·加缪（1913—1960 年），法国著名作家、哲学家、戏剧家、评论家，存在主义文学领军人物，“荒诞哲学” 的代表。加缪生于法国殖民地阿尔及利亚的蒙多维。1933 年，他进入阿尔及尔大学攻读哲学和古典文学。1935 年秋天，他加入了法国共产党阿尔及尔支部。由于他与穆斯林作家和伊斯兰宗教领袖来往，因而于 1937 年 11 月被开除出党。1937 年，他就出版了随笔集《反与正》，第一次表现出自己思想的锋芒。1940 年，他来到法国首都巴黎，在《巴黎晚报》从事编辑工作。这年的冬天，他带着妻子离开沦陷的巴黎，来到阿尔及利亚的奥兰城教书。1942 年，他重返巴黎，开始为《巴黎晚报》工作，主编地下刊物《战斗报》。1943 年 4 月，他结识了让 - 保罗·萨特（拒绝接受 1964 年诺贝尔文学奖）和波伏瓦，在哲学和戏剧等方面的共同爱好使他们成了非常亲密的朋友。然而，萨特倾向于共产党和马克思主义，而加缪则对苏联社会有着比较清醒的认识。1947 年，他的长篇小说《鼠疫》曾获法国批评奖，它进一步确立了加缪在西方当代文学中的重要地位。1952 年，他发表了哲学论文《反抗者》之后，遭到了左派知识分子阵营的攻击，引起一场与萨特等人长达一年之久的论战，最后他与萨特决裂。他的主要作品有剧本《误会》《正义》，小说《局外人》《鼠疫》，论文集《西西弗的神话》等。加缪高扬的人道主义精神使他被称为"年轻一代的良心"，半个多世纪后的今天，越来越多的人意识到加缪著作及其思想的重要性。其成名作《局外人》也一再重版，印数突破千万册。

图 4-10　加缪和著名作品

44 岁的加缪获得 1957 年诺贝尔文学奖，加缪因此成了这个奖项历史上最年轻的获奖者之一。获奖理由："由于他重要的著作，在这著作中他以明察而热切的眼光照亮了我们这时代人类良心的种种问题""一种真正的道义的介入推动他大胆地、以全部身心谋求解决生活上的各种根本性的重大问题"。风华正茂的加缪，玉树临风，妙语连珠，下笔如神，立马万言。1960 年 1 月 4 日，加缪搭朋友的顺风车从普罗旺斯去巴黎，途中发生车祸，他当场死亡，年仅 47 岁。天不假年，英才早逝，成为无数仰慕者心头永生抹不去的痛。加缪的其他主要作品有长篇小说《坠落》《快乐的死》，短篇小说集《困惑灵魂的叛变》《沉默之人》等。

第三节　荷兰崛起及其诺贝尔奖得主

3.1　荷兰引领世界的优势和国力

荷兰与德国、比利时接壤。它国土有一半以上低于或几乎水平于海平面。在海潮涨落的湿地和湖泊上，以捕捞鲱鱼起家从事转口贸易。在 17 世纪，荷兰是当时世界上最强大的海上霸主。1587 年建立的“威尼斯明”被认为是具有现代意义的银行。1602 年，荷兰成立联合东印度公司，成为世界上第一家“跨国公司”，创造了一个前所未有的经济组织。1611 年，阿姆斯特丹银行诞生，发明了沿用至今的信用体系，大约比英国银行早 100 年。1611 年，东印度公司的股东们在阿姆斯特丹股票交易所就进行着股票交易，后来有了专门的经纪人撮合交易。阿姆斯特丹股票交易所形成了世界上第一个股票市场，资本市场就此诞生。1669 年时，东印度公司已是世界上最富有的私人公司，拥有超过 150 艘商船、40 艘战舰、5 万名员工，股息高达 40%。荷兰的对外贸易额占全球的一半，10000 多艘荷兰商船横行在全球的每一个角落，比英、法和德诸国船只的总数还多。荷兰从西班牙获得独立建国还不到 100 年，没有先天的优势，凭借一系列现代金融和商业制度的创立，使自己位于大国行列。17 世纪成为荷兰的世纪，曾经拥有殖民地印度尼西亚、南非和美国纽约，但荷兰的殖民地与其他列强相比，都小得微不足道。荷兰凭借自己一系列现代制度的创新，今天依然是一个非常先进的国家、一个不容小觑的国家。荷兰的成功是注重商业贸易的结果，一切都以商业利润为重。

由于国土面积等天然因素，17 世纪末荷兰逐渐失去左右世界的霸权。荷兰人在历史上就殖民征服而言它并不是很强，荷兰移民到了南非以后就拒绝被称为荷兰人，而称自己为非洲人。也有外部人把他们称为“布尔”，就是农民的意思。他们在南非成立了几个共和国，他们真正爱的是这些国家。17 世纪后期，荷兰先后与英国、法国交战均败北，从而衰落下来。但直到今天，因为荷兰一些制度的创新，对世界而言，具有非常大的影响，他们的国民也因此很自豪。像银行、股份公司、股票交易、联省共和这些制度对后世有巨大的影响，而且荷兰人引以为傲的商业势力和文化影响力都被世界认可。荷兰人的生活依然富足，荷兰人开创的商业规则依然在影响世界。日本曾经在很长一个时期就把荷兰人当作西方人的代表。明治维新以前，介绍西方的学问称作“兰学”，就是因为日本人是通过荷兰人接受的近代文明影响。即使在它的霸权衰落后，荷兰人的富裕和文明，仍让世人称羡，他们的民族自豪感一点也不亚于当年。当代荷兰制度创新仍不减当年，是世界上第一个执行安乐死的国家，为垂危的患者保持人生最后的尊严。荷兰的安乐死法律规定：医生可以在遵守“某些细节标准”的条件下，为患者实行安乐死，而不会有受到司法追究的危险。

荷兰是高度发达的资本主义国家，是欧盟和北约创始国之一，也是申根公约、联合国、世界贸易组织等国际组织的成员。1848 年修改宪法规定，荷兰是世袭君主立宪王国。立法权属国王和议会，行政权属国王和内阁。内阁总理和部长由议会选举产生，对议会负责。荷兰实行多党制，主要政党有 8 个。国土面积 41864 平方公里，略大于我国的台湾地区，海外领地包括阿鲁巴和安的列斯群岛（面积为 980 平方公里），人口数量 1685 万（2014 年）。荷兰工业发达，世界 500 强中的荷兰公司有皇家壳牌集团、联合利华集团和皇家飞利浦等 13 家。国土面积狭小的荷兰的农业也发达，是一个世界领先的可持续发展的健康农产品和食品供应国，是世界第二大农产品出口国（仅次于美国），尤其以培根和奶酪著名。GDP 总计 8695.08 亿美元（2014 年，国际汇率），人均 GDP 为 51590 美元（2014 年，国际汇率）。荷兰著名人物有现实主义画家伦布朗（1606—1669 年），后现象派画家文森特·梵高（1853—1890 年），著名画家约翰尼斯·维米尔（1632—1675 年），以几何图形为绘画的基本元素的著名画家蒙德里安（1872—1944 年），科学思维版画大师埃舍尔（1898—1972 年），16 世纪初欧洲人文主义运动的代表、哲学家伊拉斯谟（1466—1536 年）和提出“民主政体最优论”的哲学家斯宾诺莎（1632—1677 年）等。荷兰实行 12 年（5 ~ 16 岁）全日制义务教育制。荷兰著名研究型大学有莱顿大学、乌特勒支大学和阿姆斯特丹自由大学等，应用型高等院校有海牙大学和汉恩大学等。截至 2017 年，荷兰获得的诺贝尔奖有物理学奖 9 个（其中，亨德利克·洛伦兹和学生彼德·塞曼共同获 1902 年物理学奖）、化学奖 4 个、生理学或医学奖 3 个、经济学奖 2 个、和平奖 1 个，总计 19 个，每百万人产生 1.127 个诺贝尔奖。

3.2 立体化学的创立者——雅可比·范霍夫

雅可比·范霍夫（1852—1911 年），荷兰物理化学家。1872 年，他先后到柏林拜德国著名有机化学家凯库勒（曾任波恩大学校长和德国化学会主席）为师。次年，凯库勒又推荐他去巴黎医学院的武兹实验室。在法国著名化学家武兹（发明卤代烷和金属钠作用制备烃类的方法，被称为“武尔兹反应”）的指导下，他与他的法国同窗好友勒·贝尔得到深造。此后，他们双双成为新的立体化学学科的创立者，1878 年他成为化学教授。具有广博的数学、物理学等知识的范霍夫根据自己的研究，于 1875 年发表了《空间化学》一文。针对法国人巴斯德发现酒石酸、葡萄酸都具有左旋和右旋两种不同结构和旋光现象，首次提出了一个“不对称碳原子”的新概念。1874 年，范霍夫和勒·贝尔分别提出了关于碳的正四面体构型学说。分子的空间结构假说的诞生，立刻在整个化学界引起了巨大的反响。1884 年，他出版代表作《化学动力学研究》。书中他不仅阐明了反应速度等化学动力学问题，而且还专门论述了化学平衡理论和以自由能为基础的亲和力理论。1885 年以后，他一直被选为荷兰皇家科学院成员。他还先后当选为哥根廷皇家科学院、伦敦化学会会员等许多荣誉奖章。1887 年 8 月初，德国科学家威廉·奥斯特瓦尔德（1909 年诺贝尔化学奖得主）和他共同创办的《物理化学杂志》第一期在莱比锡问世。这标志着一门新兴的边缘学科——物理化学的诞生。他同阿累尼乌斯（1903 年诺贝尔化学奖得主）、奥斯特瓦尔德的友谊与协作，使他们突破了国界和学科的局限，共同为新学科的创立奠基。因此，他们被誉为“物理化学的三剑客”。范霍夫毕生从事有机立体化学与物理化学的广泛研究，取得累累硕果。因而，他成为 1901 年第一届诺贝尔化学奖获得者。1911 年，年仅 59 岁的范霍夫因肺结核病不幸早逝。

3.3 低温物理学的奠基人——卡末林·昂内斯

19 世纪末 20 世纪初，在低温的实验研究上展开过一场世界性的角逐。在这场轰动科坛的竞赛中，领先的是位于荷兰小城莱顿的低温实验室，应归功于它的创建者——卡末林·昂内斯。

1873 年，范·德·瓦耳斯在他的博士论文《气态和液态的连续性》中，提出了包括气态和液态的“物态方程”，即范·德·瓦耳斯方程。1877 年，L. P. 盖勒德和 P. P. 毕克特分别在法国和瑞士同时实现了氧的液化。1880 年，范·德·瓦耳斯进一步得到物态方程的普遍形式。在这一理论指导下，英国人杜瓦于 1898 年实现了氢的液化。在范·德·瓦尔斯所在的荷兰莱顿大学，物理学家卡末林·昂内斯建立了低温实验室。

卡末林·昂内斯（1853—1926 年），荷兰物理学家。1871 年，他转入德国海德堡大学曾向化学家罗伯特·本生（发现铯和铷元素、发明本生灯）和物理学家基尔霍夫（提出著名的基尔霍夫电流定律和基尔霍夫电压定律）请教学习的机会。1879年，他获格罗宁根大学博士学位。1882年，他任莱顿大学实验物理学教授，并创建了世界闻名的低温研究中心——莱顿低温实验室，成为世界低温物理学的研究中心。从1877年L. 凯莱特和R. 皮克泰特液化空气开始的，1906年他又一次成功液化氢气。1908年，他将最后一个被认为是永久气体的氦气也液化了，从而最后使气体、液体之间的绝对界线消失。他在液化了氢和氦以后，把研究工作转向系统地测量电阻随温度的变化关系。1911年，他利用液氦将纯净的水银冷却到4.2K（近似 -269℃）以下，测量到其电阻几乎降为零，这就是物体的超导性。1913年，他又发现锡和铅也和水银一样具有超导性。他把这种现象称为超导电性。他的这一发现，开辟了一个崭新的物理领域，成为低温物理学的奠基人。由于研究物质在低温下的性质，并制出液态氦，独享1913年贝尔物理学奖。

1926年，他在莱顿逝世。1932年，为纪念他莱顿大学物理实验室被命名为“卡末林·昂尼斯实验室”。

3.4 心电图记术的创造者——威廉·埃因托芬

威廉·埃因托芬（1860—1927年），荷兰医师与生理学家。1885年，他获得乌特勒支大学的医学博士学位，并在1886年他仅25岁便成为莱顿大学教授，后成为荷兰皇家科学院的成员。1895年，他在英国生理学家A. D. 沃勒的工作基础上开始进行心脏跳动电流的研究，改进了德·阿森瓦氏的镜影电流计。1901年设计了弦线式电流计，采用直径为0.002毫米的镀银石英丝代替动圈和反射镜记录心动电流及心音，克服了以往仪器的缺点，他便成为真正的心电图记术的创造者。1903年，他花了整整30年时间终于在发明了最早的心电图与量测装置，完成了心电图原理的研究，首次设计了弦线式电流计，研制出人类第一台心电图仪，并通过记录心脏的心动电流及心音第一次描绘了人类心电图。他将波形标记为P、Q、R、S、T波，用相关心电图特征描述了多种心血管疾病。这一发明使心脏疾病的诊断有了精确的依据，被广泛地应用于临床医学。直到今天，心电图仍然是诊断心脏病最常见和最可靠的手段。现在的心电图测量仪器虽比他所发明的装置更加精确，但是医生仍然继续使用他所发明的心电图解读与分析方式。因为他对人类健康所做出的伟大贡献，埃因托芬独享1924年诺贝尔生理学或医学奖。埃因托芬代表作有《色差实体镜》和《弦线电流计和心脏动作电流的测量》。1993年9月，荷兰发行邮票《荷兰诺贝尔奖奖金获得者（第二组）》，一套3枚，埃因托芬邮票为3-2，以表彰威廉·埃因托芬对世界医学的贡献。

第四节　爱尔兰及其诺贝尔奖得主

4.1　爱尔兰引领世界的优势和国力

爱尔兰西临大西洋，东与英国隔海相望，是北美洲通向欧洲的通道，素有“翡翠岛国”之称。1542年，英王亨利八世成为爱尔兰国王。从1560年起，爱尔兰多地出现反对英国殖民的战争。1801年，爱尔兰王国和大不列颠王国统一，爱尔兰并入英国。1845年因为马铃薯歉收问题造成爱尔兰大饥荒，造成人口减少了1/4，爱尔兰开始独立运动。1916年，都柏林爆发抗英的“复活节起义”。1919年，爱尔兰独立战争后，英爱双方代表达成《英爱条约》。1922年，爱尔兰终于从英国殖民统治下独立出来，后成为永久中立国。爱尔兰著名人物有《格列佛游记》作者乔纳森·斯威夫特（1667—1745年）、以小说《尤利西斯》闻名的詹姆斯·乔伊斯（1882—1941年）、007电影主演皮尔斯·布鲁斯南（1953年—　）和四位诺贝尔文学奖得主乔治·萧伯纳、威廉·勃特勒·叶芝、塞缪尔·贝克特和谢默斯·希尼。

爱尔兰宪法规定，爱尔兰国体为共和国，总统由选民直接选举产生，任期7年。政府由总统和众、参两院组成，实行多党制，主要政党有4个。它是一个以农牧业为主、经济发达的国家。国土面积70273平方公里，小于我国的重庆市，人口数量461万（2014年），GDP总计2459.21亿美元（2014年，国际汇率），人均GDP为53314美元（2014年，国际汇率）。20世纪80年代以来，它以软件、生物工程等高科技产业带动国民经济发展，并以良好的投资环境吸引了大量海外投资，完成了由农牧经济向知识经济的跨越。戴尔、IBM、HP等信息科技公司在爱尔兰设立组装中心。爱尔兰现在已经成为全球最大的软件出口国，超越印度著名企业还包括生产治疗血友病、基因疾病等罕见病的希雷制药公司；辉瑞、强生、百特等美国公设厂生产药物和医疗设备。自1995年起，国民经济持续高速增长，被誉为“欧洲小虎”。爱尔兰的义务免费教育阶段是从6岁到15岁。大学由国家提供部分经费，大部分的爱尔兰人受过高等教育。文盲人数约占全国人口的2%，公共教育开支约占国内生产总值的5%。爱尔兰是世界上受教育程度最高的国家之一，这也极大地促进了经济的繁荣和创造力。爱尔兰人逐渐形成了“终身学习”的理念，学习的机会无处不在。爱尔兰共有 7 所大学：爱尔兰国立大学、圣三一大学和科克大学等。其中都柏林圣三一学院在 2013 世界大学最新排名中居第 67 位。截至 2017 年，爱尔兰获得的诺贝尔奖有生理学或医学奖（威廉·C. 坎贝尔，2015 年）1 个，文学奖 4 个（威廉·勃特勒·叶芝，1923 年；乔治·萧伯纳，1925 年；萨缪尔·贝克特，1969 年；谢姆斯·希尼，1995 年），和平奖（约翰·修姆，1998 年）1 个，总计 6 个，每百万人产生 1.46 个诺贝尔奖。

4.2 带给河盲症和象皮肿患者福音——威廉·C. 坎贝尔

寄生虫病千百年来始终困扰着人类，寄生虫疾病对世界贫困人口的影响尤其严重。从 1970 年至今，大约有 1/3 居住在西非河边乡村里的人在成年之前有可能被一种小飞虫叮咬变成盲人。终于，那些以农业维生的人做出了一个可怕的决定，抛弃这片富饶的土地。医学昆虫学专家称这种生物为“世界上危害最持久、最让人沮丧的叮人昆虫”——旋盘尾丝虫。这种有着奇异生命周期的纤细蠕虫状生物才是真正的罪魁祸首，正是它们导致了这种名为河盲症或者称之为盘尾丝虫病的可怕疾病。现在世界上依旧有 1770 万人被这种疾病感染，大多数在非洲和拉丁美洲。控制这种疾病的一个方法是消灭蚋，这一行动自从 20 世纪 50 年代 DDT 被发明以来就开始了。但蚋很快就对 DDT 有了抗药性。一种名为阿维菌素的除虫药被证明能够杀死旋盘尾丝虫的微丝蚴，但对于它们的成体来说却无济于事。它的制造商默克公司将其免费提供给感染者。

淋巴丝虫病常被称作象皮肿，其病因是感染了班克罗夫特氏吴策线虫（Wuchereria bancrofti）或是马来布鲁线虫（Brugia malayi），会导致皮肤增厚并产生皱纹，并且患者的手臂、腿部、胸部乃至生殖器处可能会出现怪诞的肿胀。全世界约有 1.2 亿人携带这两种寄生虫，其中有 4000 万人症状很严重。这些线虫必须经历生活在蚊子体内和生活在人类体内两个阶段，才能完成整个生命周期。雌虫破蛹后会立即交配，它们一生只交配一次。在那之后，它们会拼命地寻找温血动物，以求饱餐一顿。它们才能获得充足的营养，满足体内虫卵发育所需，以保证种族的延续。在有的地方，短短一千米的河床之上每天就有 10 亿只这种小飞虫破蛹而出。一旦它们定居下来，不管疾病发生到何种程度，成年线虫都会进入淋巴系统，使其形成一种蜂巢状组织阻碍淋巴液的流动，导致淋巴丝虫病典型的囊肿。

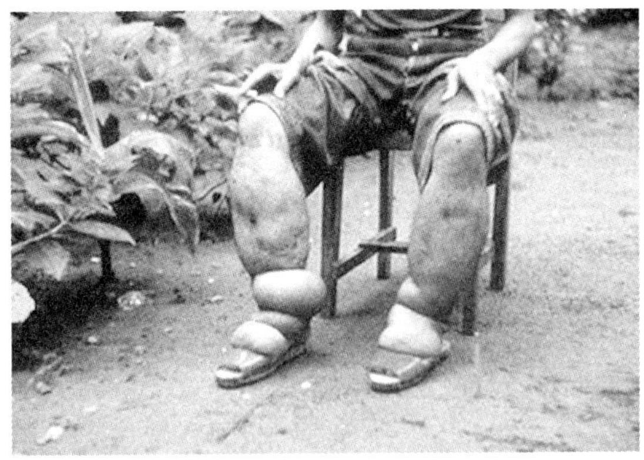

图 4-11　象皮肿患者

威廉·C. 坎贝尔（1930 年—　），爱尔兰科学家，1957 年在美国威斯康星大学曼迪逊分校取得博士学位。1957—1990 年，他在默沙东公司的研究所工作。1984 年，他晋升为该所的首席科学家和研究发展首席分析师。坎贝尔和日本有机化学家大村智发现了一种名为阿维菌素的新药，其衍生物从根本上降低了河盲症和象皮病的发病率。而疟疾、河盲症和象皮病这些由寄生虫引发的疾病每年威胁着全球数以亿计人的健康。2015 年，坎贝尔和大村智两人因“发现了一种名为阿维菌素的新药，其衍生物从根本上降低了河盲症和象皮病的发病率”“在最具破坏性的寄生虫疾病防治方面做出了革命性的贡献”共同分享 2015 年诺贝尔生理学或医学奖奖金的一半。坎贝尔时寿 84 岁，已登耄耋之年。他是第一个获得诺贝尔科学奖的爱尔兰人。

4.3　戏剧大师——乔治·萧伯纳

乔治·萧伯纳（1856—1950 年），爱尔兰戏剧家。萧伯纳的一生充满了传奇，他只受过 5 年的学校教育，结果不仅成为当代一流大作家，而且还获得诺贝尔文学奖的最高荣誉。他 7 岁时就已开始阅读莎士比亚、狄更斯、大仲马、小仲马的小说以及雪莱的诗集，甚至包括哲学、经济学作品。与这些名著接触过后，他的思想更往前迈进了一大步，开始思考有关人生的问题。他 15 岁时不得不辍学外出谋生。他先在爱迪生电话公司等处谋生，后想以写作谋生，但是并不顺利。他接着写了 5 部长篇小说，其中包括著名的《艺术家间的恋情》。这些作品全部被英国和美国 60 家出版社拒绝。在长达 9 年的时间里所得的稿酬不过 6 英镑，其中 5 英镑还是代写卖药广告的报酬。当时，他住在伦敦教授音乐的母亲那里，生活窘迫。1896 年，他认识了一位名叫夏绿蒂·宾顿生的小姐。他此时是个 40 岁的单身汉，对方则是 39 岁的老小姐，她的经济情况相当好。1898 年两人结婚，幸福的婚姻生活维持了 45 年，直到 1943 年萧伯纳的夫人与世长辞。19 世纪的英国戏剧一蹶不振，在挪威戏剧家易卜生的影响下，萧伯纳看清了戏剧这个武器，他立志要革新英国的戏剧。1892 年他正式开始创作剧本，并完成第一个戏剧集《不愉快的戏剧集》。此后，他开始成为戏剧界的革新家，掀开了英国戏剧史的新一页。1885 年至 1949 年间近 64 个创作春秋中，他共完成 51 个剧本。前期主要有《不愉快的戏剧集》，包括《荡子》和《华伦夫人的职业》等；《愉快的戏剧集》由《风云人物》和《难以预料》等组成；第三个戏剧集名为《为清教徒写的戏剧》，其中有《魔鬼的门徒》和《布拉斯庞德上尉的转变》等。进入 20 世纪之后，他的创作进入高峰，发表了著名的剧本《芭芭拉少校》《圣女贞德》和《苹果车》等。他一生所完成的 51 个剧本，以暴露人生之虚伪和伪善之剧为多。

他的世界观比较复杂，他接受过柏格森、叔本华和尼采的哲学思想，又攻读过马克思的《资本论》。1884 年他参加了“费边社”，主张用渐进、点滴的改良来改变资本主义制度，反对暴力革命。他杰出的戏剧创作活动，不仅使他获得了“20 世纪的莫里哀”之称。萧伯纳以其作品《圣女贞德》获 1925 年诺贝尔文学奖。但他立即把这笔约合 8000 英镑的奖金，捐作创立英国瑞典文学基金会之用。其喜剧作品《卖花女》因被 Alan Lerner 改编为音乐剧《窈窕淑女》，该音乐剧又被好莱坞改编为同名电影，由奥黛丽·赫本（电影《罗马假日》女主角）主演，共获八项奥斯卡大奖。20 世纪 30 年代初，他访问苏联与高尔基结下诚挚友谊。在中国知识界千载难逢的“黄金时代”，1933 年他访问上海，宋庆龄、蔡元培、鲁迅等会见了他，

图 4-12　萧伯纳、《圣女贞德》和音乐剧《窈窕淑女》剧照

鲁迅和瞿秋白还搜集有关资料编译出版了《萧伯纳在上海》一书。回眸萧伯纳的戏剧革新之路，或辍学谋生，创作失意，喜结良缘；抑或戏剧革新，剧作等身，诺贝尔奖扬名。犹如浩荡激流中的一叶扁舟，旋涡四起，跌宕起伏。但他对革新英国戏剧痴心不改，终于到达理想的彼岸。

第五节　比利时及其诺贝尔奖得主

5.1　比利时引领世界的优势和国力

比利时东与德国接壤，北与荷兰比邻，南与法国交界，东南与卢森堡毗连，西临北海与英国隔海相望。历史上几经法兰西、奥地利、荷兰和西班牙几百年的奴役。1830 年，布鲁塞尔人民举行起义，比利时国民大会宣告比利时独立为君主立宪国并制定宪法。1831 年英国、法国和普鲁士参加的伦敦会议承认比利时的独立并保证它的永久中立。1839 年，比利时与荷兰签订和约，荷兰承认比利时为独立国家。19 世纪初，它是欧洲大陆最早进行工业革命的国家之一，19 世纪末比利时从自由资本主义向帝国主义过渡，参加瓜分非洲。1908 年，刚果自由邦（包括卢旺达和布隆迪）成为比利时殖民地。“一战”期间，比利时被德军占领；“二战”期间，再度被法西斯德国占领。比利时人民积极展开反法西斯斗争。1944 年 9 月比利时光复，1949 年 4 月加入北大西洋公约组织。1962 年，比利时在非洲的殖民统治结束。著名人物有解剖学奠基人维萨留斯（1514—1564 年），以索尔维制碱法闻名的化学家欧内斯特·索尔维（1838—1922 年），化学家法贝克兰（1863—1944 年），酚醛树脂的发明者朱勒·博尔德（1870—1961 年），16 世纪画家鲁本斯（1577—1640 年），画家布鲁格尔（1525—1569 年），创造漫画人物丁丁的漫画家埃尔热（1907—1983 年）等。

比利时是高度发达的资本主义国家，经济高度对外依赖，80% 的原料靠进口，50% 以上的工业产品供出口，人均出口额常年居世界第一。金属线、平板玻璃和钻石等出口量居世界前列，全国 GDP 的大约 2/3 来自出口。著名公司有世界著名枪械企业 FN 公司、英博啤酒集团、化工企业苏威集团、钢丝制品贝卡尔特集团和旭硝子玻璃集团等。它是欧盟和北约创始会员国之一，还是联合国、世界贸易组织等国际组织的成员国。比利时实行三权分立的政治制度，立法权、司法权和行政权相互独立、互相制衡。宪法规定，实行世袭君主立宪的联邦制，国王为国家元首、三军最高统帅，与议会共同行使立法权，与政府共同行使行政权。实行多党制，主要政党有 8 个。国土面积 3.0528 万平方公里，小于我国的海南省，人口数量 1123 万（2014 年），GDP 总计 5333.83 亿美元（2014 年，国际汇率），人均 GDP 为 47516 美元（2014 年，国际汇率）。实行 6 ~ 18 岁免费义务教育制，教育经费占国民生产总值的 5.5%。著名高等学府有鲁汶天主教大学（荷兰语）、鲁汶天主教大学（法语）、根特大学和布鲁塞尔自由大学等。截至 2017 年，比利时获得的诺贝尔奖有物理学奖 1 个（弗朗索瓦·恩格勒，2013 年），化学奖 1 个（普里戈金，1977 年），生理学或医学奖 2 个（朱尔·博尔代，1919 年；C. 海曼斯，1938 年），文学奖 1 个（莫里斯·梅特林克，1911 年），和平奖（奥古斯特·贝尔纳特，1909 年；亨利·拉方丹，1913 年；乔治·亨利·皮尔，1958 年）3 个，总计 8 个。

5.2　用驱逐舰专款迎回的科学精英——朱尔·博尔代

朱尔·博尔代（1870—1961 年），比利时免疫学家与微生物学家。1894 年，他进入法国巴黎巴斯德研究所，在诺贝尔奖得主梅契尼科夫指导下继续研究工作。早在 19 世纪末，他就成功地研制出抗菌血清，系统地论述了以血浆抑制种种细菌病毒的基本原理。他发现如果把血清加热到 55℃，尽管血清中的抗体不致受到破坏（这可为血清仍能与抗原相互作用这一事实所证实），但却丧失了摧毁细菌的能力。由此可以推断，血清中一定含有某种或某组非常脆弱的成分作为抗体的补体，使之能够与细菌发生作用。1901 年，他又指出当一抗体与抗原发生作用时，其补体便被耗尽。这一过程叫作补体结合，它在免疫学上证明是具有重要意义的。乏色曼依据补体结合理论，发明著名的乏色曼梅毒诊断试验法。1906 年，博尔代发现百日咳杆菌，与同事合作研制出抗咳菌苗，百日咳博德特氏菌是由他命名的。1907—1935 年，他受聘担任布鲁塞尔大学细菌学教授。博尔代一生获得许多荣誉，其代表作为《传染病的免疫疗法》。对如此人杰寄居法国，比利时朝野深为遗憾。他数度回国讲学，也有心留在祖国。比利时举国上下为了争取博尔代回国，同心协力，根据他的理想在国内盖了一座与法国巴斯德研究院式样相同的学院。为修建这座学府，全国各方面都捐款了，但距所需经费仍相差很远，加之有许多器材非向法国购置不可，法国就故意抬高售价。比利时国会最后决定：把一笔指定建造一艘驱逐舰的专款，全部拨作购买法国器材之用。博尔代随即返回祖国。1901 年，他在布鲁塞尔创建了一个狂犬病防治和细菌学研究所并亲任所长，从而开展自己的研究工作。“问渠哪得清如许？为有源头活水来。”祖国开垦了科学大师扎根的沃土，诺贝尔奖自然水到渠成。博尔代因在免疫性和血清治疗上的重大发现，而独享 1919 年诺贝尔生理学或医学奖。这是对他在补体结合方面的工作所给予的特别表彰。

5.3　上帝粒子的预言者——弗朗索瓦·恩格勒

希格斯玻色子是粒子物理学标准模型预言的一种自旋为零的玻色子。物理学家希格斯提出了希格斯机制。在此机制中，希格斯场引起自发对称性破缺。希格斯粒子是希格斯场的场量子化激发，它通过自相互作用而获得质量。1988 年，诺贝尔物理学奖获得者利昂·莱德曼无意中为希格斯玻色子起名为“上帝粒子”。

弗朗索瓦·恩格勒（1933 年—　），比利时物理学家，主要研究领域为统计力学、粒子物理学和宇宙学。1959 年，他从法语布鲁塞尔自由大学获得博士学位。同年，他成为康乃尔大学的副研究员，上司是助理教授罗伯特·布鲁特。他们成为好朋友与密切工作伙伴。1961 年，他返回比利时，布鲁特全家也跟着一起去法语布鲁塞尔自由大学，布鲁特在那里担任正教授。1964 年，恩格勒提升为正教授。1964 年，恩格勒和布鲁特共同提出希格斯机制与希格斯玻色子理论。同年，彼得·希格斯也在《物理评论快报》发表文章，提出希格斯机制理论。另一组研究者汤姆·基博尔、卡尔·哈庚杰和拉德·古拉尼也在同一年独立提出类似的结果。这几位物理学者分别发表的三篇论文，在《物理评论快报》50 周年庆祝文献里被公认为里程碑式论文。1980 年，布鲁特与恩格勒共同领导理论物理组。1997 年，恩格勒与布鲁特、希格斯因“首先表述出一种关于带质量、带电荷矢量玻色子的自洽理论”获得欧洲物理学会颁发的高能量与粒子物理学奖。2004 年，恩格勒与布鲁特、希格斯因“开创

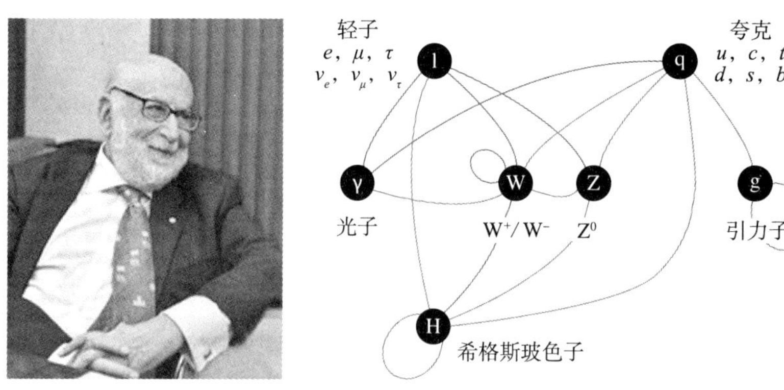

图 4-13　恩格勒和希格斯玻色子结构

性工作，导致对于质量生成机制的深入了解，即每当局域规范对称性被非对称性地实现于亚原子粒子世界时质量生成的机制”而荣获沃尔夫物理学奖（沃尔夫物理学奖被认为是诺贝尔物理学奖以外物理学界最重要的奖项之一）。2010 年，恩格勒因“详细阐述在四维相对论性规范场论里，自发对称性破缺的性质与矢量玻色子质量的持续守恒生成”获得美国物理学会颁发的理论粒子物理学樱井奖。在过去半个世纪中，他们一直在耐心等待理论被验证。“上有青冥之长天，下有渌水之波澜，天长路远魂飞苦，梦魂不到关山难，长相思，摧心肝。”2013 年 3 月 14 日，欧洲核子研究组织发布新闻稿表示，先前探测到的新粒子是希格斯玻色子，证实了他们的理论，希格斯当场流下热泪。恩格勒和英国理论物理学家彼得·希格斯，因此共同荣获 2013 年诺贝尔物理学奖。

恩格勒是比利时历史上第 8 位，也是布鲁塞尔自由大学的第 4 位诺贝尔奖获得者。恩格勒的上司、密友和研究伙伴罗伯特·布鲁特却在 2011 年去世，因此不在授奖范围内。2014 年，恩格勒受华东师范大学陈群校长邀请，来华师大进行了精彩的演讲，并担任华东师范大学荣誉教授。

第五章

中欧国家及其诺贝尔奖得主

第一节　瑞士及其诺贝尔奖得主

1.1　瑞士引领世界的优势和国力

瑞士北邻德国，西邻法国，南邻意大利，东邻奥地利和列支敦士登。瑞士历史上曾并入罗马帝国、受日耳曼人统治和奥地利的入侵。13 世纪瑞士联盟成立，1499 年，瑞士同盟军队在士瓦本战争中战胜奥地利，获得了神圣罗马帝国对其独立的认可，瑞士实质上已经独立。1648 年，法国、瑞典大败罗马帝国军队，迫使其于当年 10 月求和，签订《威斯特伐利亚和约》，瑞士真正获得独立，成为主权国家。1848，瑞士制定新宪法，设立联邦委员会，成为统一的联邦制国家。瑞士是一个永久中立国，自 1815 年以后从未被卷入过包括“一战”和“二战”在内的任何大小的局部与国际战争。但是同时也参与国际事务，许多国际性组织的总部都设在瑞士。

瑞士是一个高度发达的资本主义国家，是高度发达的工业国。实行自由经济政策，政府尽量减少干预。其人均 GDP 一直居世界前列，在欧洲仅次于卢森堡和挪威。瑞士是世界最为稳定和富有竞争力的经济体之一。瑞士最重要的产业为制造业，以生产专业化学制品、药品及医疗产品、科学精密测量仪器为主，是世界最大的钟表生产国之一，拥有劳力士等众多享誉世界的钟表品牌。著名跨国公司有始创于 1867 年、致力于向全球持续提供营养、健康的高品质食品的雀巢公司，全球医药健康行业的跨国企业诺华集团，始创于 1896 年、在制药和诊断领域世界领先的罗氏制药公司，成立于 1883 年和 1891 年、电力和自动化技术领导者 ABB 和软包装巨头利乐包装公司（中国软包装供应商）等；著名金融机构有瑞银集团、苏黎世金融服务集团和瑞士信贷集团等。瑞士被誉为全球最大的离岸金融中心和国际资产管理业务领导者。瑞士的工匠精神尤其值得世人推崇，瑞士手表是精密机械与工匠精神相结合的典范。瑞士制表界大师菲利普·杜佛则是其极致代表，他曾说："对我而言，做表必须这样，机芯、表盘、表壳甚至每一个螺丝和凹槽都必须是我用一双手亲自打磨的，每一个细节都要完美，哪怕它隐藏在肉眼根本看不见的哪个角落。机器是做不出来这种感觉的。"他从 15 岁到 60 岁，45 年一共做了 165 块表。香港苏富比 2012 年珍贵名表春季拍卖会上，杜佛的一块粉红金、双轮双置大小、自鸣三问腕表以 482 万港元（含佣金）成交。

瑞士为委员会制国家，最高国家元首为联邦主席，但只为形式上的领导人，真正的权力源自七席联邦委员会，宪法规定瑞士联邦政府是最高的行政机关。瑞士联邦议会是最高立法机构，议员由公民普选产生，任期 4 年。实行多党制，主要政党有 6 个。瑞士实行民主制度，公民的民主权利很大。公民对重大国事与地方事宜拥有表决、创制与复决权。国土面积 41284 平方公里，略大于我国的台湾地区，人口数量 823 万（2014 年），GDP 总计 7082 亿美元（2014 年，国际汇率），人均 GDP 为 86542 美元（2014 年，国际汇率）。全国实行 9 年义务教育制。瑞士的教育特点是：初中教育普及；高中比重小、职业学校比重大；大学教学质量高。德语区大学有苏黎世联邦理工学院（创立于 1854 年，截至 2006 年诞生了包括爱因斯坦在内的 21 位诺贝尔奖得主，是目前世界大学获诺贝尔奖人数最多的学校之一，现今仍有很多获奖者在教学科研第一线，该校还是国际研究型大学联盟、IDEA 联盟等国际高校合作组织的成员）、巴塞尔大学、伯尔尼大学（成立于 1805 年）和苏黎世大学。法语区大学有日内瓦大学、洛桑大学和洛桑联邦理工学院。如按人口比例计算，瑞士可列入世界高等学校密度最大的国家之列，平均不到 59 万人就拥有一所综合性大学。保罗谢尔研究所为瑞士重要的国家研究所。截至 2017 年，瑞士获得的诺贝尔奖有物理学奖 3 个、化学奖 7 个、生理学或医学奖 7 个、文学奖 2 个、和平奖 3 个，总计 22 个，每百万人产生 2.67 个诺贝尔奖。若以人均诺贝尔奖计算，瑞士可算诺贝尔奖"超级大国"。

1.2 人类历史上最伟大的科学家——阿尔伯特·爱因斯坦

阿尔伯特·爱因斯坦（1879—1955年），瑞士籍德国犹太裔物理学家、哲学家、思想家。1900年，他毕业于苏黎世联邦理工学院。由于种种原因，他被拒绝留校。他靠做家庭教师和代课教师生活。1901年，他取得瑞士国籍；1902年，他被伯尔尼瑞士专利局录用为三级技术员，从事发明专利申请的技术鉴定工作。但在那里，他被正规教育扼杀的科学激情终于重新迸发出来，轻松的工作让爱因斯坦得以继续致力于科学研究。1905年，他在科学史上创造了一个史无前例的奇迹，年仅26岁的爱因斯坦连续发表了三篇论文:《光量子》《布朗运动》和《狭义相对论》，在物理学三个不同领域中取得了历史性成就。特别是他完成开创物理学新纪元的长篇论文《论动体的电动力学》，完整地提出了狭义相对论，一时间石破天惊。这是他十年酝酿和探索的结果，它在很大程度上解决了19世纪末出现的古典物理学的危机，改变了牛顿力学的时空观念，揭露了物质和能量的相当性，创立了一个全新的物理学世界，是近代物理学领域最伟大的革命，迎来了物理学更加光辉灿烂的新纪元。同年，他获得苏黎世大学的博士学位。诺贝尔奖得主奥斯特瓦尔德在1910年、1912年和1913年连续提名爱因斯坦的狭义相对论为诺贝尔物理学奖候选者。但当时对狭义相对论很有争议，在主流物理学界，对狭义相对论的怀疑论调占了上风，导致他始终未被评上。1919年年初，著名物理学家普朗克提名他为诺贝尔奖的候选人，理由是广义相对论的成就已经超越牛顿力学。1919年5月，由著名天文学家亚瑟·爱丁顿（爱丁顿光速创建者）和戴逊（戴逊方程创立者）分别率领科学考察队考察验证了广义相对论的某些内容，经过认真的研究得出最后结论：星光在太阳附近的确

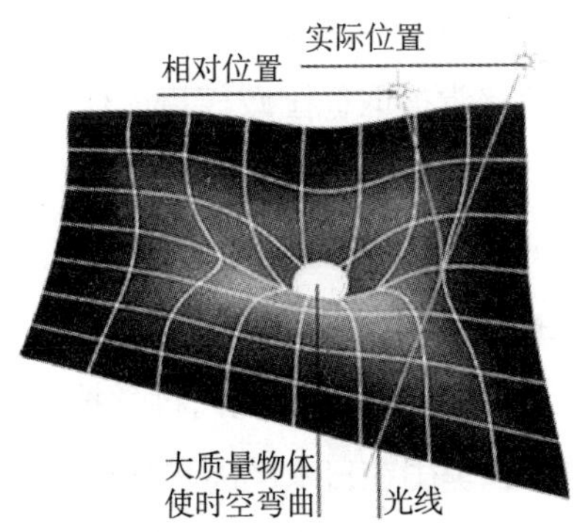

图5-1 爱因斯坦、《相对论》和时空弯曲

发生了1.7秒的偏转，有力地证明了引力场使光线偏转的说法。他们将结果于当年9月公之于世。同年11月，英国皇家学会会长汤姆逊宣布：爱因斯坦的理论是牛顿之后最重要的进展，是人类思想史上最高的成就之一。虽然后来均为诺贝尔奖得主的勒纳德和斯塔克，都极力主张推进所谓“德意志物理学”，清除“犹太物理学”，而广受关注的相对论则被视为是“犹太物理学”的范例——因为爱因斯坦是犹太人。因此，他和他的相对论不幸成为政治运动的牺牲品。

1909—1912年，爱因斯坦先后任苏黎世大学理论物理学副教授、布拉格德语大学理论物理学教授和苏黎世联邦工业大学教授。1914年，他应马克斯·普朗克（诺贝尔物理学奖得主）和瓦尔特·能斯脱（诺贝尔化学奖得主）的邀请，回德国任威廉皇家物理研究所所长兼柏林洪堡大学、柏林大学教授，并当选为普鲁士科学院院士。1920年，他应亨德里克·洛伦兹（诺贝尔物理学奖得主）和保耳·埃伦菲斯特的邀请，兼任荷兰莱顿大学特邀教授。1914年，“一战”爆发后，他投入公开和地下的反战活动。1915年，他发表广义相对论。他所做的光线经过太阳引力场要弯曲的预言，于1919年由英国天文学家亚瑟·爱丁顿的日全食观测结果所证实。1916年，他预言“引力波存在”，但也曾认为，“由于引力波太过微弱，它无法被探测到”。在10万年的进化过程中，进步的发生都是线性的。但突然间人类文明的发展变成幂数的。他预言“引力波”100年后，2016年2月11日清晨，美国“激光干涉引力波天文台（LIGO）”执行主任、加州理工学院教授戴维·赖茨在华盛顿宣布“我们探测到了引力波。我们做到了”，从而打开人类观察宇宙的新窗口。对于人类今天的成就，爱因斯坦一定无法想象。1917年，他在《论辐射的量子性》一文中提出了受激辐射理论，成为激光的理论基础。他因阐明光电效应原理独享1921年诺贝尔物理学奖。他被公认为是自伽利略、牛顿以来最伟大的科学家、物理学家，现代物理学的开创者、集大成者和奠基人。同时，他也是一位著名的思想家和哲学家。1933年，纳粹党攫取德国政权后，他是科学界首要的迫害对象，悬赏十万马克索取他的人头。他先后避居比利时、英国，最后转到美国普林斯顿大学任教授。1940年，他取得美国国籍，直至1945年退休。1939年，他从卢瑟福处获悉铀核裂变及其链式反应的发现，上书罗斯福总统，建议研制原子弹，以防德国占先机，为核能开发奠定了理论基础，并为现代科学技术和广泛应用开创了现代科学新纪元。“二战”结束前夕，美国在日本广岛和长崎投掷原子弹，他对此强烈不满。1955年4月，弥留之际的爱因斯坦签署了《罗素－爱因斯坦宣言》，呼吁人们团结起来，防止新的世界大战爆发。爱因斯坦不仅是一位伟大的科学家，还是一位和平主义者。他目睹了两次世界大战中对人类文明的摧残，认为和平是人类的首要问题。

1905 年，爱因斯坦提出著名的质能方程 $E=mc^2$，E 表示能量，m 代表质量，而 c 则表示光速。它阐明了物质不灭定律和能量守恒定律的实质，指出了两条定律之间的密切关系。他就像普罗米修斯从太阳神阿波罗那里盗走火种送给人类一样，使人类对大自然的认识又深入一步。他还获得科普列奖章、普朗克奖章和富兰克林奖章等众多荣誉。1955 年 4 月，他逝世于普林斯顿。他死后并没有举行任何丧礼，也不筑坟墓，不立纪念碑，骨灰撒在永远保密的地方，目的是不会令埋葬他的地方成为圣地。1999 年，爱因斯坦被美国《时代周刊》评选为“世纪伟人”，是诺贝尔奖百年历史中最著名的三个获奖者之一。

1.3 扫描隧道显微镜的发明者——海因里希·罗雷尔

扫描隧道显微镜亦称为“扫描穿隧式显微镜”“隧道扫描显微镜”，是一种利用量子理论中的隧道效应探测物质表面结构的仪器（简称 STM）。它由隧道针尖、三维扫描控制器、减震系统、电子学控制系统、在线扫描控制系统和离线数据分析软件基本结构组成。突然间，物理学家获得了单个原子们排列成化学书中模样的惊人“图像”，扫描隧道显微镜使得操控单个原子有了可能性。事实上，“IBM”三个字母被使用原子给拼写了出来，在科学界引起一阵轰动。科学家们在操控单个原子时不再茫然了，而是能够确实看到它们，与它们嬉戏。扫描隧道显微镜由 IBM 位于瑞士苏黎世的苏黎世实验室发明，使 IBM 研究实验室成为企业自行设立研究实验室的一座丰碑。

海因里希·罗雷尔（1933—2013 年），瑞士物理学家。他拥有瑞士联邦工学院博士学位，任职于 IBM 的苏黎世实验室物理研究组。格尔德·宾宁（1947 年—　），德国物理学家。1978 年，宾宁在法兰克福大学完成论文《超导材料（SN）x 的隧道光谱学》并获得博士学位。他加入了 IBM 公司的苏黎世研究实验室物理研究组，这是宾宁一生中最重要的决定，他在 IBM 公司认识了罗雷尔。1981 年，他们一起在 IBM 公司苏黎世研究实验室研发出扫描隧道显微镜（简称 STM）。使用这种显微镜技术，可以通过在金属或半导体表面上仅几个原子直径的高度进行针尖扫描，对表面上的单个原子进行成像。1983 年，他们利用 STM 在硅单晶表面第一次直接观察到周期性排列的硅原子阵列，这是人类有史以来首次得以直接看到个别的原子。

STM 的发明被国际科技界公认为 20 世纪 80 年代世界十大科技成就之一，它开启了纳米科技的新纪元，催生了介观物理学（研究介于纳米和微米尺度之间结构的物理学）。在此基础上，人们发明了原子力显微镜等近 20 种相关科学仪器，为科学家们探索纳米世界提供了强有力的现代工具，促使人类进入纳米科学研究的时代。由于在低温下（4K）可以利用探针尖端精确操纵原子，因此它在纳米科技领域既是重要的测量工具，又是加工工具。扫描隧道显微镜使人类第一次能够实时地观察单个原子在物质表面的排列状态和与表面电子行为有关的物化性质，在表面科学、材料科学、生命科学等领域的研究中有着重大的意义和广泛的应用前景。1986 年，宾宁、IBM 公司苏黎世研究实验室的克里斯托夫·格贝尔和斯坦福大学的 Calvin Quate 一起发明了原子力显微镜（AFM）。由于原子力显微镜既可以观察导体，也可以观察非导体，从而弥补了扫描隧道显微镜的不足。目前 DNA 的许多构象诸如弯曲、超螺旋、三链螺旋结构、DNA 三通接点构象、DNA 复制和重组的中间体构象、分子开关结构和药物分子插入 DNA 链中的相互作用都广泛地被 AFM 观察，获得许多新的理解。因此，罗雷尔与格尔德·宾宁、德国物理学家恩斯特·鲁斯卡（电子显微镜的发明者）共同分享了 1986 年诺贝尔物理学奖。

1.4 高分辨率核磁共振技术开发者——理查德·恩斯特

核磁共振可为探测溶液中的分子结构、固体材料以及分子动态及相互作用提供极丰富的信息。为了快速准确处理如此大量的信息，恩斯特在核磁共振基础上又发展了傅里叶变换、二维及多维谱技术及原理。10 多年来，二维谱已对解释耦合网络提供了有力的技术，包括交叉弛豫谱测量核间距离以及交换谱研究化学交换网络。目前各种脉冲方法及多维谱计算机自动解释等方法仍在不断发展，这些新技术在化学和生物学研究中的应用潜力将是无法估计的。

理查德·恩斯特（1933—2005 年），瑞士物理化学家。1962 年，他获得瑞士联邦技术研究院的博士学位。1963—1968 年，于美国瓦里安公司留学、工作，主持开发脉冲变换核磁共振技术。1966 年他与美国同事合作，发现用短促的强脉冲取代核磁共振谱管用的缓慢扫描无线电波，能显著提高核磁共振技术的灵敏度 10～100 倍、所需时间减少到百分之一。1968 年，他回到瑞士联邦技术研究院，继续为改进核磁共振方法进行研究。1970 年，他任苏黎世瑞士理工大学物理化学教授。1975 年，经过他的精心改进，使高分辨率核磁共振（NMR）技术成为化学的基本和必要的工具，他还将研究成果应用扩大到其他学科。他的发现使该技术能用于分析更多种类的核和数量较少的物质。他在核磁共振光谱学领域的第二个重要贡献是一种能高分辨率地、“二维”地研究很大分子的技术。科学家们利用他精心改进的技术，能够确定有机和无机化合物，以及蛋白质等生物大分子的三维结构，研究生物分子与其他物质，如金属离子、水和药物等之间的相互作用、鉴定化学物种、研究化学反应速率。因发明了傅里叶变换核磁共振分光法和二维核磁共振技术，恩斯特独享 1991 年诺贝尔化学奖。

恩斯特的成功之道在于把脉冲技术、傅里叶变换和核磁共振技术集成为一种新的技术，在挖掘旧理论和技术的活力推陈出新，同时创造了多维谱技术，奠定了它的理论基础。他坚持理论、实践与应用三结合的原则，使核磁共振技术超出物理学的范畴而推广到化学和生物学领域，成为测定物质结构的“指纹”和大分子溶液构象的唯一方法，对化学、生命科学、生物化学和药物学等学科具有极其深远的影响。他曾获卢锡卡奖、国际磁共振医学学会金奖和沃尔夫化学奖等。

1.5 滴滴涕的发现者——保罗·穆勒

DDT 又叫滴滴涕，二氯二苯基三氯乙烷之简称。中文名称从英文缩写 DDT 而来，为白色晶体，不溶于水，溶于煤油，可制成乳剂，是有效的杀虫剂。20 世纪上半叶 DDT 为防止农业病虫害，减轻疟疾伤寒等由蚊蝇传播的疾病危害起到了重要的作用。1874 年，德国化学家蔡德勒在实验室合成出了一种化学性质非常稳定的新化合物 DDT。但在当时，他并不知道这种气味极淡的白色晶体具有杀虫的作用，直到几十年后瑞士化学家穆勒发现其杀虫的“功效”，造就了日后大名鼎鼎、褒贬相随的 DDT。

保罗·穆勒（1899—1965 年），瑞士化学家。1922 年，他获得巴塞尔大学博士学位，随即在巴塞尔大学化学教研室任讲师。1925 年，他到嘉基染料公司工作，开始任研究化学家。他的研究内容是植物和人造染料，后来他转向人造鞣剂。1935 年，嘉基公司才开始研究纺织品保护剂和农药。1935 年，由于农业生产的需要，公司要求他筛选一种强效低毒的农药。当时实际上进入市场的真正有效的农药几乎等于零，面对包括他自己家乡在内的各地屡遭虫灾的情景，他决心解决这一难题。他以“对昆虫有剧毒；毒性发作迅速；对温血动物和植物毒性较小或完全无毒；没有刺激性，没有臭味；杀虫谱尽可能广泛；化学性能稳定，即作用时间长；价格低廉”为标准来筛选一种强效低毒的农药。1939年秋天，他认识到DDT的杀虫功效，终于试制成功能杀灭多种害虫的DDT，并于1942年开始投放市场。在“二战”时期，DDT粉剂被用来撒到成千上万的士兵、难民和俘虏身上，以消灭能传染人畜疾病的虱子，而人体没有受到DDT的伤害，人们把DDT视为“人类的救星”。由于DDT用途广泛，效果良好，后来人们把它和青霉素、原子弹誉为“二战”时期的三大发明。

穆勒因“发现了DDT作为接触毒剂针对节肢动物的强烈作用”，而获得1948年诺贝尔生理学或医学奖。DDT因其稳定性、脂溶性、药效普遍性等特点，一度大量生产普遍使用，促使农业大丰收和有效防止传染病。后来研究发现DDT的使用会造成严重的环境污染。1962年，美国海洋生物学家蕾切尔·卡森（女）出版的《寂静的春天》，总结了世界各地DDT和人体健康相关研究的结果，第一次提出了20世纪人类生活中的一个重要问题——环境污染。如今，地球面临第六次物种大灭绝，全球变暖、臭氧层消失，无不证明了卡森做出的悲剧预言的正确性。20世纪70年代美国、瑞士绝大多数国家明令禁止使用DDT。联合国通过了世界环保和人类生活上具有里程碑意义的公约，禁用DDT等12种化学物质。但是由于DDT是对付疟疾最经济、最有疗效的一种药剂，目前非洲大多数的国家仍在使用DDT。2002年世界卫生组织宣布，重新启用滴滴涕用于控制蚊子繁殖，预防疟疾、登革热和黄热病等疾病。

1.6 “化学刀”的发明者——沃纳·亚伯

“设计婴儿”又称“治疗性试管婴儿”或“设计试管婴儿”，是指为确保婴儿具有某些长处或者避免某些缺陷，在出生以前就对他（她）的基因构成进行选择的那一类孩子。植入前遗传诊断（PGD）是设计婴儿的前提，胚胎植入前遗传诊断进入医学应用领域已有15年的历史。该技术进入医学应用领域，大约1000名婴儿通过这种技术降生到这个世界。这项技术是由英国哈默史密斯医院温斯顿爵士领导的一个研究小组于1989年开发的，可以帮助具有基因疾病的夫妇拥有健康的孩子。所谓的胚胎植入前遗传诊断就是医生通过体外受精的方法，制造出多个胚胎，然后通过基因筛选，从中挑选出合适的胚胎植入母亲的子宫孕育“宝宝”。基因筛选技术主要手段为DNA限制酶和DNA连接酶。

沃纳·亚伯（1929年— ），瑞士微生物学家和遗传学家。他毕业于苏黎世高

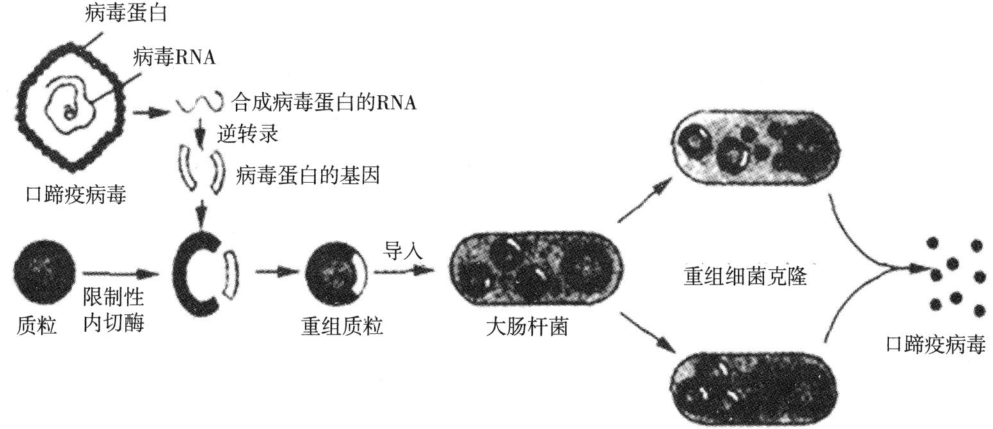

图 5-2　DNA 限制酶

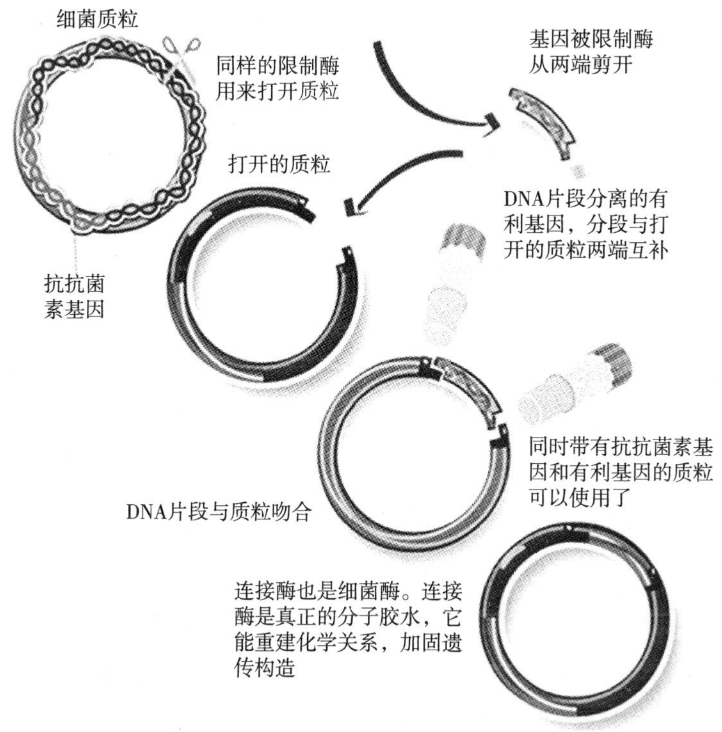

图 5-3　DNA 连接酶

等技术学校。1953—1958 年，他任日内瓦大学生物物理实验室助理研究员。20 世纪 50 年代末至 60 年代初，他与同事在萨尔瓦多·卢里亚（1969 年诺贝尔奖得主）的研究基础上，进一步进行噬菌体在寄生体内发生的可遗传的突变的研究。他发现细菌体内存在可改变噬菌体 DNA 结构的限制性内切酶，并将其用于分子遗传学研究。1962 年，他被聘为分子遗传学特聘教授。1970—1971 年，他任美国加利福尼亚大学分子生物学系特邀研究员。1971 年后，他任巴塞尔大学微生物学教授。这种限制酶最早曾由亚伯提出，是一种能将 DNA 切割成特定碎片的“化学刀”。它能在 DNA 中识别出特定的碱基序列，并能像剪刀一样“切割”出所识别的碱基序列。由此，丹尼尔·内森斯实现了将 DNA 分解成其组成部分的可能，为基因工程解决发育生物学的基本问题，理解、预防与治疗先天性缺陷、遗传疾病及癌症开拓了新的道路，催生了设计婴儿的诞生。因限制酶的发现以及关于重组 DNA 技术的发展研究，亚伯于与美国微生物学家丹尼尔·内森斯和汉弥尔顿·史密斯，共同获得 1978 年诺贝尔生理学或医学奖。

1.7 红十字会之父——亨利·杜南

亨利·杜南（1828—1910 年），瑞士商人和人道主义者。杜南以创立国际红十字会获得 1901 年度第一届诺贝尔和平奖，后人尊称他为“红十字会之父”。1849 年，他 21 岁时因为糟糕的成绩被迫离开学院去一家典当行当学徒。圆满结束学徒生涯后，他进入了一家银行成为一名雇员。1856 年，他在阿尔及利亚创建一个商业运作公司，从事玉米种植和贸易。1859 年，他于出差途中目睹了索尔弗利诺战役的伤兵惨状和残酷后果。后来，他在自己的著作《索尔弗利诺回忆录》中记录了这段经历，书中的设想最终促成了 1863 年红十字国际委员会的创立。他的提议得到雨果的声援，甚至连拿破仑三世都赞同他。1864 年的《日内瓦公约》也是以杜南的思想为基础制定的。1867 年，第一届国际红十字大会在巴黎举行。作为国际委员会的代表，杜南在会上首次提出 1864 年日内瓦公约所采纳的人道主义原则应扩大适用于战俘。1867 年由于他经营的公司破产，使他负债累累。在此后的 12 年里，他简直成了流浪汉，经常睡在亭子间或公园里，贫病交加。1892 年，他最终住进海登地区医院而不被人知晓。在那里度过了他生命的最后 18 年。但也正因为这项“与己无关”的事业，他得到了全人类的尊敬和爱戴，正是“先天下之忧而忧，后天下之乐而乐”的典范。1901 年，挪威政府授予他第一届诺贝尔和平奖。1903 年，他在海德堡大学医学院获得名誉博士学位。虽然晚期的杜南很贫穷，但他一直没有动用诺贝尔奖所提供的奖金，最后他把大部分的奖金捐给了挪威与瑞士的慈善事业。杜南终身未婚，他成为一位不可不知、舍己济世的伟大人物，开辟了一项誉满全球、造福全人类的伟大事业。日内瓦公约明文指出红十字标志系掉转瑞士国旗的颜色而成。这样做是为了对日内瓦公约发祥地瑞士表示敬意。从此，红十字的旗帜在世界各国高高飘扬，人们看到红十字，就想到人道主义。红十字会多次荣获诺贝尔和平奖。

第二节　德国崛起及其诺贝尔奖得主

2.1　德国引领世界的优势和国力

德国北邻丹麦，西部与荷兰、比利时、卢森堡和法国接壤，南邻瑞士和奥地利，东部与捷克和波兰接壤。德国人的祖先是日耳曼人。18 世纪初普鲁士崛起，根据 1815 年维也纳会议，组成德意志邦联。1848 年，德国各地爆发革命，首相俾斯麦领导了艰苦卓绝的内政、军事和外交斗争。1864—1870 年，最终通过对丹麦、奥地利和法国的战争，于 1871 年 1 月在凡尔赛宫宣告成立德意志帝国。俾斯麦也同时出任德意志帝国的宰相。德国比西方的其他国家更晚走上帝国主义、争夺殖民地的道路。由于俾斯麦遵循欧洲大国的均衡原则，为德国带了宝贵的和平发展空间，加上一直以来高度重视教育、科技，使德意志迅速站在第二次工业革命的前沿，用 30 多年的时间超过英国，成为欧洲第一、世界第二大经济强国。但是，随后德国很快成为两次世界大战的策源地。“二战”德国战败，分裂成东、西两个德国，直到 1990 年“推倒这堵墙！”（美国总统里根名言）后，最终以和平的方式实现两德统一。

德意志民族产生了许多对世界发展影响深远的思想家、哲学家和文学家，例如德国法哲学开创者塞缪尔·普芬道夫（1632—1685 年），德国古典哲学创始人伊曼努尔·康德（1724—1804 年），著名教育家威廉·洪堡（1767—1835 年），唯心论哲学的代表格奥尔格·黑格尔（1770—1831 年），军事理论家卡尔·克劳塞维茨（1780—1831 年），哲学家、唯意志主义的创始人亚瑟·叔本华（1788—1860 年），马克思主义的创始人卡尔·马克思（1818—1883 年），哲学家、西方现代哲学的开创者弗里德里希·尼采（1844—1900 年），政治经济学家、官僚制度理论的奠基人 M. 韦伯（1864—1920 年），哲学家、20 世纪存在主义哲学的创始人马丁·海德格尔（1889—1976 年），当代最有影响力的思想家尤尔根·哈贝马斯（1929 年—　），著名思想家、作家约翰·歌德（1749—1832 年），音乐大家约翰·巴赫（1685—1750 年），著名音乐家路德维希·贝多芬（1770—1827 年），著名作曲家舒曼（1810—1856年），著名诗人海涅（1826—1830年）和文豪保尔·托马斯·曼（1875—1955年）等。哲学家黑格尔说过："一个民族有一些关注天空的人，他们才有希望；一个民族只是关心脚下的事情，那是没有未来的。"德意志民族两次从战败中重新复兴，正是因为这些思想家、哲学家、教育家和社会学家等以其高瞻远瞩的智慧引领德意志民族走向未来。

德国是科技、教育强国，重视对国民素质的教育。普鲁士国王威廉三世曾说过："正是由于穷困，所以要办教育。"这句掷地有声的话，足以震烁古今。在这个教育普及的国家中，仅慕尼黑大学就以34名诺贝尔奖得主在全球院校诺贝尔奖排名中排第13名、柏林洪堡大学就有29位科学家加冕过诺贝尔奖。威廉·洪堡的大学理念至今影响世界。在德国实行的是终身免费教育，如果不接受教育，反而会处以惩罚。如此重视国民教育的结果，就注定德国领导第二次工业革命，成为当时继美国和日本之后的第三大经济强国。始建于1884年的德国联邦技术物理研究所是国际上规模最大、威望最高和成效最大的由政府资助的自治的科学组织，在国际上享有盛誉的著名实验室更被喻为"科研领域的麦加"。它共有81个研究所，涉及物理技术、生物医学、基础科学技术与人文三个学科领域，致力于国际前沿与尖端的基础性研究工作。在那个黄金时期，德国是世界科学的中心。马克斯·普朗克协会下属研究所共有32名研究人员先后获得诺贝尔奖：发明狂犬病疫苗的路易·巴斯德、发现结核杆菌的罗伯特·科赫、发现DNA结构的克里克、创立动物行为学的康拉德·劳伦兹和发现血液循环的威廉·哈维，等等。希特勒独裁统治时期，对犹太民族科学精英的残酷迫害，摧毁了德国的科学优势，助力美国成为世界科学的中心。

德意志民族是一个思维严谨、非常懂得自我反省的民族，承认自己在战争期间犯的错误，赔偿所有应付的补偿。德国将自己在世界大战的历史真相公之于众，得到世界各民族的认同。1970年，时任联邦德国总理的勃兰特（1971年诺贝尔和平奖得主）在波兰集中营纪念地长跪忏悔，真实地展示了这样的精神，"跪下去的是勃兰特，站起来的是德国！这样的总理，才能永垂史册，这样的国家，才能熠熠生辉"。只有正视历史，直面失败，历史才不会重演，成功才会到来。在经济全球化和区域一体化的时代潮流中，法国和德国化解百年恩怨、携手开启的欧洲新秩序，法国启蒙思想家伏尔泰和卢梭统一欧洲的思想终于成为现实，欧盟为和平与合作的国家发展模式提供了时代的范本，因而获得贝尔和平奖的殊荣。

德国是一个高度发达的资本主义国家，欧洲四大经济体之一，是欧盟的创始成员国之一，还是北约、申根公约、八国集团、联合国等国际组织的重要成员国。宪法确定德国五项基本制度：共和制、民主制、联邦制、法制国家和社会福利制度。国家政体为议会共和制。议会由联邦议院和联邦参议院组成。联邦议院行使立法权，监督法律的执行，选举联邦总理。实行多党制，主要政党有 8 个。国土面积 35.7 万平方公里，小于我国的云南省，人口数量 8110 万（2014 年年底），GDP 总计 3.85 万亿美元（2014 年，国际汇率），人均 GDP 为 47627 美元（2014 年，国际汇率）。自 1883 年开始实施强制疾病保险《疾病保险法》，其社会保障制度完善，国民具有极高的生活水平。在基础科学与应用研究方面十分发达，以理学、工程技术而闻名的科研机构和发达的职业教育支撑了德国的科学技术和经济发展。著名公司有戴姆勒 - 克莱斯勒、大众汽车、西门子、宝马、蒂森 - 克虏伯、拜耳和德意志银行等。著名大学有海德堡大学、慕尼黑大学、柏林洪堡大学、慕尼黑工业大学、斯图加特大学和波恩大学等。截至 2017 年，德国获得的诺贝尔奖有物理学奖 22 个、化学奖 28 个、生理学或医学奖 14 个、经济学奖 1 个、文学奖 8 个、和平奖 5 个，总计 78 个。每百万人产生 0.962 个诺贝尔奖，诺贝尔奖总数占世界第三位。

2.2 X 光之父——威廉·伦琴

X 射线是由于原子中的电子在能量相差悬殊的两个能级之间的跃迁而产生的粒子流，是波长介于紫外线和 γ 射线之间的电磁波。波长小于 0.1 埃的称超硬 X 射线，在 0.1 ~ 1 埃范围内的称硬 X 射线，1 ~ 100 埃范围内的称软 X 射线。X 射线具有很高的穿透本领，能透过许多对可见光不透明的物质。它是 19 世纪末 20 世纪初物理学的三大发现之一，这一发现标志着现代物理学的产生。

威廉·伦琴（1845—1923 年），德国实验物理学家。1865 年，他入读瑞士苏黎世联邦工业大学机械工程系，1869 年以论文《气体的特性》获苏黎世大学哲学博士学位，并担任著名实验物理学教授奥古斯特·孔脱（首创声速测量法）的助手。1894 年，他任维尔茨堡大学校长兼物理研究所所长。1900 年，他任慕尼黑大学物理学教授和物理研究所主任。1540—1895 年，与 X 线的发现有关的科学家有 25 位，其中包括波尔、牛顿、富兰克林、安培、欧姆、法拉第、赫兹等。伦琴在他们的基础上加上自己的努力探索终于取得成功。1895 年，他发表的以《关于一种新的射线》为题的论文以严谨的文笔，将 7 个星期的研究结果，写成 16 个专题。因发现 X 射线，伦琴获得 1901 年诺贝尔物理学奖。

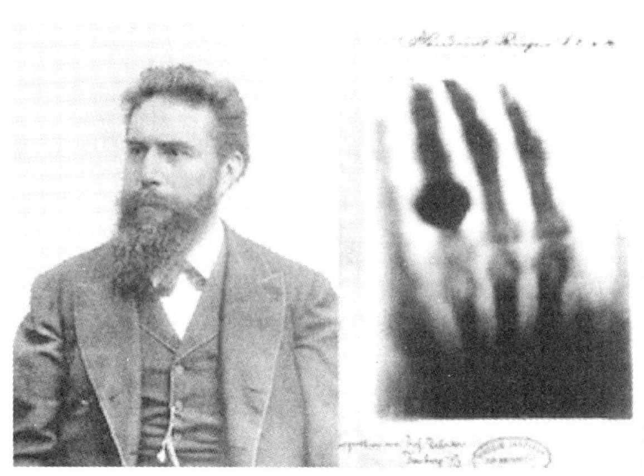

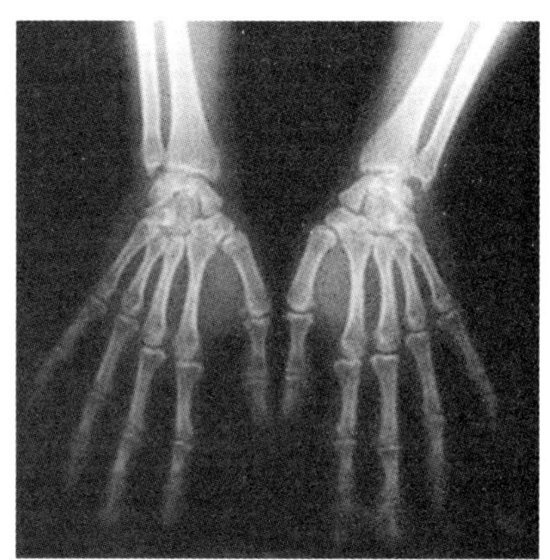

图 5-4　伦琴、他妻子手戴戒指和人类双手 X 光照片

直到今天，伦琴射线最重要的应用领域仍是医学诊断。在现代数字技术的帮助下，伦琴射线诊断已经可以提供人体内部三维图像。除了在医学上的应用，伦琴射线还应用在微观世界的观察和对太空的研究。此外，伦琴射线在材料无损探伤领域应用广泛。伦琴 50 年中共发表 50 多篇论文。他的发现不仅对医学诊断有重大影响，同时也影响了 20 世纪许多重大科学成就的出现。伦琴射线是人类发现的第一种所谓“穿透性射线”，这是他为人类奉献的一份最珍贵的礼物，但他本人拒绝将这种射线命名为伦琴射线，更愿意称为 X 射线。伦琴谦虚的态度、高尚的品格不愧是科学界光辉的楷模。他谢绝了贵族的称号，不申请专利，不谋求赞助，使 X 线的应用得到迅速发展和普及，可谓“出师一表真名世，千载谁堪伯仲间”。他生前和逝世后所获得的各种荣誉不下于 150 项。如果对伦琴的成就做出估价是很困难的，但直到今天，为了纪念伦琴的成就，X 射线在许多国家仍被称为伦琴射线，另外第 111 号化学元素 Rg 也以伦琴的名字命名。

X 射线的发现极大地推动了科学进展：1896 年，法国安东尼·贝克勒尔（1903 年诺贝尔物理学奖得主）发现天然放射性；1905 年，英国查尔斯·巴克拉（1917 年诺贝尔物理学奖得主）发现 X 射线的偏振现象；1912 年德国物理学家冯·劳厄（1914 年诺贝尔物理学奖得主）发现 X 射线通过晶体时产生衍射现象，证明 X 射线的波动性和晶体内部结构的周期性；英国威廉·布拉格和劳伦斯·布拉格父子（1915 年诺贝尔物理学奖得主）成功地解释劳厄的实验事实，创立了一个极重要和极有意义的科学分支——X 射线晶体结构分析，此项新技术的应用为稍后的 DNA 双螺旋结构的发现奠定了基础。从此，利用伦琴射线的研究已成“急湍甚箭，猛浪若奔”之势，成就了多位诺贝尔奖得主：瑞典曼内·西格巴恩（1924 年）、美国 A·H·康普顿（1927 年）、英国弗朗西斯·克里克（1962 年）、美国詹姆斯·沃森（1962 年）、英国莫里斯·威尔金斯（1962 年）和多萝西·霍奇金（1964 年）等。伦琴的 X 射线至今已造就 11 位诺贝尔奖得主，迄今还没有一项科学发现能与之媲美！

2.3 测不准原理的发现者——沃纳·海森堡

沃纳·海森堡（1901—1976 年），德国著名物理学家，量子力学的主要创始人。1920 年，他考入慕尼黑大学，先后在阿诺德·索末菲（量子力学与原子物理学的开山鼻祖人物）、威廉·维恩（诺贝尔物理学奖得主）、马克斯·玻恩（诺贝尔物理学奖得主）和希尔伯特等指导下攻读物理学。1923 年，他获得慕尼黑大学理论物理学博士学位。从 1924—1927 年，他在哥本哈根与丹麦物理学家尼尔斯·玻尔共事，成为亦师亦友的亲密关系。此时，玻尔正受到用玻尔－索末菲原子模型来探索光谱线及其在电场和磁场的分裂问题困扰，海森堡的思想让玻尔的长期困惑迎刃而解。他首先从玻尔的对应原理出发，从中找到数学根据，使这一原理由经验原则提升为研究原子内部过程的科学方法。1925 年，海森堡发表发表题为《关于运动学和力学关系的量子论新释》的论文，将一类新的数学量引入了物理学领域，从而创立了量子理论。他得益于爱因斯坦相对论的思路而创立了矩阵力学，并提出不确定性原理及矩阵理论。1927 年，他所得出的成果之一、著名的“测不准原理”被认为是科学领域中道理最深奥、意义最深远的原理之一。测不准原理所起的作用就在于它证明了我们的科学度量能力在理论上存在某些局限性。由于在量子力学的创立中所起的作用，海森堡 1932 年荣获诺贝尔物理学奖。测不准原理在量子学研究中有许多实际应用，例如电子显微镜、激光器和半导体等现代仪器；在核物理学和原子能领域里也有许多应用；以它构成的光谱学知识基础，被广泛地用于天文学和化学领域；它还用于对各种不同论题的理论研究，诸如液态氦的特性、星体的内部构造、铁磁性和放射性；等等。海森堡的主要著作有《论量子力学》和《自然规律与物质结构》等。他的《量子论的物理学基础》是量子力学领域的一部经典著作，为现代物理学和哲学做出了不可磨灭的贡献。

“二战”开始后，海森堡被纳粹德国委以重任，负责领导研制原子弹，与奥托·哈恩（诺贝尔物理学奖得主、核裂变发现者）一起研制核反应堆。但直到战争结束，德国也没有造出原子弹。“二战”后，海森堡在促进原子能和平应用上做出了很大贡献。1957 年，他和其他德国科学家联合反对用核武器武装德意志联邦共和国军队。但是，他在整个物理界是非常不受欢迎的一个人物，他自己一直到死也搞不清楚为什么会到处受人憎恨。然而，他却在 1970 年因“在原子能和平利用方面做出了巨大贡献的科学家或工程师”获得“玻尔国际奖章”。就像海森堡发现的“测不准原理”一样，他本人也同样让世人感到困惑和不解。

2.4 直面阿贝极限的年轻挑战者——斯特凡·黑尔

当 17 世纪的科学家们第一次在光学显微镜下，看到血红细胞、细菌、酵母菌以及游动的精子这些活生生的生物时，光学显微成像技术在他们的眼前打开了崭新的世界。从此，光学显微镜成为生物学研究领域最重要的工具之一。1873 年，德国物理学家恩斯特·阿贝提出传统显微成像技术的物理极限值：分辨率永远不能超过 0.2 微米。在 20 世纪的绝大多数时间里，科学家们都相信光学显微成像技术将永远无法突破“阿贝极限”。

斯特凡·黑尔（1962 年—　），德国物理学家。他出生于罗马尼亚，后随全家移居德国。但黑尔与罗马尼亚的联系从未间断过。正如黑尔所说，“无论走到哪里，出生地永远是一个留在你心灵深处的地方”。1990 年，他获得海德堡大学物理学博士学位，28 岁的黑尔一直在设想超越阿贝极限的方法。巴尔扎克曾说过：“在人类事业的顶峰上神游过之后，我发现还有无数高山需要攀登，无数艰难险阻需要克服。”他的研究最开始时，德国几乎所有顶尖科学家都对他的想法持怀疑态度。黑尔敢于

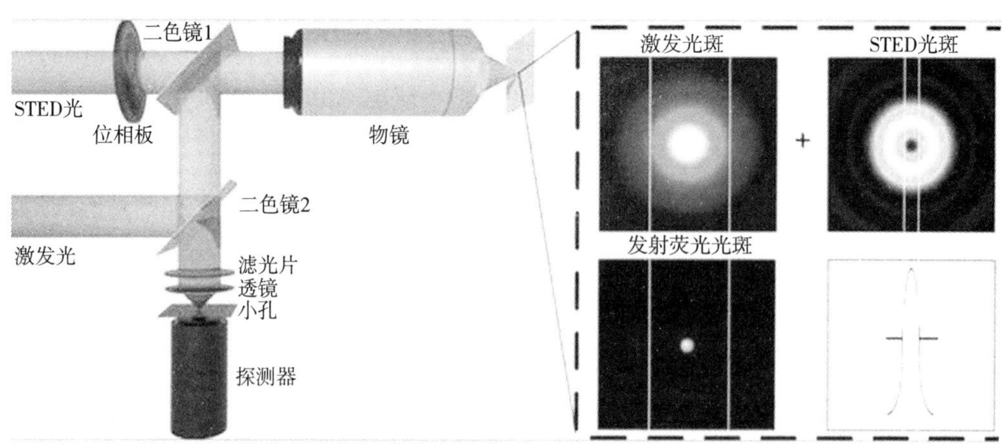

图 5-5　超分辨率显微技术原理

挑战权威、挑战已有规律。当时，黑尔转向北方的芬兰寻求支持。芬兰图尔库大学一名主攻荧光显微成像技术的教授在自己研究组里给他一个职位。1993—1996年，他在图尔库大学的物理医学系从事研究工作，专攻所谓荧光显微成像学——科学家们借助荧光分子对细胞的局部进行成像的技术方法。他意识到应当有可能制成一种装置，其使用纳米闪光灯以每次1纳米的速度扫过样品。利用受激发射原理，科学家们可以冷却荧光分子，黑尔将一束激光束对准一个分子，后者立即失去能量并变得暗淡。黑尔从受激发射原理的启发，开发"激发射减损技术（STED）"，即采用闪光来激发所有的荧光分子，随后利用另外一次闪光让那些位于中部位置上纳米尺度空间内以外的所有分子荧光熄灭。1994年，黑尔最先从原理和技术上实现了超分辨率。

可以说，STED是超分辨率显微技术的一大突破。1997年，他成为马克斯·普朗克学会的生物物理化学研究所的研究员。2003年至今，黑尔出任德国癌症研究中心高分辨率光学显微技术部门主任。黑尔先后获德国雷宾赫激光技术奖和德国科学技术最高奖——莱布尼茨奖。因开发出超分辨率荧光显微镜，斯特凡·黑尔与美国科学家埃里克·贝齐格和威廉·莫纳共同荣获2014年诺贝尔化学奖。据他本人说，当接到电话通知时，他正在安静地阅读一篇科研论文，以为打来的是一个恶作剧电话。"幸运的是，我记得瑞典皇家科学院常任秘书——诺尔马克教授的声音，我意识到他旁边还有其他人……才认为这是真的。"对这意外的喜讯，黑尔没有陷入癫狂，而是挂好电话泰然自若地继续阅读论文，没有去理会如潮水般涌来的电话和采访请求。2012年，他获得阿拉德西部大学荣誉博士称号；同年，年仅50岁的黑尔成为罗马尼亚科学院荣誉院士。

2.5 敲开人工核裂变大门——奥托·哈恩

奥托·哈恩（1879—1968年），德国放射化学家和物理学家。1901年，他获马尔堡大学博士学位。1904—1905年，曾先后在W.拉姆塞和E.卢瑟福两位诺贝尔奖得主的指导下进修。在拉姆塞的劝导下，哈恩投身放射化学这一新的领域做深入的探索。1905年，他前往麦吉尔大学向卢瑟福教授求教。1904年，哈恩从镭盐中先后分离出多种新的放射性物质射钍（228Th）、射锕（227Th）等和一些被称为放射性淀质的核素，为阐明天然放射系各核素间的关系起了重要作用。1907年，他遇到奥地利女物理学家莉泽·迈特纳，从此两人开始了长达30年卓有成效的合作。

哈恩一生中最大的贡献是1938年和德国物理学家弗里茨·斯特拉斯曼一起发现核裂变现象，揭示了利用核能和核武器的可能性。哈恩和斯特拉斯曼在仔细鉴定核反应产物后，肯定其中之一是放射性钡，但也不敢肯定这就是裂变。他把实验结果和自己的想法写信告诉莉泽·迈特纳，莉泽·迈特纳和奥托·弗里施根据尼尔斯·玻尔的液滴模型，第一次画出了重核分裂的示意图，认为像铀这样的重核是不稳定的，它的巨大静电排斥力使它可能分裂为两半。莉泽·迈特纳在复信中明确指出：这是铀核的裂变。他们还利用爱因斯坦公式第一次估计出裂变释放能为200MeV。随后，弗里施用电离室验证了裂变。她明确指出："这种现象可能就是我们当初曾设想过的铀核的一种分裂。"后来，哈恩经多次试验验证，终于肯定了这种反应就是铀235的裂变。奥托·弗里施后来在英国继续研究原子弹，提出浓缩铀235的方法。但是，最后哈恩可耻的背叛了莉泽·迈特纳，自己独吞了诺贝尔奖，对莉泽·迈特纳的贡献只字不提。之后，玻尔正式写信给《自然》杂志："这个成就应归功于迈特纳和弗里施。"但是，发现核裂变的1944年诺贝尔化学奖却只给予哈恩，其实他并不理解发现了什么。而迈特纳和弗里施一开始就洞察到本质，正确地预言了裂变的细节，包括释放出的核能大小。可惜他们一直不被科学史所承认，难怪在几十年后仍会有人出来鸣不平。纳粹德国让海森堡和他领导研究原子弹。纳粹德国战败后，1945年春，他和海森堡等几位原子科学家被送往英国拘禁。1946年年初，哈恩获释回德国后担任威廉皇帝协会会长。人工核裂变的试验成功，是近代科学史上的一项伟大突破，它开创了人类利用原子能的新纪元，具有划时代的深远历史意义。他的主要著作有《应用放射化学》和《新原子》等。

2.6 细菌学开山鼻祖——罗伯特·柯赫

传染病是人类健康的大敌。从古至今，鼠疫、伤寒、霍乱、炭疽病和肺结核等许多可怕的病魔夺去了人类无数的生命。人类要战胜这些凶恶的疾病，首先要弄清楚致病的原因。第一个发现传染病是由病原细菌感染造成的人就是罗伯特·科赫，他堪称世界病原细菌学的开山鼻祖，科赫为研究病原微生物制订的严格准则被称为科赫法则，全世界沿用至今。科赫对医学事业所作出的开拓性贡献，使他成为世界医学领域巨匠，令德国人感到骄傲无比。

罗伯特·柯赫（1843—1910年），德国医生和细菌学家，世界病原细菌学的奠基人和开拓者。1866年，科赫获哥廷根大学医学博士学位，1870年开始从事病原微生物研究。1876 年，他用 3 天时间以公开表演实验的方式证明炭疽杆菌是炭疽病的病因，并报告了炭疽病菌的生活史是从“杆菌—芽孢—杆菌”的循环，芽孢可以放置较长时间而不死。他认为每种病都有特定的病原菌，纠正了当时认为所有细菌都是同一种的观点，从而兴起了对疾病生源的研究。他所创立的柯赫学派在 19 世纪最后 20 年中发现了多种病原菌。他所在的柏林大学卫生研究所和巴黎的巴斯德研究所都是当时国际上微生物学的研究中心。1882 年，他出版了有关结核杆菌的经典著作。1883 年，他被任命为德国霍乱委员会主席，并被派往埃及调查那里的霍乱暴发流行情况，发现霍乱病原菌是形如逗号的霍乱弧菌，并发现该菌经过水、食物和衣服等途径传播。他提出控制霍乱流行的法则，这些法则于 1893 年被各大国批准并形成至今仍沿用的控制霍乱方法的基础。他的这项研究工作也对保护饮水规划有重大影响。1891—1899 年，他还在埃及和印度等地研究了鼠疫、疟疾和非洲海岸病等疾病。他不仅发现了许多病原体，而且许多细菌学研究的基本原则和技术都是他奠定的。他在医学宝库中增添了近 50 种诊治人和动物疾病的方法，被授予德国皇冠勋章。他创造了包括第一次发现炭疽热的病原细菌——炭疽杆菌等在内的病原细菌学领域的十个世界第一。1905 年，他发表了控制结核病的论文。由于在关于结核病方面的研究和发现，柯赫独享 1905 年诺贝尔生物学或医学奖。

2.7 心脏导管术发明者——沃纳·福斯曼

心血管疾病泛指由于高脂血症、血液黏稠、动脉粥样硬化和高血压等所导致的心脏及全身组织发生的缺血性或出血性疾病。心血管疾病是一种严重威胁人类，特别是 50 岁以上中老年人的常见病，具有高患病率和高死亡率的特点。全世界每年死于心脑血管疾病的人数高达 1500 万人，在各种死因中仅次于癌症。根据我国国家心血管病中心推算，2014 年我国心血管病患者 2.9 亿人，5 个成年人就有 1 位心血管病患者。心血管病是我国居民首位死因。目前治疗心血管疾病的最主要手段就是心脏导管术。心脏导管术常用来决定在冠状动脉疾病、先天性畸形、心力衰竭、急性心肌梗死或传导异常患者中机械干预技术的可行性。心脏导管术经历了金属支架、镀膜支架和生物可溶性支架几代发展。可溶性支架由一种特殊的可溶解材料制成，在植入血管后 2 年内将完全溶解成水和二氧化碳，不像金属支架会一直留在体内，还能够帮助重建血管功能，降低血管的再堵塞概率。

沃纳·福斯曼（1904—1979 年），德国外科医生和泌尿科医师，心脏导管的发明人。他在弗里德里希－威廉大学读医学，该大学是今天洪堡大学的前身。1928 年，他通过了国家考试，1929 年获得医生执照。在柏林附近的奥古斯特·维多利之家实习期间，他突发奇想：传统的心脏检查方法，诸如叩诊法、X 射线透视法、心电描记法等，对心脏外科的诊断和适应证来说都不够理想，需要发明一种触及心脏内部的方法，用以测量压力，便于检查氧气和二氧化碳含量，给有生命危害的患者使用速效药，以及使用 X 射线造影剂查出心脏的解剖学情况和血流状态。他发明了心脏导管术为研究循环系统病理变化开辟了新道路，这时他年仅 25 岁。

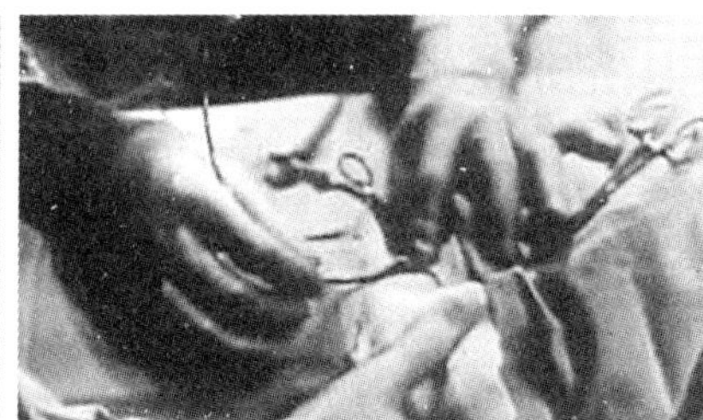
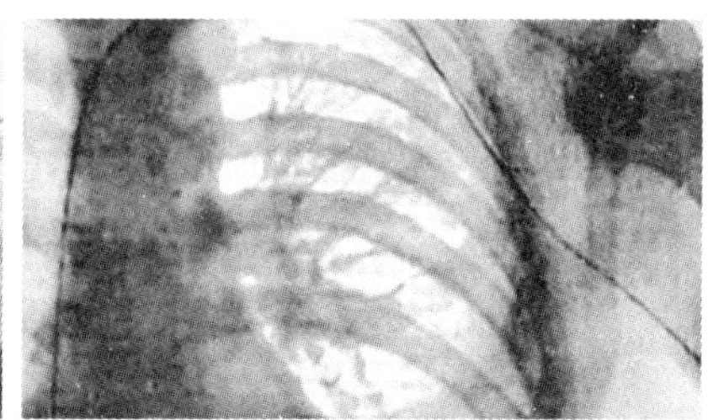

图 5-6　中年福斯曼、历史上第一例心脏导管术和心脏 X 光照片

他在自己的左肘窝局部麻醉下切开肘前静脉，把导管插入静脉，并沿着静脉血管向前推进，然后借助于身边 X 光荧光屏前面的一面镜子观察，终于将导管推进了自己的右心房，还摄下了 X 线照片。在整个实验中，他没有感到痛苦，只有些温暖的感觉，就如同注射钙剂后的感觉一样。福斯曼以“生当作人杰，死亦为鬼雄”的气概勇往直前，先后在自己身上做了九次类似实验，用尽了所有的周围浅静脉，并且他曾将浓碘化钠溶液注入导管内，拍摄到极淡的右心造影照片。他据此撰写题为《右心导管检查术》的论文，报告了他的心脏导管术及其在诊断治疗上的作用。遗憾的是，他开创性的工作并未受到广泛的认可。不久后，因为他未经许可就进行了心脏插管术，被革除了在奥古斯特·维多利之家的职位。当时，心脏导管检查术在德国并未受到医界的重视和支持。20 世纪 30 年代早期，他放弃他的实验研究成为肺部外科医生和泌尿科医师。1932 年他加入纳粹党，在“二战”中他担任外科卫生军官，战时还曾被关进过战俘营。“二战”后，由于他的纳粹经历使他有一段时间找不到工作。后来，他获得泌尿学门诊部医生职位。在 20 世纪 60 年代，美国医生安德烈·考南德和迪肯森·理查兹在美国大力推广应用心脏导管术，从而得到医学界的广泛认可。因此，福斯曼与美国医生安德烈·考南德和迪肯森·理查兹一起“为他们发明心脏导管术和发现循环系统的病态变化”，共同分享 1956 年诺贝尔生理学或

医学奖。1954 年，德意志民主共和国科学院首次为他在心脏学的贡献向他授予“莱布尼茨奖”。1977 年，洪堡大学医科授予他名誉博士学位。福斯曼以血肉之躯，置生死于度外，终于获得诺贝尔奖级的成就。

2.8 荣耀的赫兹家族

古斯塔夫·路德维格·赫兹（1887—1975 年），德国物理学家，量子力学的先驱。1911 年，他获得柏林洪堡大学博士学位，导师是海因里希·鲁本斯（声学物理学家、鲁本斯管发明者）。1913 年，他被任命为柏林物理研究所的助理研究员，但是由于“一战”爆发，他在 1914 年应征入伍，在 1915 年的一次行动中严重受伤。1917 年，赫兹回到柏林担任讲师。1920—1925 年，他在埃因霍温飞利浦白炽灯厂的物理实验室工作。1925 年，他被任为哈勒大学物理研究所的教授和主任。1928 年，他再次回到柏林任夏洛特堡工程大学（即现在的柏林工业大学）物理研究所主任。出于政治原因，他在 1935 年辞职回到工业界，在西门子公司的研究实验室任主任。后来他又前往莱比锡大学的物理研究所任教授和主任。他早期的研究涉及对二氧化碳的红外吸收与压力和局部压力的关系。1912—1913 年，他与同在柏林大学任教的詹姆斯·弗兰克完成了电子碰撞的弗兰克 - 赫兹实验，赫兹提出电子在与原子碰撞时，谱线群和能量损失相对于原子静态能量状态的定量关系，这一结果与玻尔关于原子结构的理论完全一致，后来成为玻尔原子理论和普朗克量子理论正确性的重要证据。弗兰克 - 赫兹实验为能级的存在提供了直接的证据，对玻尔的原子理论是一个有力支持。1913 年，弗兰克和赫兹在柏林大学合作，研究电离电势和量子理论的关系。他们得到了一系列气体，例如氦、氖、氢和氧的电离电势。后来他们又特地研究了电子和惰性气体的碰撞特性。因阐明原子受电子碰撞的能量转换定律，他和詹姆斯·弗兰克共同获得 1925 年诺贝尔物理学奖。

海因里希·赫兹（1857—1894 年），德国物理学家、古斯塔夫·赫兹的伯父。他是古斯塔夫·基尔霍夫（提出著名的基尔霍夫电流定律和基尔霍夫电压定律，解决了电器设计中电路方面的难题）和赫尔曼·范·亥姆霍兹（提出亥姆霍兹自由能、亥姆霍兹偏微分方程）的学生。1880 年，他获得博士学位，但继续跟随亥姆霍兹学习。1885 年，他任卡尔斯鲁厄大学教授。他依照麦克斯韦理论，利用电扰动能辐射电磁波，设计了一个简单的检波器来探测此种电磁波。结果他发现检波器的电火花隙间确有小火花产生；利用锌钣将入射波与反射波重叠应产生驻波。他先求出振荡器的频率，又以检波器量得驻波的波长，二者乘积即电磁波的传播速度。正如麦克斯韦预测的一样，电磁波传播的速度等于光速。1888 年，他的实验成功了，麦克斯韦理论也因此获得了耀眼夺目的光彩。1886—1888 年，他证明了无线电辐射具有波的所有特性，并发现电磁场方程可以用偏微分方程表达。1887 年，他还通过实验确认了电磁波具有与光类似的特性，如反射、衍射等，并且实验了两列电磁波的干涉，同时证实了在直线传播时电磁波的传播速度与光速相同，从而全面验证了麦克斯韦的电磁理论的正确性，得出麦克斯韦方程组的现代形式。1888 年，他将这些成果总结在《论动电效应的传播速度》一文中。他的实验公布后，引起全球科学界的轰动。由法拉第开创、麦克斯韦总结的电磁理论，至此才取得决定性的胜利。1888 年，他的发现具有划时代的意义，成为近代科学史上的一座里程碑。它不仅证实了麦克斯韦发现的真理，更重要的是开创了无线电电子技术的新纪元，后经俄国物理学家亚历山大·波波夫和意大利物理学家伽利尔摩·马可尼分别成功地进行了无线电通信试验，共同推开无线电应用的大门。他对人类文明做出了重大贡献，然而 1894 年元旦他因血液中毒逝世，年仅 36 岁，距离诺贝尔奖第一次颁奖时仅仅差了 6 年。他短暂的一生，犹如流星在深邃的夜空发出璀璨的光辉。正如他对上帝的祷告：“主啊，你知道！”历史证明上帝惦记了他的祷告。后人为了纪念他，把“赫兹”定为频率的单位，其符号是 Hz。

2.9　20 世纪人道精神划时代的伟人——阿尔贝特·施韦泽

阿尔贝特·施韦泽（1875—1965 年），德国哲学家、医生、管风琴演奏家、当代具有广泛影响的思想家，20 世纪人道精神划时代的伟人。他青年时代多才多艺，不仅是一位神学和哲学双料博士，而且还是一位享有盛名的管风琴演奏家和巴赫音乐的研究家。1898 年，他在巴黎大学和柏林大学学习，获得哲学和神学博士学位。1901 年，他任斯特拉斯堡大学神学院院长。他具备哲学、医学、神学、音乐四种不同领域的才华，提出了“敬畏生命”的伦理学思想。他是一个了不起的通才、卓越成就的世纪伟人。辩证法的奠基人赫拉克利特有一句名言：人不能两次踏入同一条河流。他在 38 岁的时候获得了行医证和医学博士学位，他却放弃高贵的地位和优渥的生活，选择在非洲蛮荒丛林中行医。1913 年，他以医学博士的身份携新婚妻子海伦娜去法国殖民地赤道非洲的伦巴兰（今加蓬共和国境内），实践医学之父希波克拉底的名言：医生有三大法宝，第一语言，第二药物，第三手术刀。“以天使之心悬壶济世，以善良之本立身于世”，这是他初始从医的人生信条。他俩靠巴赫作品演奏会的收入在非洲加蓬创办兰巴雷内麻风病院，建立了丛林诊所。因在蛮荒丛林中行医达 50 多年，阿尔贝特·施韦泽独享 1952 年诺贝尔和平奖，被称为非洲之父、20 世纪人类良知的代表。他 1965 年去世，享年 90 岁。1957 年，他的传奇经历被拍成电影。

在非洲恶劣的条件下，他写下大量有关文化和伦理学的著作，创立了敬畏生命伦理学。这种伦理学后来被誉为“标志西方道德进步的一个里程碑”。施韦泽的著作众多，横跨几大领域而且均具有极高的专业性:《巴赫论》《文明的衰败与复兴》和《非洲杂记》等，其生命伦理学方面的代表作则是《敬畏生命》。他创立的以“敬畏生命”为核心的生命伦理学是当今世界和平运动、环保运动和动物保护运动的重要思想资源。敬畏地球上的一切生命，这不仅仅是因为人类有怜悯之心，而是世界上的一切生命都关乎人类的命运：只有敬畏自然，尊重生命，人类才不会成为生物大灭绝的第一块多米诺骨牌！当世界呈现出它的无限生机之际，你才会时时处处感受到生命的美好。

第三节　奥地利及其诺贝尔奖得主

3.1　奥地利引领世界的优势及其国力

奥地利东邻匈牙利和斯洛伐克，南邻意大利和斯洛文尼亚，西邻列支敦士登和瑞士，北邻德国和捷克。奥地利从中世纪开始到“一战”结束前曾是欧洲列强之一，更是统治中欧 650 年哈布斯堡王朝的所在地。随着普鲁士的崛起，奥地利与普鲁士之间开始了长期的争夺德意志地区霸权的斗争。同时，奥地利也先后伙同普鲁士及俄罗斯两次参与瓜分波兰（第一次和第三次）。1867 年，奥地利帝国更名为奥匈帝国。1908年，奥匈帝国吞并了波黑，引发了1914年的萨拉热窝事件，成为“一战”的导火索。1918 年，奥匈帝国解体后，奥地利宣布成立共和国。1938 年，纳粹德国实现德奥合并。1945 年，纳粹德国战败，奥地利被分别占领，直到 1955 年奥地利国家条约签订，奥地利第二共和国成立。

奥地利历史上产生了众多名扬世界的音乐家：海顿（1732—1809 年）、莫扎特（1756—1791 年）、舒伯特（1797—1828 年）、老约翰·施特劳斯（1804—1849 年）、小约翰·施特劳斯（1825—1899 年）、卡尔·车尔尼（1791—1857 年），还有出生于德国但长期在奥地利生活的贝多芬（1770—1827 年）等。这些音乐大师在两个多世纪中，为奥地利留下了极其丰厚的文化遗产，形成独特的民族文化传统。高雅恢宏、深情优美为世人所赞赏的古典音乐代表作品包括海顿的 G 大调第 94 号交响曲《惊愕》，莫扎特的《费加罗的婚礼》，舒伯特的《小夜曲》，老约翰·施特劳斯的《拉德斯基进行曲》，小约翰·施特劳斯的《美丽的蓝色多瑙河圆舞曲》……特别值得称道的是小约翰·施特劳斯，1866 年奥地利帝国在普奥战争中惨败，帝国首都维也纳的民众陷于沉闷、失望的情绪之中。为了摆脱这种情绪，小约翰接受维也纳男声合唱协会指挥赫贝克的委托，为他的合唱队创作一部"象征维也纳生命活力"的合唱曲。他这首合唱曲的歌词是请诗人哥涅尔特创作的。曲名取自诗人卡尔·贝克一首颂赞多瑙河青春和美丽的诗篇各段最后一行的重复句："你多愁善感，你年轻，美丽，温顺好心肠，犹如矿中的金子闪闪发光，真情就在那儿苏醒，在多瑙河旁，美丽的蓝色的多瑙河旁。香甜的鲜花吐芳，抚慰我心中的阴影和创伤，不毛的灌木丛中花儿依然开放，夜莺歌喉啭，在多瑙河旁，美丽的蓝色的多瑙河旁。"圆舞曲的旋律，抑或如晨曦照射下的河水微波荡漾，抑或同缓缓流淌的水面浮光跃金，抑或犹如翻滚喧哗的河水滔滔东去。小施特劳斯的圆舞曲之于维也纳人，犹如拿破仑的胜利之于法国人一样。这首圆舞曲抚慰了维也纳民众的心灵阴影和创伤，至今仍是新年音乐会保留曲目而恒久流传。奥地利的著名人物还有精神分析学派创始人西格蒙德·弗洛伊德（1856—1939 年）、小说家卡夫卡（1883—1924 年）等。至 2008 年止，奥地利共有 8 处世界遗产。奥地利以名扬世界的音乐作为国家软实力无出其右者。

奥地利是高度发达的资本主义国家，也是当今世界上最富裕的国家之一，1995 年加入欧盟，1999 年接受欧元。机械工业包括金属加工、机械和设备制造等，是奥地利最大的产业，产值约占奥地利工业产值的 1/4。特种机械、定制机械和锅炉建造是奥地利机械工业的核心竞争力。宪法规定为联邦制共和国和议会民主制下的总理负责制，总统是国家元首，由普选产生，任期 6 年。总理为政府首脑。议会由国民议会和联邦议会组成。实行多党制，主要政党有 5 个。国土面积 8.3854 万平方公里，与重庆市相当，人口数量 853 万（2014 年），GDP 总计 4363.44 亿美元（2014 年，国际汇率），人均 GDP 为 51127 美元（2014 年，国际汇率）。奥地利学龄儿童享受九年义务教育。凡持有高中毕业文凭者可免试上大学。著名大学包括维也纳大学、维也纳技术大学（创立于 1815 年）和格拉茨技术大学等。截至 2017 年，奥地利获得的诺贝尔奖有物理学奖 3 个、化学奖 2 个、生理学或医学奖 5 个、文学奖 1 个、和平奖 2 个，总计 13 个。

3.2 波动力学奠基人——埃尔温·薛定谔

埃尔温·薛定谔（1887—1961 年），奥地利理论物理学家，量子力学奠基人之一，发展了分子生物学。1910 年，他获维也纳大学哲学博士学位，一直在母校任职。1920 年，他移居德国耶拿，担任威廉·维恩（1911 年诺贝尔物理学奖得主）的物理实验室的助手。1921—1927 年，他在苏黎世大学任教，主要研究有关热学的统计理论问题。1924 年，德布罗意（1929 年诺贝尔物理学奖得主）提出微观粒子具有波粒二象性，即不仅具有粒子性，同时也具有波动性。1925—1926 年年初，他在爱因斯坦关于单原子理想气体的量子理论和德布罗意的物质波假说的启发下，于 1926 年 1—6 月，提出用波动方程描述微观粒子运动状态的理论，为此连续发表了四篇论文，题目都是《量子化就是本征值问题》，系统地阐明了波动力学理论，令整个物理学界为之震惊，后称薛定谔方程，奠定了波动力学的基础。马克斯·普朗克（1918 年诺贝尔物理学奖得主）称赞薛定谔的波动方程是“划时代的工作”。为了弄清薛定谔的观点，玻尔于 1926 年 9 月特地邀请薛定谔来哥本哈根访问。他此次哥本哈根之行，成了量子力学史上有名的论战之旅。他证明自己的波动力学是与海森堡、尼尔斯·玻恩和 E. P. 约当（约当阵的创立者）所创立的矩阵力学在数学上是等价的。凭借薛定谔方程的提出，薛定谔与英国理论物理学家保罗·狄拉克共同荣获 1933 年诺贝尔物理学奖。1927—1933 年，他接替马克斯·普朗克出任柏林大学物理系主任，成为普鲁士科学院院士。1933—1955 年，因纳粹迫害犹太人，惯于我行我素的他离开德国到澳大利亚、英国、意大利和爱尔兰等地从事研究。1956 年，他获得奥地利政府颁发的第一届薛定谔奖。1944 年，他出版了《生命是什么——活细胞的物理面貌》，此书中第一个把遗传物质设定为一种信息分子，提出遗传是遗传信息的复制、传递与表达。他自己发展了分子生物学，奠定了分子系统发生学，成为现代进化论的基础。这本书使许多青年物理学家开始注意生命科学中提出的问题，引导人们用物理学、化学方法去研究生命的本性，使他成为蓬勃发展的分子生物学的先驱，启迪沃森等人创建 DNA 的螺旋结构模型。其主要著作有《波动力学四讲》《统计热力学》和《生命是什么？——活细胞的物理面貌》。1961 年，他因患肺结核病逝于维也纳，他的墓碑上刻着以他命名的薛定谔方程。

3.3 提出不相容原理的年轻学者——沃尔夫冈·泡利

沃尔夫冈·泡利（1900—1958 年），奥地利物理学家。1918 年，泡利中学毕业后，他带着父亲（时任维也纳大学物理化学教授）的介绍信，到慕尼黑大学访问著名物理学家索末菲（量子力学与原子物理学的开山鼻祖人物），要求不上大学而直接做索末菲的研究生，于是他就成为慕尼黑大学最年轻的研究生。1919 年，他在两篇论文中指出 H. 韦耳（首先把电磁场和时空的尺度变换相联系）引力理论的一个错误，并以批判的角度评论韦耳的理论。1921 年，他以一篇氢分子模型的论文获得博士学位。同年，他为德国的《数学科学百科全书》写了一篇长达 237 页的关于狭义相对论和广义相对论的词条，该文到今天仍然是该领域的经典文献之一，得到爱因斯坦的推崇和赞赏。

1922 年，玻恩邀请丹麦著名物理学家尼尔斯·玻尔（1922 年诺贝尔物理学奖得主）到格丁根讲学，玻尔了解到泡利的才华，从此开始了他们之间的长期合作。当年，他到哥本哈根大学从事研究工作，他和海森堡是师兄弟。他根据阿尔佛雷德·朗德（因其对量子力学的贡献而闻名）的研究成果，他提出了朗德因子。他经过艰苦不懈的努力，一举从海森堡的方程推导出了巴耳末公式（瑞士数学家巴尔末提出的用于表示氢原子谱线波长的经验公式），这就证明了海森堡矩阵方程的正确性。泡利血气方刚，“大鹏一日同风起，扶摇直上九万里”。泡利是用他天才的洞察力从浩如烟海的光谱数据中得出不相容原理，其难度甚至远大过约翰尼斯·开普勒（发现行星运动的三大定律：轨道定律、面积定律和周期定律）整理行星轨道的数据。1925 年，25 岁的泡利提出泡利不相容原理：在原子中不能容纳运动状态完全相同的电子。一个原子中不可能有电子层、电子亚层、电子云伸展方向和自旋方向完全相同的两个电子。每一轨道中只能容纳自旋相反的两个电子，每个电子层中可能容纳轨道数是 n 个、每层最多容纳电子数是 $2n$ 个。他发现的不相容原理，为原子物理的发展奠定了重要基础，独享 1945 年诺贝尔物理学奖。1930 年，泡利思考 β 衰变中能量不守恒的问题，提出了一个当时尚未观测到过的、电中性的、质量不大于质子质量 1% 的假想粒子来解释 β 衰变的连续光谱。1934 年，恩里科·费米（1938 年诺贝尔物理学奖得主）将这个粒子加入他的衰变理论并称之为中微子，1956 年被证实并获得普朗克奖章。1935 年，为躲避法西斯，泡利移居美国并加入美国国籍，成为美国科学发展协会的创始人之一。泡利的主要成就是在量子力学、量子场论和基本粒子理论方面，特别是泡利不相容原理的建立和 β 衰变中的中微子假说等，对理论物理学的发展做出了重要贡献。

泡利在学问上以严谨博学而著称。诚如李白诗云："宣父犹能畏后生，丈夫未可轻年少。"泡利也是一位以批评尖刻和不留情面著称的物理学家，而且泡利的批评尖刻和不留情面绝不是"信口开河"的，是以缜密思维和敏锐目光为后盾的，唯其如此，他的批评有着很重的分量，受到同行们的普遍重视。用玻尔的话说："每个人都急切地想要知道泡利对新发现和新思想的总是表达得强烈而有幽默感的反应。"爱因斯坦、意大利物理学家塞格雷（1959 年诺贝尔物理学奖得主）、著名物理学家费曼（1965 年诺贝尔物理学奖得主）和瑞士物理化学家布瑞斯都曾受到泡利挑刺，由此也可见大师们虚怀若谷、包容异见的宽大胸怀。泡利也犯过两个出名的"电子自旋""宇称不守恒"错误，电子自旋概念的诞生不无曲折的历史就是受到泡利错误判断所影响，但这并不影响泡利在同时代物理学家心目中的地位。在那个天才辈出、群雄并起的物理学史上最辉煌的年代，英年早逝的泡利仍然是夜空中最耀眼的巨星之一。

3.4　有机化合物微量分析法创始人——普雷格尔

人体所需要的各种微量元素都是从食物中得到补充。随着工业的快速发展，环境污染使原本在自然条件下不能被人类接触并吸收的有害微量元素变得大量被人类吸收，从而危害人类健康。因此检测水、食品、环境、土壤以及生物材料等样品中的微量元素极其重要。微量元素分析仪主要用于生命科学、卫生防疫、医院、妇幼保健质量监督、环保科研高校等部门做各种有机化合物微量分析与痕量分析。

普雷格尔（1869—1930 年），奥地利分析化学家、有机化合物微量分析法创始人。1887 年，他考入格拉茨大学医学院，并对生物化学产生浓厚兴趣，1894 年获医学博士学位。1904 年，他赴德国留学，曾在蒂宾根大学、莱比锡大学和柏林大学学习化学，出色地完成了当时被认为是最难的渗透分析人体尿液所含蛋白质成分的分析工作。1910 年，他任因斯布鲁克大学化学系主任兼药物化学教授。1913 年，他任格拉茨大学药物化学系主任。1904 年，他在研究胆酸时发现，从胆汁中只能获得少量胆酸，当时无法分析，这促使他研究有机物的微量分析技术。他在 W. H. 库尔曼微量天平的启发下，他利用自己和库尔曼共同设计的可以称量到微克级的微量天平和其他微量分析技术，只用 1 ~ 3 毫克试样就可以进行比较迅速和准确的定量分析。1912 年，他又建立了一整套检测有机物中碳、氢、氮、卤素、硫、羰基等的微量分析方法，由此创立了有机化合物的微量分析法和微量化学学科，为促进有机化学的发展，也为现代纯科学、医学和工业做出了突出贡献。他所领导的实验室成为当时世界闻名的有机微量分析中心。因发明有机物的微量分析法普雷格尔荣获1923年诺贝尔化学奖。他的主要著作有1917年发表的《有机微量定量分析》等。他创办的《微量化学学报》至今仍在发行。

3.5 从音乐神童到享誉世界的作家——埃尔弗里德·耶利内克

埃尔弗里德·耶利内克（女）（1946年— ），奥地利作家。她曾在维也纳音乐学校获得风琴师文凭。在音乐学习的同时，她还在维也纳大学学习戏剧和艺术史，专业的音乐素养赋予她的文学创作很多与众不同的特色。从年轻时起，她就开始创作诗歌，1967年发表处女作《利莎的影子》。1970年，她完成讽刺小说《我们都是骗子，宝贝！》。20世纪70—80年代，她发表了三部小说:《做情人的女人们》《美妙的年代》和《钢琴教师》，征服了德国读者，她是中欧公认的最重要文学家之一。她天才另类的笔触，产生了惊世绝艳的美学效果。

图5-7 耶利内克、《钢琴教师》和电影《钢琴教师》剧照

她用德语、英语和法语创作了多部作品，体裁多样，不拘一格。她的小说《乐趣》和《遗孤》在德国一度成为畅销书。其他主要作品包括小说《孩子，我们是诱饵》《米歇尔》《追逐爱的女子》以及三部戏剧作品。她被认为是那个年代奥地利文学创作的领路人，并因在德文创作方面的贡献而获得了海涅希波尔奖。其中《钢琴教师》半自传体小说就是心理叙述的杰作：尖刻、露骨，乃至无情，对人性的观察可谓洞烛幽微。它让受到伤害的和伤害别人的人物跃然纸上，主人公埃里的生活处处可见影影绰绰的卡耶利内克，最终迎来一缕透出淡红的梦幻晨光。该小说于2001

年被导演麦克尔·汉内克拍成了轰动一时的法语电影，在戛纳电影节共获最佳男女主角奖和评审团大奖。她擅长以毫不留情的笔调描写男欢女爱、性、政治、故乡和体育。在她犀利的笔端，一切规则都已分崩离析，世界被深深嵌入了她那独一无二的语言空间。她以最为世人所熟悉的作品《钢琴教师》荣获 2004 年诺贝尔文学奖，授奖词中对她的文学成就是这样肯定的："在她的小说和戏剧中，声音和与之相对抗的声音构成一条音乐的河流，以独特的语言激情揭露了社会庸常中的荒谬与强权。……自传背景下创作的《钢琴教师》，在所提出的疑问的框架之内，描写了一个无情的世界……"她由此成为第一个获得诺贝尔文学奖的奥地利人，但她正式宣布不会去领奖。她认为，自己没有资格获得这一大奖。因为她是个非常叛逆的人，对奥地利社会批判特别多，所以官方基本上将她定位为"给奥地利政府抹黑之人"。耶利内克是个不拘泥于世俗、特立独行的人，面对官方和媒体的褒贬，她一笑置之。她迄今为止共创作了 50 部作品，获得 21 项文学奖，其中英语作品 4 部、法语作品 9 部，其余均用德语创作。她获得的文学奖主要有：不来梅文学奖、海涅奖和柏林戏剧奖等诸多奖项。

第四节　捷克和斯洛伐克及其诺贝尔奖得主

4.1　捷克和斯洛伐克的历史与国力

捷克是原捷克斯洛伐克的西部，东连斯洛伐克，南接奥地利，北邻波兰，西与德国相邻。1526 年后，捷克实际上失去独立地位，完全受奥地利哈布斯堡王朝统治。1867 年后，捷克处于奥匈帝国统治之下。"一战"后，捷克与斯洛伐克联合，于 1918 年成立捷克斯洛伐克共和国。它曾经是欧洲强国之一，世界第七强国，综合实力超过日本。"二战"前，捷克斯洛伐克的盟友英法两国实行绥靖主义政策，竟然在关键时刻出卖捷克斯洛伐克，通过臭名昭著的《慕尼黑协定》同意割让苏台德区。1938 年年底，德国联合波兰攻克捷克斯洛伐克，英法盟友又撒手不管。1939 年，德国占领捷克斯洛伐克全境。1948 年，成立捷克斯洛伐克人民民主共和国。20 世纪 60 年代初，国家经济出现严重困难，多次发生罢工事件，民众不满情绪日渐增长。1968 年，捷共中央第一书记杜布切克发起"布拉格之春"改革（国家政体改革、实行新经济体制、强调民主和自由、强调独立的外交政策等），有脱离苏联控制倾向。当年 8 月，华沙公约组织成员苏、匈等 5 国出动 50 万大军侵入捷克斯洛伐克，杜布切克等人被劫持到莫斯科与苏共“谈判”，胡萨克接任捷共第一书记。1989 年 11 月，该国政局发生剧变，12 月 29 日公民论坛取得政权，“天鹅绒革命”领导人、作家瓦茨拉夫·哈韦尔当选临时总统，捷共失去执政党地位。1992 年杜布切克出任斯洛伐克社会民主党主席和联邦国会议长。1993 年，捷克与斯洛伐克和平地分离。在捷克和斯洛伐克，杜布切克已经成为民主和人道主义的代言人与象征。1993 年 1 月 1 日，捷克共和国成为独立的主权国家。从此，统一的捷克斯洛伐克不复存在。

斯洛伐克西北临捷克，北临波兰，东临乌克兰，南临匈牙利，西南临奥地利，原捷克斯洛伐克社会主义共和国的东部。2004 年，斯洛伐克加入北大西洋公约组织，从 5 月 1 日起成为欧洲联盟的一员。2006 年，斯洛伐克进入发达国家行列，2009 年 1 月起加入欧元区。国土面积 4.9035 万平方公里，略大于我国的台湾地区，人口数量 540 万（2005 年 12 月）。GDP 总计 865.82 亿美元（2015 年，国际汇率），人均 GDP 为 18416 美元（2014 年，国际汇率）。

捷克原为奥匈帝国的工业区，它以机械制造、船舶、汽车、军工和轻纺为主，纺织、制鞋和啤酒酿造均闻名于世。在东欧国家中，捷克拥有很高水平的人类发展指数。议会为国家最高立法机构，实行参众两院制。总统将通过直选两轮选举产生，实行多党议会民主制，政府首脑为总理。注册政党有 65 个，主要政党为 5 个。国土面积 7.8866 万平方公里，小于我国的重庆市，人口数量 1125.17 万（2014 年），GDP 总计 2055.23 亿美元（2014 年，国际汇率），人均 GDP 为 19554 美元（2014 年，国际汇率）。捷克著名人物包括伟大的爱国者和卓越的宗教改革家胡斯（1371—1415 年），作曲家、钢琴家和指挥家贝德里赫·斯美塔那（1824—1884 年），著名作曲家安东·德沃夏克（1841—1904 年），名著《好兵帅克》作者哈谢克（1883—1923 年），《生命中不能承受之轻》作者、世界级作家米兰·昆德拉（1929 年—　），人道主义杰出代表奥斯卡·辛德勒（1908—1974 年），著名作家和剧作家、七七宪章最早的发言人之一、1989 年天鹅绒革命的主要人物瓦兹拉夫·哈维尔（1936—2011 年）。捷克实行九年制义务教育。高中、大学实行自费和奖学金制，但国家对学生住宿费给予补贴。根据 1990 年颁布的有关法律，允许成立私立和教会学校。截至 2011 年，捷克共有 72 所大学。著名大学有布拉格查理大学和捷克技术大学。截至 2017 年，捷克和斯洛伐克获得的诺贝尔奖有化学奖 1 个（雅罗斯拉夫·海洛夫斯基，1959 年）、文学奖 1 个（雅罗斯拉夫·塞弗尔特，1984 年），总计 2 个。

4.2 极谱学的创立者——雅罗斯拉夫·海洛夫斯基

极谱法是通过测定电解过程中所得到的极化电极的电流－电位（或电位－时间）曲线来确定溶液中被测物质浓度的一类电化学分析方法。极谱法和伏安法的区别在于极化电极的不同。极谱法分为控制电位极谱法和控制电流极谱法两大类。在控制电位极谱法中，电极电位是被控制的激发信号，电流是被测定的响应信号。在控制电流极谱法中，电流是被控制的激发信号，电极电位是被测定的响应信号。

雅罗斯拉夫·海洛夫斯基（1890—1967 年），捷克斯洛伐克化学家。1910 年，他就读伦敦大学，1914 年获伦敦大学理学学士学位。毕业后，他在英国物理化学家唐南（提出著名的唐南平衡——半透膜平衡理论）实验室从事电化学研究。“一战”爆发后，他返回捷克服兵役，在医院担任药剂师和 X 光透视工作。同时，他抽时间做实验，写博士论文，1918 年获布拉格查理大学哲学博士学位。1920 年，他担任查理大学副教授；1921 年，他获伦敦大学科学博士学位。1926—1954 年，他任布拉格大学教授，1950 年为捷克斯洛伐克科学院创办极谱研究所并任所长。1952 年，他当选为捷克斯洛伐克科学院院士。1965 年，他曾任伦敦极谱学会理事长和国际纯粹与应用物理学联合会副理事长。1922 年，他用滴汞电极研究电解溶液时发生的电化学现象，总结出电流－电极电位曲线，发现了极谱，极谱法从此闻名于世。1925 年他与日本化学家志方益三合作，制造出第一台极谱仪，但直到 20 世纪 50 年代才广泛使用。极谱法具有迅速、灵敏的特点，绝大部分化学元素都可以用此法测定。此法还可以用于有机分析和溶液反应的化学平衡和化学反应速率的研究。1935 年，他推导出极谱波的方程式，证明了极谱定性分析的理论基础。1941 年，他将极谱仪与示波器联用，提出示波极谱法。因发明和发展极谱分析法，海洛夫斯基独享 1959 年诺贝尔化学奖。海洛夫斯基是第一个获此殊荣的捷克斯洛伐克人，他为自己和祖国赢得了巨大的荣誉。其主要著作有《极谱方法在衫化学中的用途》《极谱分析操作法》和《示波极谱法》等。

第五节 波兰及其诺贝尔奖得主

5.1 波兰的历史和国力

波兰东与乌克兰和白俄罗斯相连，东北与立陶宛及俄罗斯接壤，西与德国接壤，南与捷克和斯洛伐克为邻。1025年，博莱斯瓦夫一世加冕为波兰国王，波兰成为一个强大而统一的国家。1505年，波兰王国和立陶宛大公国议会通过成立统一的波兰第一共和国的决议，首都从克拉科夫迁到华沙。从此，波兰共和国成为联邦国家，国土面积最大达到100万平方公里。从1654年起，波兰与沙俄、瑞典和奥地利爆发战争，再经俄罗斯帝国、普鲁士王国和奥地利两次瓜分波兰的协定，成为仅剩领土20万平方公里、人口400万的小国。1795年，俄、奥和普鲁士签订第三次瓜分波兰的协定，波兰领土被全部瓜分。至此，存在800多年的波兰国家灭亡，从欧洲地图上消失了123年之久。1864年后，波兰的资本主义有了很大发展，完成产业革命。1918年，奥匈帝国和德国趋于崩解，自1795年波兰被瓜分灭亡以来，历经123年至1918年11月恢复独立。波兰音乐是欧洲斯拉夫民族最古老的音乐文化之一，产生了许多著名的作曲家和演奏家：希曼诺夫斯卡（1789—1831年），弗里德里克·肖邦（1810—1849年），小提琴家H.维尼亚夫斯基（1835—1880年），钢琴家J.帕德雷夫斯基（1835—1880年）和W.卢托斯瓦夫斯基（1913—1994年）等。

“二战”中，波兰被苏联和德国瓜分，冷战时期处于苏联势力范围之下。1956年，苏联最高领导人赫鲁晓夫“去斯大林化”。当年6月，波兰发生了著名的波兹南事件：这是波兰人民共和国历史上第一次针对波兰统一工人党政府的大规模罢工事件，政府派出包括装甲师在内约10300人的部队进行镇压，导致至少74人死亡，800人受伤，658人被拘捕。波兹南事件是波兰逐渐摆脱苏联政治控制的里程碑事件之一。1980年，东欧第一个独立的工会组织——“团结工会”在波兰成立。1981年，波兰宣布进入战时状态，团结工会被取缔。1989年，波兰统一工人党与团结工会等反对派举行圆桌会议，统一工人党同意团结工会合法。1990年11月举行大选，工会领袖瓦文萨在第二轮投票中当选总统。它成为经济转轨最成功的国家之一，实现经济飞速增长。近年来波兰加入欧盟和北约，无论在欧盟还是在国际舞台的地位亦与日俱增。

波兰是半总统、半议会制国家。总统任期5年，可连任一届。新宪法确立三权分立的政治制度和以社会市场经济为主的经济体制。实行多党制，主要政党有4个。波兰工业有燃料－动力工业、冶金工业和机电工业等。机电工业为波兰最大的和最重要的工业，汽车工业为迅速发展的最大新型行业之一。国土面积31.2685万平方公里，小于我国的云南省，人口数量3800万（2014年），GDP总计5480.03亿美元（2014年，国际汇率），人均GDP为14422美元（2014年，国际汇率）。从

1999 年起，波兰实行新的教育体制。新体制分为小学六年、初中三年、高中三年。高等教育一般为四年或五年。著名高等学府有克拉科夫雅盖隆大学、华沙大学和华沙工业大学等。截至 2017 年，波兰这个遭受多次外族侵略和瓜分的深重苦难，甚至从欧洲地图上消失了 123 年之久的国家，仍然奇迹般在 90 年间获得 3 个诺贝尔文学奖：亨利克·显克维支（1905 年），弗拉迪斯拉夫·莱蒙特（1924 年）和维斯瓦娃·希姆博尔斯卡（1996 年）。此外 1980 年诺贝尔文学奖得主切斯拉夫·米沃什为美籍波兰著名诗人，1970 年加入美国国籍。

5.2 波兰语言大师——亨利克·显克维支

亨利克·显克维支（1846—1916 年），波兰著名小说家。1858 年，家庭经济窘迫，他上中学时不得不中途辍学去当家庭教师。1866—1871 年，他在华沙中央大学学过法律、医学，后来转到该校波兰语言文学系，过着半工半读的清贫日子。1871 年，他大学毕业。正是微寒家境和艰难时世磨砺了他的意志，孕育和锤炼了他的创作才华，造就了一位闻名世界的文坛大师。1876 年，他以《波兰报》特派记者身份赴美国旅行采访，出版两卷本揭露美国金钱至上和种族歧视的通讯集《旅美书简》。此后，他还发表了许多脍炙人口的中短篇小说:《灯塔看守人》《为了面包》和《穿过草原》；描写外国侵略者压迫波兰人民的《胜利者巴尔泰克》和《家庭教师的回忆》等，为发展波兰的现实主义文学做出了重大贡献。19 世纪 80 年代开始转入长篇小说创作，他陆续发表了历史小说《火与剑》《洪流》和《伏洛窦耶夫斯基先生》三部曲：反映了 17 世纪时波兰政府为维护国家统一和反对瑞典、土耳其等国的入侵干涉的英勇精神。他用那枝生花妙笔纵横驰骋，以一幅幅宏伟、壮阔的全景画般的场面，再现了波兰那个时期的社会风貌，揭示了那些叱咤风云的民族英雄和人民大众为保卫祖国血洒疆场、前仆后继的爱国主义精神，以及他们彪炳千古的业绩，证明了伟大的波兰民族是不可征服的。继三部曲之后，他又陆续创作了两部著名的历史小说《你往何处去》和《十字军骑士》。《你往何处去》是一部完整再现基督教兴起的史诗巨著，被公认是他的巅峰之作，其史诗艺术达到了高峰，并为他赢得国际声誉，使他成为波兰 19 世纪著名的批判现实主义作家。当时波兰处于被沙俄、普鲁士和奥匈帝国瓜分的危难时刻，这部小说的出版有着重大的现实意义，它进一步激励人民起来抗击外族侵略，恢复波兰的独立。显克维支的作品人物性格鲜明，情节引人入胜，语言优美流畅，因此，显克维支素有“波兰语言大师”之称。

显克维支以其作品《你往何处去》获 1905 年诺贝尔文学奖。从 1901 年开始，他就被提名为诺贝尔文学奖候选人，直到 1905 年获奖。100 多年来，显克维支的作品再版次数和印数均居波兰作家之首，并且被译成 40 多种外国文字，译本达 2000 多种。英法等国曾掀起过“显克维支热”。在波兰文学的群星灿烂的浩瀚苍穹里，显克维支是最闪耀的那颗星星。

第六节　匈牙利及其诺贝尔奖得主

6.1　匈牙利的历史和国力

匈牙利与奥地利、斯洛伐克、乌克兰、罗马尼亚、塞尔维亚、克罗地亚和斯洛文尼亚接壤。公元 1000 年，匈牙利大公伊什特万一世在匈牙利推行天主教，并获天主教教皇加冕成为匈牙利第一位国王。匈牙利先后经历蒙古金帐汗国、土耳其、奥地利和沙俄所统治。1458—1490 年，胡尼奥蒂·马加什统治匈牙利，匈牙利成为文艺复兴时期欧洲的一个艺术文化中心。1867 年，匈牙利与奥地利组成奥匈帝国。“一战”后奥匈帝国解体，1918 年成立匈牙利民主共和国。1920 年，匈牙利因特里阿农条约丧失了 72% 的领土和 64% 的人口。匈牙利虽历经磨难，但仍然不屈不挠，孕育出许多享誉世界的著名人物：“钢琴之王”佛朗兹·李斯特（1811—1886 年），代表作有《浮士德》与《但丁》交响曲以及 20 首《匈牙利狂想曲》，成为匈牙利民族音乐的重要文献；F. 埃尔凯尔（1810—1893 年）是匈牙利民族歌剧的真正奠基人；诗人裴多菲（1823—1849 年），代表作《民族之歌》和《自由颂》（“生命诚可贵，爱情价更高；若为自由故，二者皆可抛！”）；世界著名的作曲家贝拉·巴尔托克（1881—1945 年），代表作《乐队协奏曲》；作曲家佐尔坦·科达伊（1882—1967 年），代表作《加兰特舞曲》。

1941 年，匈牙利加入德 - 意 - 日轴心国集团，1944 年德军占领匈牙利。1945 年，匈牙利在苏联红军帮助下全境解放，1949 年成立匈牙利人民共和国，社会主义工人党执政。冷战格局里的匈牙利又经历了极权时期和各种动荡。1953 年，爆发匈牙利十月事件，时任部长会议主席的纳吉·伊姆雷实施了“新方针”，组织多党联合政府，公开宣布要求苏军立即撤退，匈牙利实行中立，试图摆脱苏联控制，比其他东欧国家更早地开启了“非苏联模式化”进程。1956 年 10 月，布达佩斯的大学生拉开了匈牙利事件的序幕，匈牙利发生群众和平游行，劳动人民党第一书记格罗·艾尔诺把几十万示威群众称为“匈牙利人民的敌人”，从而引发武装暴动。苏军先后两次以 17 个师的兵力向布达佩斯发动军事行动，并迅速地控制了匈牙利全境。事件中死伤人数约 15700 人，另有约 20 万人沦为难民。苏联出兵后，纳吉及其政府成员携家人共 47 人前往南斯拉夫驻匈使馆寻求政治避难，被苏军劫持送往罗马尼亚首都软禁，后被押解回国公审。纳吉被指控犯有“叛国罪”，1958 年判处纳吉·伊姆雷死刑而被处决。匈牙利十月事件在 20 世纪 70 年代之前被定性为“反革命案件”，但在东欧剧变后又被称为“人民起义”。1989 年，匈牙利最高检察院总检察长宣布，决定撤销 1958 年 6 月对纳吉及其同案人审判的决定；当年 6 月，匈牙利政府就重新安葬纳吉等人并发表声明，对他表示悼念。

1989 年，匈牙利政局发生急剧变化，社会主义工人党宣布放弃执政党地位，实行多党制。匈牙利实行多党议会民主制。总统由议会选举产生，每 5 年选举一次。总理由国会议员最大党的党魁出任。国会是立法机关和国家最高权力机构，实行一院制。它已成功转型进入发达国家行列，工业基础较好。根据本国国情，研发和生产有自己特长的知识密集型产品。汽车工业是匈牙利的支柱产业。制药业历史悠久，是最富竞争力的产业之一。匈牙利还是中东欧地区最大的 IT 产品生产国和世界电子工业主要生产基地，更是目前中东欧地区有机农产品生产和出口大国。匈牙利经济发达，人均生活水平较高，自东欧剧变后，匈牙利经济高速发展。国土面积 9.3030 万平方公里，小于我国的浙江省，人口数量 986 万（2014 年），GDP 总计 1371.04 亿美元（2014 年，国际汇率），人均 GDP 为 13903 美元（2014 年，国际汇率），已经达到中等发达国家水平。15 岁以上公民有 98.9% 的人具有基本教育水平。小孩到 6 岁时必须要上小学，毕业后可选择就读语言中学、职业中学等学校。18 岁通过入学考试的学生可就读大学（5 ~ 6 年）或学院（3 ~ 4 年）。著名大学有厄特沃什·罗兰大学、布达佩斯考文纽斯大学和赛格德大学。截至 2017 年，匈牙利获得的诺贝尔奖有化学奖 1 个（海维西，1943 年）、生理学或医学奖 1 个（纳扎波尔蒂·圣捷尔吉·阿尔伯特，1937 年）和诺贝尔文学奖 1 个（凯尔泰斯·伊姆雷，2002 年），总计 3 个。

6.2 奥斯威辛灵魂代言人——凯尔泰斯·伊姆雷

凯尔泰斯·伊姆雷（1929—2016 年），匈牙利犹太作家。他 14 岁先后被关进波兰的奥斯威辛集中营和德国境内的布痕瓦尔德集中营，1945 年被解救。在纳粹分子疯狂迫害匈牙利犹太人的黑暗时期，他在集中营里度过 4 年痛苦岁月。集中营的生活使他对人类的本质和生存状态产生了严肃思考，为他日后的文学创作打下了基础。1948 年，他返回匈牙利。1949 年，他在《火花》报社开始记者生涯。1953 年，他开始自由撰稿人的写作生涯。他先后写过三部音乐轻喜剧，并获得成功。他长期从事文学翻译工作，主要翻译德国作家的作品，其中主要的作家有：尼采、弗洛伊德和维特根斯坦等，这对他后来的文学创作产生了很大影响。他曾荣获过包括德国布兰登堡文学奖在内的多项国际文学奖。

1953 年爆发匈牙利十月事件，他再次成为幸存者。在他看来，"对永恒事物的体验与表达，对那段表象的短暂体验起着决定性作用。将要逝去的东西要比永恒真实的东西更为深刻"。20 世纪 60 年代初，他作为双重灾难的幸存者，开始创作以他在集中营生活为背景的第一部长篇小说——《无命运的人生》。由于匈牙利政治环境的压制，1975 年，经过了近十年的辗转努力，本书终于得以出版。

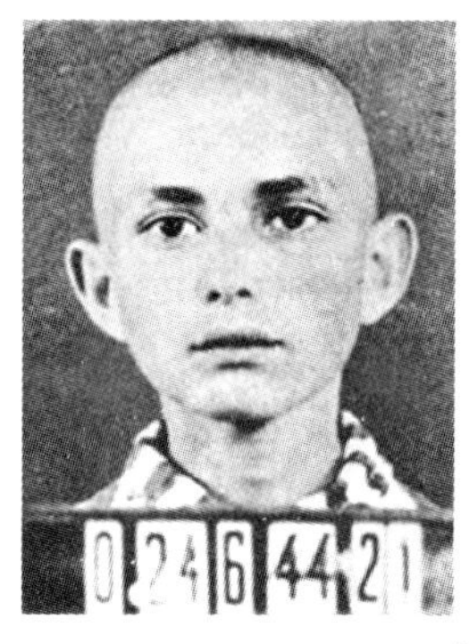

图 5-8　伊姆雷、少年伊姆雷和《无命运的人生》

《无命运的人生》是他最著名的作品，它与长篇自传体小说《惨败》《为一个未出生的孩子祈祷》一起被称为"凯尔泰斯大屠杀小说三部曲"。这时他才为世界所了解，并开始在世界文坛上占有一席之地。1975 年，他开始发表长篇文学作品，曾获德国、匈牙利的最高文艺奖等多项国际大奖。其他作品还有中篇小说集《英国旗》和《苦役日记》，散文集《作为一种文化的大屠杀》和《被放逐的语言》等。伊姆雷凭借其代表作《无命运的人生》荣获 2002 年诺贝尔文学奖。凯尔泰斯被授予诺贝尔奖的桂冠，是一次巨大的个人成就，然而他的尊贵还在于另一个理由——他是一个纳粹集中营幸存者，他从之后的生活中又幸存了下来。

第六章 南欧国家及其诺贝尔奖得主

第一节 希腊及其诺贝尔奖得主

希腊本土从西北至正北部分别比邻阿尔巴尼亚、马其顿和保加利亚，东北与土耳其国境接壤。希腊通常被视为西方文明的摇篮，确立了早期的基督教社会，为西方的思想和知识体系奠定基础。希腊还是西方哲学、奥林匹克运动会、西方文学、历史学、政治科学、民主制度、科学和数学原理，以及西方戏剧的发源地，为西方文化奠定了不朽的根基。在希腊文明的巅峰时期，版图一度扩及波斯、印度与埃及等地，希腊风格或仿希腊风格的文化要素，乃随之扩散至北非、南亚一带。希腊的文化与技术进步对世界历史曾具有极大的影响力，通过亚历山大大帝和罗马帝国传播至世界。希腊民族是一个敢于思考、敢于挑战和敢于实践的民族，孕育了不朽的文艺作品和众多的文化伟人，诸如喜剧作家阿里斯托芬（约公元前 446—前 385 年），悲剧作家埃斯库罗斯（公元前 525—前 456 年）、欧里庇得斯（公元前 480—前 406 年），哲学家苏格拉底（公元前 469—前 399 年）、柏拉图（公元前 427—前 347 年）、亚里士多德（公元前 384—前 322 年），数学家毕达哥拉斯（约公元前 580—约前 500 年）、欧几里得（约公元前 330—约前 275 年）、阿基米德（公元前 287—前 212 年），雕塑家菲迪亚斯（公元前 480—前 430 年），等等。这些名师震烁古今，高徒声名显赫，更形成一道万世瞩目的艺术、哲学、数学和科学风景线。

希腊代表自由，希腊留下的城邦民主与思辨哲学、逻辑哲学和理性思维，一直影响着英国、法国和德国民族的价值观与思维的方法论。

1460 年，希腊遭到奥斯曼帝国统治。1821 年，希腊爆发反侵略军的独立战争，同时宣布独立。在 1832 年的伦敦会议之中，英、法、俄三国指派统治巴伐利亚维特尔斯巴赫王朝、年仅 17 岁的奥托王子为希腊的第一位君主。1917 年，希腊在第一次世界大战中保持中立。1924 年，希腊第二共和国成立。1941 年，德军入侵，希腊全体王室成员流亡到埃及。1946 年，乔治二世回国复位，直到 1947 年去世。乔治二世的继承人为保罗一世，他在位至 1964 年。1967 年，军人独裁政权建立。1973 年，在军政府所主导的公投下，王室被废除，确立共和制。1974 年，希腊军政府垮台，举行公民投票，赞成终止君主制度，确立国家政体为共和制。

希腊是联合国创始成员国之一，欧盟与北约的成员国。希腊属欧盟经济欠发达国家之一，工业制造业较落后，农业在经济中仍占有重要地位。宪法规定国家体制为总统议会共和制，总统为国家元首，任期 5 年，可连任一次；立法权属议会和总统，行政权属总统和总理，司法权由法院行使。实行多党制，主要政党有 5 个。国土面积 13.1957 万平方公里，与我国的安徽省相当，人口数量 1096 万（2014 年），GDP 总计 2375.92 亿美元（2014 年，国际汇率），人均 GDP 为 21682 美元（2014 年，国际汇率）。希腊有健全的医疗保障体系，人均寿命为 80.3 岁，处于世界的前列。希腊公立教育幼儿园到高中全免费，大学需少量费用，大约每学年 100 欧元，私立教育费用高昂。著名大学有雅典大学，是希腊最古老和最具影响力的大学，塞萨洛尼基亚里士多德大学和雅典国家技术大学等。截至 2017 年，希腊获得诺贝尔文学奖 2 个：乔治·塞菲里斯（1963 年），奥德修斯·埃里蒂斯（1979 年）。

第二节　意大利及其诺贝尔奖得主

2.1　意大利引领世界的优势和国力

意大利北方与法国、瑞士、奥地利以及斯洛文尼亚接壤，其领土还包围着两个微型国家——圣马力诺与梵蒂冈。意大利是欧洲文化的摇篮，曾孕育出罗马文化和伊特拉斯坎文明，中世纪时成为文艺复兴的发源地。公元前 510 年，罗马人结束罗马王主政时代并建立共和国，国家由元老院、执政官和部族会议三权分立。此时创立的罗马法以及以古代罗马法、特别是19世纪初《拿破仑法典》作为基础发展而成的罗马法系影响深远。时隔千百年后的今天，意大利、西班牙、法国、德国、匈牙利、波兰、日本、南非等国家和地区的基本法依然是罗马法。美国著名学者威尔·杜兰特（1885—1981年）在著名的《世界文明史》中说："法律足以说明罗马的精神。在历史上，罗马代表秩序，就如同希腊代表自由。希腊留下的民主与哲学，罗马留下的法律与政绩，则成为社会秩序的基础。"

罗马帝国通过多次战争将西班牙和希腊纳入版图，征服了高卢和埃及。395年，罗马帝国分裂为西罗马帝国和东罗马帝国。476年罗马帝国正式灭亡。中世纪意大利最显著的特征就是北部强大城邦的崛起，从13—15世纪文艺复兴造就许多文艺巨匠：以不朽巨著《神曲》传世的文学巨匠但丁（1265—1321年），以作品《大卫》闻名、最杰出的雕塑家多纳泰罗（1386—1466年），以《维纳斯的诞生》著称、肖像画的先驱者波提切利（1445—1510年），以世界名画《蒙娜·丽莎》《最后的晚餐》流芳千古的达·芬奇（1452—1519年），以大型壁画《雅典学院》扬名四海的拉斐尔（1483—1520年），画家、雕塑家、建筑师和诗人米开朗基罗（1475—1564年）和科学革命的先驱、近代实验科学的奠基人之一伽利略（1564—1642年），等等。这些文化艺术与科学巨匠对人类文化的进步做出了无可比拟的巨大贡献。

1861年，意大利王国宣布成立，统一之后就走上了对外扩张的资本主义殖民道路，先后殖民统治厄立特里亚、南索马里、利比亚和爱琴海罗德诸岛。1921年，墨索里尼的法西斯党掌握了国家大权，并与德国、日本成立轴心国集团，企图重新瓜分世界。"二战"前夕，它占领阿尔巴尼亚和埃塞俄比亚，1940年势力范围遍及地中海、北非和东非达到鼎盛。1943年，意大利投降，1945年4月，墨索里尼和他的情人克拉拉·贝塔西被枪决，海外殖民地崩溃。

意大利是1957年成立的欧洲经济共同体创始国之一。它是高度发达的资本主义国家，也是欧盟和北约的创始会员国，还是八国集团和联合国等重要国际组织的成员。它是发达工业国家，以私有经济为主体，占国内生产总值的80%以上。米兰是意大利的经济和工业重镇，也是世界时尚之都。意大利重点发展技术密集型产业，如发动机、机器人、飞机、生物制药以及军火工业等。意大利更是以跑车生产称雄世界。著名企业有菲亚特集团和国家碳化氢公司等。宪法规定，意大利是一个建立在劳动基础上的民主共和国。总统对外代表国家，由参、众两院联席会议选出。总理由总统任命，对议会负责。议会是最高立法和监督机构，由参议院和众议院组成。实行多党制，主要政党有 9 个。国土面积 30.1338 万平方公里，略小于我国的山东省和山西省面积之和，人口数量 6134 万（2014 年），GDP 总计 2.14 万亿美元（2014 年，国际汇率），人均 GDP 为 34960 美元（2014 年，国际汇率）。意大利的艺术、设计、时尚类的教育在世界范围内都处于领导地位。意大利共有近 70 所大学，90% 是公立大学。著名大学有博洛尼亚大学（创立于 1088 年，是世界上第一所大学，有“大学之母”的美誉）、热那亚大学、都灵理工大学、米兰理工大学和威尼斯大学等。截至 2017 年，意大利获得的诺贝尔奖有物理学奖 3 个、化学奖 1 个、生理学或医学奖 3 个、文学奖 6 个、和平奖 1 个，总计 14 个。

2.2 无线电通信技术创始人——伽利尔摩·马可尼

无线电通信是将需要传送的声音、文字、数据、图像等电信号调制在无线电磁波上经空间和地面传至对方的通信方式。无线电的发明是众多科学家共同研究的成果，也是历史发展的产物。英国物理学家詹姆斯·麦克斯韦和德国物理学家海因里希·赫兹在理论和实验中证明了电磁过程在空间是以相当于光的速度传播的电磁波。1895 年，俄国物理学家亚历山大·波波夫和意大利物理学家伽利尔摩·马可尼，分别成功地进行了无线电通信试验，马可尼和波波夫共同推开无线电应用的大门。1906 年，美国人李·德·福斯特（1873—1961 年）制成第一个具有放大功能的三极真空管（俗称“电子管”），可以将空中的无线电波用无形的手捕捉到人们的面前，用声音的形式让无形的电磁波显现出来，从而开启了无线电正式进入通信世界的新篇章。同年，第一次有声广播问世，为那年的圣诞节抹上了一缕科学的色彩。20 世纪的两次世界大战催生电视和雷达后，晶体管、集成电路、微型计算机、数字化通信和卫星通信得到快速发展。这些成就无不肇始于马可尼发明的无线电技术。

伽利尔摩·马可尼（1874—1937 年），意大利物理学家和发明家，实用无线电报通信的创始人。1895 年，在博洛尼亚大学学习期间，他开始了他的实验。在这里，他成功地把无线电信号发送到了 1.5 英里（2.4 公里）的距离，实现历史性的突破，就此成为世界上第一台实用的无线电报系统的发明者。这在当时是一个令人惊讶的伟绩，并从此使他走上创业道路。他用电磁波进行约 7 公里和约 14.4 公里距离的无线电通信实验获得成功，成为实用无线电报通信的创始人。

1897 年，他在英国创立以其姓名命名的“马可尼无线电电报与信号有限公司”。

1900 年，他为其“调谐式无线电报”取得著名的第 7777 号专利。他不断地改进自己的发明，后又从事短波和超短波的研究，从中获得许多专利权。1901 年 12 月，他决定用他的发报系统证明无线电波不受地球表面弯曲的影响，第一次使无线电波越过了康沃尔郡波特休和纽芬兰省圣约翰斯之间的大西洋，距离为 2100 英里（3381 公里）。19 世纪发明的无线电通信技术，使通信摆脱了依赖导线的方式，是通信技术上的一次飞跃，也是人类科技史上的一个重要成就。1911—1915 年，意大利在与土耳其战争及“一战”中都使用他发明的电台。因发明无线电技术，他与德国物理学家卡尔·费迪南德·布劳恩共同分享 1909 年诺贝尔物理学奖。他后来研究的短波无线电通信，成为现代几乎所有远距离无线电通信的基础。他获得许多荣誉：阿尔伯特奖章以及英国皇家维多利亚大十字勋章和爵位、侯爵的世袭等。1914 年，他被封为意大利元老院的议员，1918 年起任意大利终身参议员。1937 年，他与世长辞，在意大利罗马有近万人为他送葬；同时英国所有无线电报和无线电话，以及大不列颠广播协会的广播电台停止工作 2 分钟，向这位无线电领域的伟大人物致哀。

2.3　中子物理学之父——恩利克·费米

曼哈顿工程计划在起步约三年之后终于成功——原子弹造出来了。但是接下来的问题更严峻：该不该将这些原子弹派上战场？那时纳粹德军已经败亡，所以当初制造原子弹的假想目标已消失。不过日本还在负隅顽抗，尤其神风敢死队的自杀战术令太平洋战场美军伤亡很大。万一美军不得不登陆日本本土的话，将面对“一亿玉碎”；如果将原子弹转用于日本说不定可以提前结束战争，减少伤亡。但是原子弹的威力非同小可，一定造成重大伤亡。如果美国成为第一个使用原子武器的国家，在道德立场上必受世人非议。因此，美国政府成立了一个临时委员会来考虑是否应该用原子弹：委员会主席是战争部长史汀生，成员包括哈佛大学校长、麻省理工学院校长、海军次长、科学研究办公室主任等人。这委员会指派了一个科学顾问组提供咨询，四位成员是奥本海默、费米、劳伦斯、康普顿。这四个人除奥本海默之外，都是诺贝尔物理学奖得主。临时委员会最终建议杜鲁门总统“应该尽快用原子弹对付日本”。1945 年 8 月 5 日和 9 日，美国先后在广岛和长崎投下原子弹，8 月 15 日，日本宣布无条件投降。

恩利克·费米（1901—1954 年），意大利物理学家，被誉为“中子物理学之父”。费米是20世纪难得一见的物理学家，一般认为他是最后一位在实验与理论两方面都能有顶尖成就的科学家。1922—1924年，费米获得比萨大学博士学位后前往德国、荷兰，在马克斯·玻恩的指导和莱顿研究所从事研究工作。1929年，他任意大利皇家科学院院士。费米在理论和实验方面都有第一流建树，这在现代物理学家中是屈指可数的。费米团队按照元素周期表的顺序，从头到尾地轰击当时已知的各种元素。1934年，当用中子轰击时，他们发现铀核被强烈地激活，并产生出多种新元素。他们认为，在这些铀的衰变产物中，有一种是原子序数为93的新元素。由于他在中子轰击方面，尤其是热中子轰击方面用中子辐射产生人工放射性元素的成绩，费米独享1938年诺贝尔物理学奖。1939年，《自然科学》杂志发表奥托·哈恩（1944年诺贝尔化学奖得主）的分裂原子报告，推翻了费米的实验结果。听到这惊人的消息，他的第一个反应是来到哥伦比亚大学实验室，重复了哈恩的试验，结果和哈恩的试验一样。这一事实，对他来说无疑是难堪的。但他大度、坦率地检讨和总结了自己的错误判断，表现出一个科学家服从真理的高尚品质。在裂变理论的基础上，他很快提出一种假说：当铀原子核裂变时，会放射出中子。这些中子又会击中其他铀核，于是就会发生一连串的反应，直到全部原子被分裂。这就是著名的链式反应理论。根据这一理论，当裂变一直进行下去时，巨大的能量就将爆发。1938年，他接受诺贝尔奖后，他没有返回意大利，而是去了纽约。哥伦比亚大学主动为他提供职位。1944年，费米加入美国籍，1953年被选为美国物理学会主席。

爱因斯坦给罗斯福总统的信函，促成美国原子弹计划的启动，但首先必须证明链式反应是否确实可行。于是，费米（此时他是轴心国意大利人）被选为世界第一台核反应堆攻关小组组长。1942年12月2日，在他指导下设计制造出来的核反应堆在芝加哥大学首次运转成功。这是人类第一次成功进行核链式反应。费米人生的最后几年，主要从事高能物理的研究。1949年，他又揭示宇宙线中原粒子的加速机制，通过研究π介子、μ子和核子的相互作用，提出宇宙线起源理论。他一生写了250多篇科学论文，被海森堡大学、哥伦比亚大学、耶鲁大学、哈佛大学等授予荣誉博士。为纪念费米对核物理学的贡献，美国原子能委员会建立了“费米奖”，以表彰为和平利用核能作出贡献的各国科学家。第100个化学元素镄和原子核物理学使用的“费米单位”就是以费米的名字命名的。美国芝加哥著名的费米实验室、芝加哥大学的费米研究院都是为纪念他而命名的。

2.4 合成塑料工业开创者——居里奥·纳塔

聚丙烯（简称 PP）是一种半结晶的热塑性塑料。具有较高的耐冲击性，机械性质强韧，抗多种有机溶剂和酸碱腐蚀，在工业界有广泛的应用，是人类生活中随处可见的高分子材料之一。随后不同的聚丙烯合成技术被多次“发明”，如人们很熟悉的特富龙、聚苯乙烯泡沫塑料和凯夫拉尔纤维等。大量的知识产权官司同聚丙烯工业的发展缠绕在一起。但是，人们将永远记住纳塔的发明——等规聚丙烯，以及他在研究立体有规聚合物的合成和结构方面的卓越成就。他的研究工作促使人们合成前人从未触及的聚丙烯。他在该研究领域内所作出的贡献，令人类生活变得如此丰富多彩，五光十色的塑料制品已成为人类生活中必不可少之物。

居里奥·纳塔（1903—1979 年），意大利杰出化学家。1924 年，他获得米兰工学院博士学位后，曾在米兰、都灵、帕多瓦和罗马等地的大学担任教授。1938 年，他回母校任教授兼工业研究所所长。1938 年，他由 1- 丁烯脱氢制得丁二烯，进一步发展了最早的合成橡胶方法。1954 年，在联邦德国化学家马尔科·齐格勒的乙烯低压聚合制成聚乙烯重大发现的基础上，他发现以三氯化钛和烷基铝为催化剂，丙烯在低压下高收率地聚合，生成分子结构高度规整的立体定向聚合物——聚丙烯，具有高强度和高熔点，开创了立体定向聚合的崭新领域。1957 年，他直接参与在意大利的世界上第一套聚丙烯生产装置的建立，他的发现导致合成树脂和塑料的一个大品种问世。他首先在乙烯 - 丙烯共聚合上使用的催化体系，被称作齐格勒 - 纳塔催化剂和齐格勒 - 纳塔聚合，用它可以制成种种立体规整结构的聚合物和共聚物。规化聚合是高分子科学发展过程中的一个里程碑，它标志着人类第一次可以在实验室内从烯烃、二烯烃及其他单体合成过去只有生物体内才能合成的高分子，从而奠定了定向聚合的理论基础，促使聚乙烯和聚丙烯等工业获得迅速的发展，开拓了高分子科学和工艺的崭新领域，成为化学发展史上的里程碑。纳塔因对塑料领域内的高分子的结构和合成方面的研究而与联邦德国有机化学家马尔科·齐格勒共同分享 1963 年诺贝尔化学奖。纳塔和他的助手共发表了 1200 篇科学论文，其中以他个人名义发表的有 540 篇，并取得约 500 项专利。在国内外获得许多奖章和荣誉称号。

2.5 抗组胺药物的开发者——达尼埃尔·博韦

组胺是速发变态反应过程中由肥大细胞释放出的一种介质，组胺与靶细胞上特异受体结合，可引起毛细血管扩张、平滑肌痉挛和分泌活动增强等。临床上可导致局部充血、支气管和消化道平滑肌收缩，使呼吸阻力增加、腹绞痛，并可引起子宫收缩等症状。1903 年，德国医生威廉·邓巴明确这种受激反应并不是由花粉本身引起的，而是机体对花粉的反应引起的一种毒素的释放所造成的。1926 年，亨利·戴尔（1936 年诺贝尔生理学或医学奖得主）发现是组胺引起过敏反应，他还发现了受损伤的细胞会产生自己的组胺。直到 20 世纪 50 年代，巴黎巴斯德研究所的达尼埃尔·博韦才研制出了抗组胺的药物。

达尼埃尔·博韦（1907—1992 年），瑞士裔意大利药理学家。1929 年，他凭借一篇动物比较解剖学的论文取得了自然科学博士学位，接下来近 20 年博韦都在巴黎巴斯德研究所工作。1964 年，他成为萨萨里大学药理学教授。1971 年，他成为罗马大学的精神生物学教授。博韦和他的小组在发掘看似很不同的自然或合成分子的联系上取得了成功。他们发掘了肾上腺素以及其他拟交感药、安非他命、麦角酸衍生物的分子结构和功能之间的联系。博韦和富尔诺研究了第一种抗交感产物 F.883-1,4- 二氧杂环乙烷的一种衍生物。这个发现启迪他去发现抗组胺药。该研究的出发点是观察肾上腺素、乙酰胆碱和组胺的相似性，这三种生物胺都有强劲的药理特性。现在由于副抗交感物质的发现（自 1867 年发现阿托品的抗痉挛作用），他作出推论，能够对抗组胺的药物肯定存在。1946 年，博韦等人将加拉碘铵投入临床使用，这是一种非常强力的合成衍生物，被一代又一代的外科医生用于松弛全身肌肉。博韦独享 1957 年诺贝尔生理学或医学奖，以表彰他在肌肉松弛方面的进展和首次合成抗组胺的成就。

2.6 意大利的骄傲——丽塔·莱维 - 蒙塔尔奇尼

丽塔·莱维 - 蒙塔尔奇尼（女）（1909—2012 年），意大利籍和美国籍著名神经生物学家。她在 20 岁时说服父亲允许她到都灵大学医学院学习。在那里只有 300 多名男生、7 名女生。她开始与著名组织学家朱泽培·莱维教授一起研究神经细胞，莱维教授成为她一生的良师益友。1936 年，她以优异的成绩获得了医学学位，随后在神经学和精神病学专业又继续学习三年。然而，“二战”导致的混乱给她的生活造成严重影响。1939 年，意大利政府把专业岗位上的犹太人都开除了。因她是犹太人，她只得回到父母家建立一个小型实验室，莱维也来协助她的工作。1944 年，盟军把德国人赶出意大利。她和家人很快又回到了都灵，并重返学术岗位。1947 年，她决定前往美国，在华盛顿一边教学一边做研究工作。1953—1959 年，她和美国生物化学家斯坦利·科恩合作完成了一系列实验，这些实验奠定了他们获得诺贝尔奖的基础。1956 年，她加入美国国籍，但仍保留意大利国籍。同年，她晋升为副教授。1958 年，她晋升为正教授一直工作至 1977 年退休。1968 年，她成为第十位进入建立于 1863 年、声望极高的美国国家科学院的女性。20 世纪 50 年代初，她发现动物在受伤以后，会用舌头去舔伤口，而伤口很快便会愈合。她从分析动物的这一行为入手，于 1951—1953 年从小白鼠唾液中发现和分离出能促进动物皮肤表皮细胞生长发育的物质和能促进神经细胞生长发育的物质——神经生长因子，揭示出神经生长和演变规律。她的发现帮助科学家了解诸如癌症、先天性缺陷、老年痴呆症和孤独症等医学难题，帮助医学界治疗脊柱损伤。因发现“神经生长因子”和“表皮生长因子”，她和斯坦利·科恩共同荣获 1986 年诺贝尔生理学或医学奖。她一直过着温婉如玉的单身贵族的生活，为了她的科学，她还将一直继续下去，然蓦然一惊，年华向晚；人到暮年，岁月沉香。

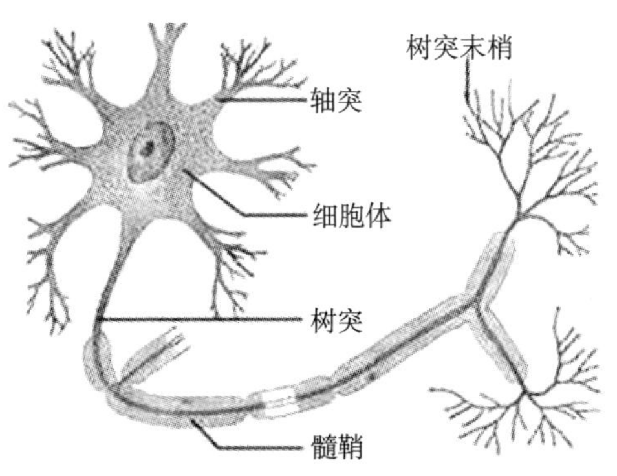

图 6-1　中、老年蒙塔尔奇尼和神经生长因子

从华盛顿大学退休之后，她回到了意大利。她是史上最长寿的诺贝尔奖得主，2001 年被意大利总统钱皮提名为终身参议员。2012 年 12 月 30 日，午饭后她安详离世。意大利总理蒙蒂发表声明，向蒙塔尔奇尼的“人格魅力和顽强精神”致敬，赞誉她是意大利的骄傲。在迎来 103 岁生日前两天，她在网络上留言：“人生最重要的是永远不放弃生活或甘于平庸、消极顺从。”这正是她激情奔放而优雅的人生诠释。

第三节　葡萄牙及其诺贝尔奖得主

3.1　葡萄牙的崛起和国力

葡萄牙东邻西班牙，西部和南部濒临大西洋。除欧洲大陆的领土以外，大西洋的亚速尔群岛和马德拉群岛也是葡萄牙领土。现代欧陆的葡萄牙疆界是在 1270 年国王阿方索三世手中完成的。15 世纪时还不到 100 万的人口的小国，面积还不如我国的浙江省。当初仅仅是为了获取香料的欲望，却开创了真正意义上的人类大航海时代。巴尔托洛梅乌·迪亚士、瓦斯科·达伽马和费迪南德·麦哲伦等一代代航海家开辟了从大西洋往南绕过好望角到达印度的航线。1492 年意大利航海家哥伦布代表西班牙抵达了美洲。当葡萄牙探险家麦哲伦完成人类第一次环球航行后，原先割裂的世界终于由地理大发现连接成一个完整的世界，世界性大国也就此诞生。葡萄牙依靠新航线和殖民掠夺建立起势力遍布全球的殖民帝国，并在 16 世纪上半叶达到鼎盛时期，葡萄牙甚至和西班牙共同签署了托尔德西里亚斯条约，意图瓜分世界，成为第一代世界超级大国。16—18 世纪，它成为影响世界的最强大的全球性帝国。现存欧洲国家当中，它是殖民历史最悠久的国家，掠夺财富、贩卖黑奴、残杀土著、摧毁文化……自从 1415 年攻占北非的休达到 1999 年澳门政权移交，殖民活动几近 600 年，曾在非、亚、美拥有 53 个国家的部分领土，也使其官方语言葡萄牙语成为两亿四千万人的共同母语和世界第六大语言。葡萄牙展示的就是它磅礴的开拓勇气和不屈的傲气，向全世界证明其力量不可小觑。由此可以看到，国家的昌盛并不是以人口、面积来衡量的。

1910 年 10 月的革命推翻了葡萄牙王室，成立第一共和国。1932 年，安东尼奥·萨拉查建立其带法西斯性质的新国家体制、葡萄牙历史上的第二共和国，成为独裁者。1974 年，该国发生“康乃馨革命”，推翻了持续 42 年的极右政权，开始民主化进程，葡萄牙才重新成为自由民主国家。1986 年，苏亚雷斯成为 60 年来的第一位文人总统。

葡萄牙是一个高度发达的资本主义国家，拥有相当完善的旅游业，也是欧盟成员国之一，欧元和北约创始成员国之一。它工业基础较薄弱，纺织、制鞋、酿酒、旅游等是国民经济的支柱产业。它是一个议院制的共和国，宪法规定总统、议会、政府和法院是国家权力机构；实行多党制，主要政党有 6 个。国土面积 9.2212 万平方公里，小于我国的浙江省，人口数量 1049.71 万（2013 年），GDP 总计 2295.84 亿美元（2014 年，国际汇率），人均 GDP 为 22081 美元（2014 年，国际汇率）。葡萄牙实行 12 年义务教育，包括基础教育和中等教育。高等教育为大学 4 ~ 5 年。2010 年，识字率为 95.2%。主要大学有科英布拉大学、里斯本大学和里斯本理工大学等。截至 2017 年，葡萄牙获得的诺贝尔奖有生理学或医学奖（安东尼奥·莫尼兹，1949 年）1 个、文学奖（若泽·萨拉马戈，1998 年）1 个，总计 2 个。

3.2　脑血管造影术发明者——安东尼奥·莫尼兹

最早的大脑出现在 5 亿年前，经过了漫长的 4.3 亿年的进化，才演化成最早的灵长类动物的大脑。又经过 7000 万年左右，才发育成最早的猿人大脑。在 200 万年多的时间内脑容量增加了一倍还多，从重量只有 1.25 磅的猿人大脑进化成重达近 3 磅的智人的大脑。现代人大脑的功能同原始人的大脑一模一样，唯一的区别在于它的体积变大了。事实上，大脑的额叶部分长大了许多倍。在 20 世纪 30 年代，葡萄牙医生安东尼奥·莫尼兹找到了一种让情绪激动的精神病患者平静下来的方法。

安东尼奥·莫尼兹（1874—1955 年），葡萄牙医学教授。他毕业于科英布拉大学，1902 年成为教授。1911 年，他就任里斯本大学第一位神经学教授。1900—1917 年，他成为葡萄牙议会的一名代表，1917 年被任命为驻西班牙大使。1918 年，他任外交部部长，并且带领葡萄牙代表团参加 1919 年的巴黎和会。1919 年，从政坛引退后，他专注于神经学尤其是脑神经的研究。他发明了一种叫作血管造影术的技术，从而改善了颅内诊断。把一种染料注入大脑的动脉之中，这种染料在 X 光之下是不透明的，这样大脑中的肿瘤和创伤的位置和大小就可以被确定了。直到现在，莫里兹的这种技术仍然被沿用。他曾观察到摘除猴子的前脑叶可以消除猴子的神经疾病症状。看到这种方法用于治疗某种精神疾病的可能，他提出了针对人类使用的类似方法。他和阿尔梅达·利玛为 20 多个患者进行了手术，他们使用一个带有钢丝圈的中空针将连接大脑其他部分的神经纤维切断。基于脑前叶切除对某些精神患者有效的假说，他实施了脑白质切除法，开辟了一个新的医学分支学科——精神外科学。因此莫尼兹和瑞士生理学家瓦尔特·赫斯分享了 1949 年诺贝尔生理学或医学奖。不过这种手术一直很少有人使用，只是作为一种最后手段而已。

第四节　西班牙及其诺贝尔奖得主

4.1　西班牙的崛起和国力

西班牙西邻葡萄牙，东北部与法国及安道尔接壤，南隔直布罗陀海峡与非洲的摩洛哥相望，领土还包括地中海中的巴利阿里群岛、大西洋的加那利群岛及非洲的休达和梅利利亚。西班牙至 15 世纪始建立单一国家。近代史上，西班牙是一个重要的文化发源地，在文艺复兴时期是欧洲最强大的国家。1492 年，意大利航海家哥伦布代表西班牙抵达美洲。1513 年，西班牙冒险家巴波亚发现地球上最后一个当时尚未被发现的大洋——太平洋。1522 年，葡萄牙探险家麦哲伦完成人类第一次环球航行后，原先割裂的世界终于由地理大发现连接成一个完整的世界，西班牙和葡萄牙开启了西方国家重新认识这个地球的大门，大航海时代的世界性大国也就此诞生。西班牙依靠新航线和殖民掠夺建立起势力遍布全球的殖民帝国。在 16 世纪上半叶达到鼎盛时期，西班牙甚至和葡萄牙共同签署了托尔德西里亚斯条约，意图瓜分世界，成为第一代世界大国。16—18 世纪，它成为第一个影响全球的“日不落帝国”。它横跨大西洋到美洲，从阿拉斯卡到合恩角（巴西除外），以至亚洲西部、菲律宾到东亚。它作为征服者摧毁了阿兹特克、印加帝国和玛雅文明，并对美洲大片领土宣称主权。此时，凭借其经验丰富的海军，它称霸海洋；凭借其可怕、训练有素的步兵方阵，它主宰欧洲战场。随着大英帝国和法兰西帝国、瑞典与荷兰崛起，以及美西战争，西班牙依靠掠夺迅速崛起，却又因为没有发展工商业导致帝国很快盛极而衰。至 1898 年西班牙丧失了所有海外殖民地，国际大国地位不复存在，并在“一战”中保持中立。现今全球有 5 亿人口使用西班牙语，为世界上总使用人数第三多的语言。西班牙涌现出许多著名的作家及文艺作品，包括贡萨洛·贝尔塞奥（1195—1265 年）的《亚历山大之歌》，胡安·鲁伊斯（1283—1350 年）的《真爱诗集》，胡安·曼努埃尔（1282—1348 年）的《卢卡诺尔伯爵》，豪尔赫·蒙特马约尔（1520—1559 年）的《狄安娜》，塞万提斯·萨维德拉（1547—1616 年）的著名长篇小说《堂·吉诃德》，“西班牙民族戏剧之父”洛佩·维加（1562—1635 年），现代艺术的创始人毕加索（1881—1973 年）等。

1931 年，西班牙王朝被推翻，建立第二共和国。1936 年，佛朗哥（1892—1975 年）发动叛乱，引发三年的西班牙内战。1939—1975 年，佛朗哥独裁统治长达 36 年之久。1975 年，佛朗哥病死，胡安·卡洛斯一世登基，恢复君主制，开始向西方议会民主政治过渡。1978 年新宪法正式出台。宪法规定西班牙是社会与民主的法制国家，实行君主立宪制，议会民主制，王位由胡安·卡洛斯一世的直系后代世袭。西班牙政治采取议会代议民主君主立宪之政体，即国王为国家元首与武装力量总司令，总理则是政府最高首脑。西班牙议会由参议院和众议院组成，行使立法权。西班牙实行多党制，主要政党有 5 个。1982—1986 年，西班牙先后加入北约和欧共体。西班牙是一个高度发达的资本主义国家，是欧盟和北约成员国，国内生产总值（GDP）世界排名第 13 位，也是世界上最大的汽车生产国之一。国土面积 50.5925 万平方公里，略大于我国的四川省，人口数量 4650.78 万（2014 年），GDP 总计 1.40 万亿美元（2014 年，国际汇率），人均 GDP 为 30262 美元（2014 年，国际汇率）。西班牙中、小学实行免费义务教育（6 ~ 16 岁），大学 4 ~ 5 年。著名大学有巴塞罗那大学、马德里康普顿斯大学和萨拉曼卡大学等。截至 2017 年，西班牙获得的诺贝尔奖有生理学或医学奖 1 个、文学奖 5 个（何塞·埃切加赖，1904 年；马丁内斯，1922 年；希梅内斯，1956 年；阿莱克桑德雷，1977 年；卡米略·塞拉，1989 年），总计 6 个。

4.2　现代神经科学之父——桑地牙哥·拉蒙 - 卡哈尔

大脑是人体中最神秘和深奥的小物体，为什么这个奇妙构物体能记忆、思考、烦恼和想象，发挥丰富多彩、妙不可言的机能？大脑重量仅占人体的 2%，但消耗的氧和葡萄糖却占人体的 20% ~ 25%，它有 1000 亿个细胞，大脑是通过脑神经细胞所构成的神经系统束发挥机能的。人类为解开这个谜团已取得基础性成果。神经系统的细胞主要包括神经元和神经胶质细胞。神经元是神经系统的基本结构和功能单位之一，它具有感受刺激和传导兴奋的功能。人类中枢神经系统中约含 1000 亿个神经元，仅大脑皮层中就约有 140 亿个。神经元的基本结构可分为细胞体和突起两部分。细胞体包括细胞膜、细胞质和细胞核。突起由胞体发出，分为树突和轴突两种。神经细胞呈三角形或多角形，可以分为树突、轴突和胞体这三个区域。神经元的基本功能是通过接受、整合、传导和输出信息实现信息交换。现代神经科学主要是由桑地牙哥·拉蒙 - 卡哈尔创建的。

桑地牙哥·拉蒙 - 卡哈尔（1852—1934 年），西班牙病理学家、神经学家。他在少年时代就展现了其绘画天赋。他父亲是一位应用解剖学教授，极力劝说他去学习医学，并主要在他父亲指导下学习。1873 年，他获得萨拉戈萨的医学执照，并通过了一场竞争激烈的考试成为随军医生。1874—1875 年，他参加前往古巴的探险，却不幸在那里染上疟疾和肺结核。回国后，1875 年他成为萨拉戈萨医学院解剖学系的研究助理。1877 年，他获得马德里大学医学博士学位。1883—1892 年，他先后担任几所大学系统解剖学教授、组织与病理解剖学教授。1900—1901 年，他被任命为国立卫生研究所和生物学研究所的主任。他对于大脑的微观结构研究是开创性的，被认为是现代神经科学之父。他绘图技能出众，他所绘制的关于脑细胞的几百个插图至今仍用于教学。1880 年，他开始发表科学著作，最著名的著作有《标准组织学和显微技术手册》(1893 年，第二版)。这本手册的概要整合了一些附录，一并包含在 1897 年出版的《组织学精要集》标题下；1890 年他还出版了《病理解剖学》。其他主要著作有《神经中枢精细组织学的新思路》和《人类与脊柱动物的神经系统教科书》等。他和意大利医生、神经学家、组织学家卡米洛·高尔基共同发展和完善了硝酸银技术，并详细地描述神经细胞的复杂结构，因而两人共同荣获 1906 年诺贝尔生理学或医学奖。

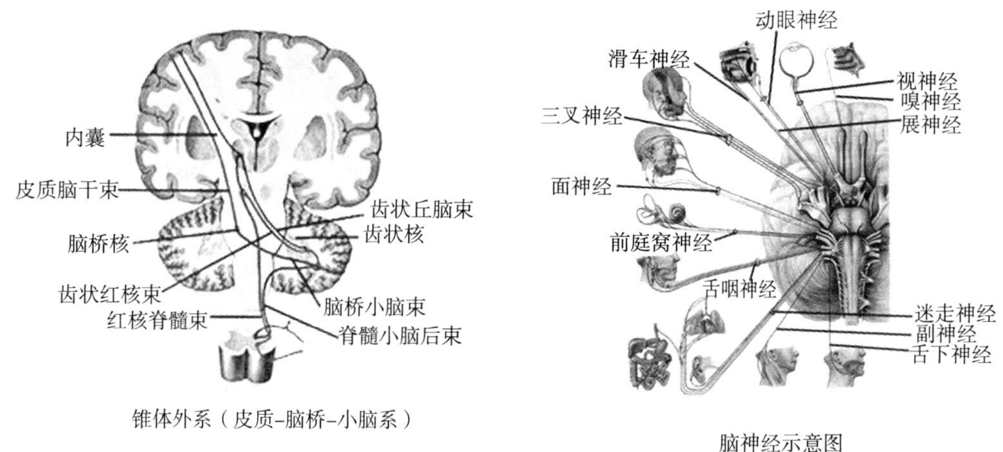

图 6-2　脑神经系统示意图

他及其学生的西班牙语论文出现在《正常与病理组织学季度回顾》中，随后又结集为续编《马德里大学生物学研究实验室通讯集》。他所获得的荣誉包括马德里皇家科学院院士、马德里皇家医学院院士、西班牙医学与外科学院荣誉成员等。他还获得几所著名大学哲学博士学位并成为瑞典科学院院士。

4.3 重建西班牙文学的先驱者——卡米略·塞拉

卡米略·塞拉（1916—2002 年），西班牙小说家。1936 年，他以诗集《踩着可疑的阳光走》踏上文坛。他的第一部长篇小说即他最出名的作品是其处女作《杜瓦尔德一家》。小说一经发表，立刻赢得好评如潮。直至今日，《杜瓦尔德一家》也被视作在弗朗哥独裁时代，令西班牙文学走出荒漠化时期的里程碑式的名著。这部作品开“战后小说”的先声，奠定作家在西班牙文学史的地位。在西班牙小说中，其影响仅次于《唐·吉诃德》。塞拉是位多产作家，在从事文学创作的 50 多年里，出版的作品已达 40 多部，其中重要的还有《静心阁》《金发女人》和《为亡灵弹奏玛祖卡》等。其中《为亡灵弹奏玛祖卡》为塞拉晚年的重要作品。此外他还创作了大量的短篇小说、散文、游记、诗歌和剧本等。塞拉以其代表作品《踩着可疑的阳光走》《蜂房》《帕斯夸尔·杜阿尔特一家》荣获 1989 年诺贝尔文学奖。获奖消息传出后，在世界文坛上引起了一番争论。1989 年诺贝尔文学奖的候选人中，有马里奥·略萨（2010 年诺贝尔文学奖得主）、帕斯（1990 年诺贝尔文学奖得主）、富恩特斯、格林、君特·格拉斯（1999 年诺贝尔文学奖得主）、米兰·昆德拉和欧茨等一大批世界公认的名家巨匠。塞拉居然力挫群雄，荣摘桂冠，不少人都觉得不可思议。尽管争论不断，但塞拉确实是一位富有挑战精神和革新精神的作家，不仅是战后复苏和重建西班牙文学的先驱者，开辟了一代文风，而且对拉丁美洲的文学也产生了重大的影响。1995 年，塞拉又获塞万提斯文学奖，同时创下第一个先获诺贝尔文学奖、再获得塞万提斯奖的先例。

在西班牙文学史上，塞拉是继塞万提斯、佩雷斯·加尔多斯（西班牙 19 世纪杰出的现实主义小说家）之后又一个里程碑，是当今西班牙最负盛名的作家。他被选为西班牙皇家学院院士，并被国王卡洛斯任命为参议员，还曾分别获得西班牙国家文学奖和西班牙阿斯图里亚斯亲王文学奖。2002 年塞拉去世时，备极哀荣，西班牙国王胡安·卡洛斯、王后索菲娅和首相阿斯纳尔均在当天亲赴塞拉去世的诊所，为他的遗体送别。2009 年，巴塞罗那一家法庭裁定，塞拉剽窃女作家玛丽亚·福尔莫索的小说《卡门，卡麦拉，卡米尼亚》罪名成立。塞拉这样的作家实在令诺贝尔奖蒙羞。

第五节　南斯拉夫及其诺贝尔奖得主

南斯拉夫的西北部与意大利相邻，北部与奥地利和匈牙利交界，东北部同罗马尼亚为邻，东部与保加利亚接壤，南部与希腊和阿尔巴尼亚相接，西南部濒临亚得里亚海。南斯拉夫是一个独特的国家，其中东方阵营和西方阵营国家之间维持了微妙平衡。南斯拉夫的总统约瑟普·铁托是七十七国集团的创始者之一。更重要的是，南斯拉夫扮演着西方国家和苏联之间缓冲国的角色，也使得苏联无法在地中海拥有据点。然而，在铁托去世之后，戈尔巴乔夫掌权的苏联实施了经济改革和开放政策，西方国家认为苏联已经足够安全，南斯拉夫不再拥有重要的战略地位。6 世纪，斯拉夫人的一支开始突破拜占庭帝国的多瑙河防线，侵袭巴尔干半岛。7 世纪，他们在巴尔干半岛定居下来，逐渐同当地土著居民融为一体，统称南部斯拉夫人。13 世纪初建立的塞尔维亚国仅存在约 200 年。14—16 世纪，土耳其人征服了巴尔干半岛，建立了长达 5 个多世纪的军事封建统治。同时，克罗地亚、斯洛文尼亚、亚得里亚海沿岸分别被奥地利和威尼斯共和国所占领。只有杜布罗夫尼克共和国直到 19 世纪初仍保持着独立地位。从此，南斯拉夫两部分分别属于不同的政治、经济、宗教和文化，历史地形成了三种主要宗教：东正教、天主教和伊斯兰教；存在着三种不同的斯拉夫语言：塞尔维亚 - 克罗地亚语、斯洛文尼亚语和马其顿语；使用两种不同的字母：基里尔字母和拉丁字母。这种宗教和文化上的差异一直延续到今天。1918—1929 年，中经几度变化最终改名为南斯拉夫王国。在“二战”期间，共产党组织反法西斯的游击队，并最终击败法西斯，1945 年建立南斯拉夫社会主义联邦共和国，铁托作为终身总统。铁托逝世后的 1992 年，一系列冲突和政治动荡使得联邦共和国解体。南斯拉夫的八个联邦构成单位包括了六个共和国：斯洛文尼亚、克罗地亚、波斯尼亚和黑塞哥维纳、马其顿、黑山、塞尔维亚，以及塞尔维亚境内的两个自治省：科索沃地区（2008 年从塞尔维亚独立）和伏伊伏丁那。

南斯拉夫曾是一个区域性的经济强国，并在经济上取得成功。1960—1980 年，南斯拉夫的国内生产总值（GDP）以年均 6.1% 的速度增长。南斯拉夫的医疗系统是免费的，并且预期寿命达到 72 岁。南斯拉夫的教育事业迅速发展起来。从 6 岁开始，实施一年小学预备教育，小学毕业生中有 97% 可以受到中等教育，识字率达到了 91%。1945 年独立后的 30 多年间，全国中等学校学生增加到 109 万人，大学生增加到 40 多万人。1979 年平均每 1 万人中约有大学生 200 人。大学主要有贝尔格莱德大学、萨拉热窝大学、萨格勒布大学和铁托格勒大学。截至 2017 年，南斯拉夫获诺贝尔文学奖 1 个（伊沃·安德里奇，1961 年）。

第七章

东欧国家及其诺贝尔奖得主

第一节　苏俄及其诺贝尔奖得主

1.1　苏俄引领世界的优势和国力

俄罗斯位于欧亚大陆北部，地跨欧亚两大洲。陆地邻国西北面有挪威、芬兰，西面有爱沙尼亚、拉脱维亚、立陶宛、波兰、白俄罗斯，西南面是乌克兰，南面有格鲁吉亚、阿塞拜疆、哈萨克斯坦，东南面有中国、蒙古和朝鲜。同时，俄罗斯还与日本、加拿大、格陵兰、冰岛、瑞典和美国隔海相望。

1521 年，莫斯科公国完成统一，从此结束了长达 240 年蒙古鞑靼的统治，形成以莫斯科为中心的独立的俄罗斯国家，开始逐步建立农奴制度。公元 15 世纪末，大公伊凡三世建立莫斯科大公国。1547 年伊凡四世自称沙皇，建立沙皇俄国，并在 1721 年由彼得一世改称俄罗斯帝国。俄罗斯在彼得一世以前几乎是文化蛮荒，宫廷里通用的语言是法语，不会流利的法语被认为是乡巴佬。文学和音乐也来自法国，绘画来自于意大利，科学主要来自今德国。可在短短一百多年时间里，他们就创造了伟大的科学、文学、音乐。原因就在于他们不故步自封、抱残守缺，勇于吸收学习。1697 年，为使俄国迎头赶上当时欧洲的文明进程，俄国沙皇彼得一世前往欧洲各国游历和学习。归来后，他用强硬手段推行一场社会变革。从穿衣、吃饭，甚至规定男人都不得蓄胡子，到科学教育、商业活动、军队建设，他用野蛮的方式消除了俄罗斯人的野蛮习气，推进了俄罗斯的文明进程。继承彼得一世改革的女皇叶卡捷琳娜二世引进欧洲的启蒙思想，重视教育，并试图起草法律，但改革无法触动农奴制。女皇的业绩最终表现在领土扩张上，到 18 世纪后期，莫斯科公国经过 300 年扩张，俄罗斯成为地跨欧亚美的大国，并成为欧洲事务中的重要角色。沙皇俄国的国力在 19 世纪达到空前鼎盛，是当时的世界列强之一，自称第三罗马。但是，农奴制使俄罗斯很快在经济、技术领域落后于完成了工业化的英、法等国。在“战争—革命—改革”的多次反复中，这个在传统和现代之间徘徊的民族，逐渐形成自己的思考能力。列夫·托尔斯泰等一批俄罗斯知识分子希望能够找到一条自己的道路。正是在这样的思考中，俄罗斯逐渐创造了属于自己的独特文明。

在上千年的历史长河中，俄罗斯人创造出丰富的人类文化、艺术，成为文化强国。著名哲学家、思想家有杰出的革命民主义者和思想家赫尔岑（1812—1870 年），哲学家、文学评论家别林斯基（1811—1848 年），哲学家、作家和批评家车尔尼雪夫斯基（1828—1889 年），杰出的思想家格奥尔基·普列汉诺夫（1856—1918 年）等；著名作家有以代表作《罪与罚》被誉为现代主义文学鼻祖的费奥多尔·陀思妥耶夫斯基（1821—1881 年），以代表作《前夜》著称的伊凡·屠格涅夫（1818—1883 年），以代表作《变色龙》《套中人》被誉为短篇小说巨匠安东·契诃夫（1860—1904 年），以鸿篇巨著《战争与和平》和《安娜·卡列尼娜》享誉世界的列夫·托尔斯泰（1828—1910 年），诺贝尔奖得主伊万·蒲宁（1870—1953 年），以小说《洛丽塔》传世的弗拉基米尔·纳博科夫（1899—1977 年）等；著名诗人有以诗体小说《叶甫盖尼·奥涅金》被誉为俄国最伟大的诗人亚历山大·普希金（1799—1837 年），以代表作《白桦》见长的田园派诗人谢尔盖·叶赛宁（1895—1925 年），以代表作《黄昏》《念珠》被称为“俄罗斯诗歌的月亮”的安娜·阿赫玛托娃（1889—1966 年），诺贝尔奖得主约瑟夫·布罗茨基（1940—1996 年）等；著名音乐家有以“民族英雄悲壮歌剧”《伊万·苏萨宁》闻名的格林卡（1804—1857 年），以芭蕾舞剧《天鹅湖》《胡桃夹子》闻名遐迩的柴可夫斯基（1840—1893 年），以《第七交响曲》享誉世界的肖斯塔科维奇（1906—1975 年）等；著名画家有以代表作《伏尔加河纤夫》扬名四海的伊利亚·列宾（1844—1930 年），以《近卫军临刑的早晨》著称的历史画巨匠瓦西里·苏里柯夫（1848—1916 年）和以现实主义风景画见长的伊凡·希施金（1832—1898 年）等。近代以降，俄罗斯知识分子历尽苦难却不屈服，坚守道义而不自暴自弃，给世人留下了宝贵的精神财富。听从良知召唤，不依附、不苟且的品质，几乎成了俄罗斯知识分子的标签。

第一次世界大战摧毁了沙皇俄国，1917 年俄罗斯帝国爆发二月革命，导致沙皇下台。1917 年 11 月 7 日，布尔什维克从临时政府手中夺取政权，苏维埃政权诞生。在探索从未有人实践过的社会主义道路时，列宁根据实际情况的需要，及时将战时共产主义政策调整为新经济政策，保护了农民，使苏联经济逐渐复苏。列宁去世后，在面临封锁和战争威胁的国际环境下，斯大林决定牺牲农民利益，加快工业化进程，开始实施计划经济，优先发展重工业。随着两个五年计划的完成，苏联一跃成为工业强国，令正处于经济危机中的欧美各国惊叹不已。工业化成就的光芒掩盖了计划经济模式的弊端。但很快到来的“二战”检验了工业化成果，苏联新工业区的威力和苏联人民的巨大牺牲，使它赢得了战争的胜利，也赢得了一个负责任大国应有的地位。它作为一次前无古人的伟大实践，苏联为全人类提供了前无古人的经验、教训和思考。20 世纪中后期，苏联和美国两个超级大国的军备竞赛，耗尽苏联的国力。随着柏林墙的坍塌、东欧国家政体剧变，被苏联吞并的波罗的海三国率先独立，1991 年 12 月 25 日，苏联轰然解体为 15 个独立国家，世界上第一个社会主义国家灰飞烟灭，标志着冷战两极格局结束。从此不再有“一个幽灵，一个共产主义的幽灵在欧洲游荡”。今天，俄罗斯人正在为民族复兴而努力，这个韧性民族的未来值得期待。“其兴也勃焉，其亡也忽焉”“前车之覆轨，后车之明鉴”。

莫斯科大学的物理实验室是世界著名实验室，由实验物理学奠基人 A. G. 斯托列托夫创立。彼得·列别捷夫成为斯托列托夫助手，他不仅是学者，而且是杰出的组织者。他把许多优秀的物理学家组织在一起，形成了列别捷夫学派，对俄国物理学发展影响很大。该实验室至今已有 8 名诺贝尔奖获得者：谢苗诺夫（1956 年）、伊戈利·塔姆（1958 年）、伊利亚·弗兰克（1958 年）、列夫·朗道（1962 年）、尼古拉·根纳季耶维奇·巴索夫（1964 年）、彼得·卡皮察（1978 年）、维塔利·金兹堡（2003 年）和阿列克谢·阿布里科索夫（2003 年）。

苏联解体后，俄罗斯联邦成为苏联的唯一继承国。它继承了苏联的大部分军事力量，综合军事实力居世界第二，拥有世上最大的核武器库。在“一超多强”的国际体系中，俄罗斯是有较大影响力的强国。俄罗斯继承了苏联科技体系，依然是当今世界的科技大国之一，在基础研究方面位居世界前列。主要工业部门有机械、冶金、石油、天然气、煤炭及化工等，尤其军工实力雄厚，特别是航空航天技术，居世界前列。在作为宇航业尖端技术的轨道空间站技术方面，俄罗斯领先于美欧等西方国家。俄罗斯是联合国安全理事会五大常任理事国之一。俄罗斯宪法确立实行法国式的半总统制联邦国家体制，俄罗斯联邦实行的是联邦民主制，根据资产阶级立法、司法、行政三权分立又相互制约、相互平衡的原则行使职能。总统是国家元首，任期 4 年（现改为 6 年），由人民直选产生。联邦会议采用两院制，俄实行多党制，主要政党有 6 个。国土面积 1709.82 万平方公里（2015 年），是世界上面积最大的国家。人口数量 1.43 亿（2014 年），GDP 总计 1.86 万亿美元（2014 年，国际汇率），人均 GDP 为 12937 美元（2014 年，国际汇率）。俄罗斯是教育大国，自然科学和基础研究方面，高等教育的水平居世界前列，航空航天、军事工业等工程技术领域亦属世界一流。在人文和社会科学拥有优秀传统和鲜明风格。但科学精英流失严重，其中最著名的莫过于因发现石墨烯获得 2010 年诺贝尔物理学奖的康斯坦丁·诺沃肖洛夫和安德烈·海姆。著名大学有莫斯科大学、圣彼得堡国立大学、莫斯科鲍曼国立技术大学、莫斯科门捷列夫化工大学、圣彼得堡海洋技术大学、莫斯科国立柴可夫斯基音乐学院和圣彼得堡列宾美术学院等。截至 2017 年，俄罗斯获得的诺贝尔奖有物理学奖 9 个、化学奖 1 个、生理学或医学奖 2 个、经济学奖 1 个、文学奖 4 个、和平奖 2 个（安德烈·萨哈罗夫，1975 年；米哈伊尔·戈尔巴乔夫，1990 年），总计 19 个。

1.2　最后一个全能的物理学家——列夫·朗道

列夫·朗道（1908—1968 年），苏联犹太人，被誉为世界上最后一个全能的物理学家、理论物理学领域的举世闻名的泰斗，共产党党员。朗道是名神童，14 岁进入巴库大学攻读数学和化学。两年后，他进入列宁格勒大学，1927 年因为表现过于突出，在 1934 年免去答辩环节，被直接授予朗道理学博士和数学博士学位。不久，他受到一项基金的资助，在欧洲各国游学 2 年，遍访物理学泰斗。1929 年，他来到丹麦玻尔研究所，跟从尼尔斯·玻尔（1922 年诺贝尔物理学奖得主）等人研究量子力学。是年，玻尔邀请爱因斯坦到哥本哈根作报告。爱因斯坦刚讲完，21 岁的朗道便站起来指出其中一个错误。略微沉思之后，爱因斯坦这样认错：“大家可以把我今天讲的全部忘掉。”人们从此忘不掉的是朗道。在那里，他参加了玻尔主持的理论物理讨论班，初步展露出才华。玻尔在物理方面的直觉令朗道佩服不已，后来朗道时常提到自己是玻尔的学生。其间，他还访问过卢瑟福主持的剑桥大学卡文迪什实验室，在那里结识了苏联物理学家卡皮察（1978 年诺贝尔物理学奖得主）。1931 年，他回国并于 1932 年担任乌克兰技术物理研究所理论部主任。1937 年，他前往莫斯科，在卡皮察的物理问题研究所担任理论部主任，并在莫斯科大学任教，不久后他创建了液氦超流性的理论。

1938 年冬，在当时的“大清洗”中，他突然以“德国间谍”的罪名被捕，并被判处十年徒刑，送到莫斯科最严厉的监狱。为了营救他，尼尔斯·玻尔专门给斯大林写信，恳求赦免，但不奏效。卡皮察更是押上自己的身家性命，向斯大林保证朗道不再从事任何反革命活动。他告诉斯大林，自己在低温领域的研究获得重大进展，急需理论家的帮助，而苏联只有朗道从事这方面的理论研究。或许是斯大林认识到朗道的价值，就在朗道觉得自己“再在监狱待半年必然会死掉”时，1940 年已经奄奄一息的他终于获释。从此，处处都有密探监视他的一言一行，并汇报给安全部门。朗道曾经参与苏联的核武器研制计划，在其中进行数值计算工作。朗道于 1946 年被选为苏联科学院院士，并因此两次获得斯大林奖金，还在 1954 年被授予“社会主义劳动英雄”称号。他的生活和与外国学者的交往，一直受到苏联国家安全委员会保密局的秘密监视。1953 年，斯大林的死讯让朗道误以为他彻底获得自由。他立即停下手头的核武器研究，并宣称“他死了，我不怕了，所以我不干了”。全能的物理学家纯真如孩童，对政治的险恶全然不知。他不知道，新上台的赫鲁晓夫也不信任他，他依旧是现实中的囚徒。

1958 年，为了庆祝朗道的 50 岁寿辰，苏联原子能研究所送给他两块青石板，上面仿照《圣经》中的“摩西十诫”，刻着朗道在物理学中做出的最重要的十项贡献，被称为“朗道十诫”。

1962 年 1 月 7 日，他经历了一次严重的车祸，震动了整个物理学界。众多苏

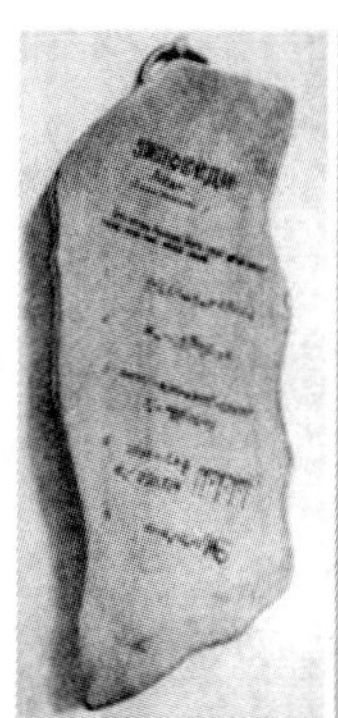
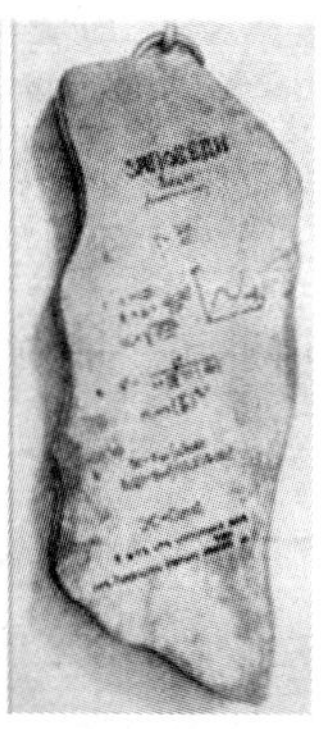

图 7-1　朗道和朗道十诫青石板

联物理学家聚集到他的病房，在医院的长廊点上烛光为他祈祷。尼尔斯·玻尔亲自安排一流的医生前往莫斯科为朗道治疗。车祸严重损害了朗道的身体健康。在昏迷了大约两个月后，朗道醒来，但智力已经发生严重的退化。这次车祸也引起诺贝尔奖评奖委员会的关注，由于该奖不授予逝者，他们担心朗道会随时离世，便将 1962 年诺贝尔物理学奖授予学术生涯已经结束的朗道，表彰他对凝聚态物质的开创性研究和对液氦的超流动性先驱性理论的建立。当时由于他身体原因，不能前往国外领奖。结果诺贝尔奖基金会打破了惯例，历史上第一次不是在瑞典首都由国王授奖，而是由瑞典大使在莫斯科授予朗道这一物理学研究的最高荣誉。

朗道对科学追求的信念，在激流中始终安如泰山磐石。他经历了 30 年的囚徒生涯，但始终不曾放弃对科学的追求，研究成果丰硕。朗道与他的学生、杰出的理论物理学家E. M. 栗弗席兹和л. п. 皮塔耶夫斯基等人撰写的《理论物理学教程》(共十卷)，是一部享誉世界的理论物理学巨著，是反映经典物理学向现代物理学转变的里程碑式的著作，对苏联乃至世界的物理学教学影响巨大。他对学生的要求近乎苛刻，朗道曾在课堂黑板上方悬有一幅《牧人吹笛羊群吃草》的油画，朗道本人解释说：他是牧人，学生是羊，他只不过是“对羊吹笛”——这就是“对牛弹琴”的隐意，这对于苏联物理学界的学风产生了颇为深远的影响。报考他的研究生，必须通过一系列严格的考试，称之为“朗道位垒”。“朗道位垒”的考试科目包括 2 门数学和 8 门物理，所有通过且被朗道认可者，都会被朗道记在一个小本子上，共有 43 个名字——这就是特定含义的“朗道学生”。后来这 43 个人都成为物理学界的佼佼者。1968 年 4 月，朗道在莫斯科逝世，临终前的一句话是：“我这辈子没有白活，总是事事成功。”

1.3 液态氦的超流动性发现者——彼得·卡皮察

彼得·卡皮察（1894—1984 年），苏联著名物理学家。1918 年，他毕业于圣彼得堡工学院，1921 年赴英国剑桥大学留学。他在该校与诺贝尔奖得主卢瑟福一起工作，在那里进行强磁场方面的研究。1923年，他首先把威耳孙云室置于强磁场中，并观察 α 粒子径迹。1924 年，他提出获得高能磁场的脉冲方法，并制成达到 5 万高斯磁场的装置。1928 年，他在强磁场中发现一系列金属电阻与磁场强度之间的线性关系，被称为卡皮察定律。1929年，他被选为英国皇家学会会员。1930—1934 年，他任专门研究强磁场的剑桥大学皇家学会蒙德实验室主任。

1934 年，卡皮察回国探望母亲，从此留在苏联。1935 年，他任苏联科学院瓦维洛夫物理研究所所长，1939 年当选为苏联科学院院士。在此期间，他开始一系列的实验以研究液态氦为主，并于 1938 年发现超流性。他发现的这些新的物质状态从固体向液氦传热时，在分界处产生温度的骤增现象，后人称之为“卡皮察温度骤增”。1939 年，他开发出一种新的液化空气的方法——使用一种特殊的高效率涡轮膨胀低压力循环。“二战”期间，他被分配到工业部门负责制取工业氧，他发展了他的低压扩展技术并应用在工业上。1950—1955 年，他发明高功率微波发生器，功率达 300 千瓦，并发现了一种新的连续高压放电等离子体，其电子温度超过 100 多万开尔文。这一成果在实现可控热核反应方面开辟了新的研究方向。紧随“二战”结束后，一群苏联著名科学家（包括卡皮察）游说政府建立一个新的技术大学，即著名的莫斯科物理技术学院。卡皮察任教多年。从 1957 年起，他是主席团成员，也是苏联科学院院士。1938 年，卡皮察和约翰·艾伦等人发现了液态氦 -4 在低温下的超流体。他发现温度低于 2.17K 时氦几乎没有黏性，即对流动没有阻力。1941 年他发现，当热流经过固体与超流氦的界面时，温度在界面上有一个不连续的跃变，这一现象被称为卡皮察热阻。卡皮察因对低温物理学的研究与阿诺·彭齐亚斯和罗伯特·威尔逊共享 1978 年诺贝尔物理学奖。他在科学上最大的贡献是研究证明了温度低于 2.17K 时流过狭缝的液态氦的流速与压差无关，并得出“温度低于 2.17K 时，液态氦是超流动的，液体内部以及液体与器壁之间都没有摩擦力”的结论。更令人钦佩的是，卡皮察以身家性命为担保向斯大林竭力营救在当时的“大清洗”中以“德国间谍”的罪名被捕、并被判处十年徒刑的列夫·朗道。朗道终于因凝聚态特别是液氦的先驱性理论，被授予 1962 年诺贝尔物理学奖。如果没有卡皮察的竭力营救，世界则少了一位物理学的天才和诺贝尔奖得主。

1946 年，卡皮察因违抗贝利亚的指令，拒绝参加苏联的核武器研制计划被革去研究所主任的职务，被软禁在家。这期间他研究球状闪电。斯大林去世后，卡皮察恢复了原来的职务，重新担任研究所主任，直到 1984 年逝世。卡皮察获 2 次苏联国家奖金，6 枚列宁勋章，以及玻尔奖章、卢瑟福奖章和亥姆霍兹奖章等。其主要著作有《大功率电子学》《理论、实验和实践》和《物理学的任务》等。苏联解体后，1994 年俄罗斯发行面值 150 戈比的彼得·卡皮察诞辰百年纪念邮票，2000 年再发行面值 1.75 卢布的彼得·卡皮察邮票纪念，以表彰卡皮察对科学技术的贡献。

1.4　分支链式化学反应理论奠定人——尼古拉依·谢苗诺夫

传统的化学只注重反应物和产物的研究，对于反应物如何转变成产物，转变的复杂机制和过程则很少注意。1913 年，德国化学家博登斯曾提出链式反应的概念，用以解释氢和氯反应生成氯化氢的复杂过程。1916 年，德国物理化学家能斯特（1920 年诺贝尔化学奖得主）提出氯化氢生成的链反应机理。他认为，在这个反应过程中，会形成作为“中间体”的自由基。尼古拉依·谢苗诺夫在系统地研究链反应机理链反应后，提出不仅有简单的直链反应，还会形成复杂的“分支”。所以，谢苗诺夫提出了“分支链式”反应的新概念，并指出链式反应有着普遍的意义和广泛的实用价值。

尼古拉依·谢苗诺夫（1896—1986 年），苏联化学家、共产党员，苏联化学界的学术带头人之一，是苏联建国后第一个获得诺贝尔奖的学者。1917 年，他以优异的成绩毕业于彼得格勒大学数学力学系，他是约飞学派领袖、苏联著名物理学家约飞的学生和助手。这段大学生活为他打下良好的数学和物理学基础，使他的知识结构优于一般化学家。1920—1930 年，他在约飞创办的列宁格勒技术物理研究所工作，被任命为列宁格勒化学物理所所长。1932 年，他被选为苏联科学院院士。1944 年，苏联科学院化学物理所迁到莫斯科，作为该所所长的谢苗诺夫也同时迁居莫斯科，并担任莫斯科大学的教授。

他很早就研究化学动力学问题，自 1916 年起他曾发表多篇学术论文，论文中详尽地阐述了原子、分子的相互碰撞问题。1927 年以后，他系统地研究了链反应机理链反应发现其中不仅有简单的直链反应，还会形成复杂的“分支”，所以他提出了“分支链式”反应的新概念。在理论上，他广泛地研究了各种类型的链式反应，提出了链式反应的普遍模式，他还试图用这种反应机理解释新发现的化学振荡现象。在应用上，他把链式反应机理用于燃烧和爆炸过程的研究，揭示出燃烧与爆炸的联系和区别。他通过研究丰富和发展了链式反应的理论，奠定了分支链式反应的理论基础和实验基础。他的专著《链式反应》和《论化学动力学某些问题和反应能力》等被各国翻译出版。他的科研工作几乎全部专注研究化学反应过程和化学动力学问题，对链式反应过程做了深入而全面的研究。链式反应的发现，标志着理论化学的研究进入一个新的阶段。他比英国物理化学家西里尔·欣谢尔伍德早一年得到相同的结论。由于他们在研究气相反应化学动力学反应机理上的成就，谢苗诺夫和西里尔·欣谢尔伍德共同分享 1956 年诺贝尔化学奖。

1.5 俄罗斯的良心——亚历山大·索尔仁尼琴

苏俄共有四位诺贝尔文学奖得主。伊凡·蒲宁（1870—1953 年），俄罗斯著名诗人、小说家，他继承和发展了俄罗斯现实主义的传统，1920 年他流亡法国巴黎，1933 年以《米佳的爱情》获诺贝尔文学奖，1953 年客死法国巴黎。鲍利斯·帕斯捷尔纳克（1890—1960 年），苏联诗人、小说家，他以《日瓦戈医生》荣获 1958 年诺贝尔文学奖，他成为诺贝尔文学奖历史上唯一一位因获奖而招致屈辱和灾难的作家。米哈伊尔·肖洛霍夫（1905—1984 年），苏联作家、苏共党员，连任多届苏共中央委员，当过苏联作家协会书记。他以小说《静静的顿河》荣获 1965 年诺贝尔文学奖。由于他为战后文学史上日丹诺夫（斯大林得力助手，前后控制意识形态达 14 年）的高压政策辩护，结果招致了许多苏联严肃作家的憎恶，声誉逐渐下降。最后一位就是亚历山大·索尔仁尼琴。

亚历山大·索尔仁尼琴（1918—2008 年），苏联作家。1941 年，他以优异成绩毕业于罗斯托夫大学的数学物理系。与此同时，作为莫斯科大学的函授生，他在攻读文学方面取得了优异的成绩，其代表作有《莫要靠谎言过日子》等。苏德战争爆发后，他应征入伍，两次立功受奖。1945 年，他因通信中对斯大林有不敬之词，结果被苏联内务人民委员会，以“进行反苏宣传和阴谋建立反苏组织”的罪名判处流放哈萨克劳动改造 8 年。1953 年，他获释开始在哈萨克斯坦的境内流放生活，他从事过矿工、砖匠和铸造工等多个工种。1953 年年底，他的癌症出现扩散，濒临死亡边缘。1954 年，他获准转移到塔什干的医院接受治疗。在位于埃基巴斯图兹的劳改营，他完成第一篇短篇小说《伊万·杰尼索维奇的一天》。1956年，他被解除流放，摆脱全部罪名，恢复自由身，与此同时，他的癌症痊愈。1962 年，经赫鲁晓夫亲自批准，他的处女作中篇小说《伊凡·杰尼索维奇的一天》在《新世界》上刊出。这部苏联文学中第一部描写斯大林时代劳改营生活的作品，立即引起国内外的强烈反响，甚至得到赫鲁晓夫的夸奖。小说即刻轰动了整个苏联，在文艺界产生了前所未有的影响。继它之后，苏联文坛写斯大林时代劳改营、流放地、囚车和监狱的作品便大量产生。从此，索尔仁尼琴的作品为人所称道，人们甚至将他与伟大的托尔斯泰和陀思妥耶夫斯基相提并论。1963 年，他接连发表《马特辽娜的家》等三个暴露社会阴暗面的短篇小说并加入苏联作协。1964 年，赫鲁晓夫被迫下台，勃列日涅夫当局下令《新世界》杂志停刊，索尔仁尼琴遭到围剿。幸好他特立独行，身孤影单，因而没有获得“反党集团”的罪名而殃及他人。1965 年，小说《伊凡·杰尼索维奇的一天》受到公开批判。1967 年，他要求“取消对文艺创作的一切公开和秘密的检查制度”，苏联作家代表大会则通过谴责“他是苏联作家的叛徒”的决议。1968 年，他将著作《癌症楼》和《第一圈》偷运出国在西欧出版。《第一圈》隐喻苏联用无形的圈子“囚禁科学家和学者”;《癌症楼》则用癌症隐喻苏联“无可救药的、必然灭亡”的体制。1969 年，他被开除出苏联作家协会，此事引起了国际上一些著名作家如法国萨特（1964 年诺贝尔文学奖得主）的抗议。同年 4 月，他和川端康成（1968 年诺贝尔文学奖得主）一起被选为美国艺术文艺学会的名誉会员。索尔仁尼琴以作品《癌症楼》荣获 1970 年诺贝尔文学奖。但迫于形势，他没有领奖。20 世纪 70 年代后，他践行自己的诺言:“对于一个国家来说，拥有一个讲真话的作家等于有了另一个政府。”实际上他已成为与主导苏联第一枚氢弹的创始人之一，1975 年诺贝尔和平奖得主齐名的苏联“持不同政见者”。

1973 年，索尔仁尼琴历经十年、以揭露十月革命以来“非人的残暴统治”为主旨的《古拉格群岛》第一卷也在巴黎出版，这是一部自传兼特写性的三卷本长篇小说，披露了从 1918 年至 1956 年间苏联监狱与劳改营的内幕。苏联存在各地关押迫害数百万人的集中营的情况，书中对这种情况进行了详细描述：莫名其妙地被关进暗无天日的劳改营，然后便是忍冻挨饿、承受各种酷刑、遭受非人的迫害，等等，所以才有人称其为“二十世纪的人间地狱”。描写极权主义的巨著《古拉格群岛》继承了雨果和托尔斯泰 19 世纪的人文传统，堪称 20 世纪最伟大的著作之一。1974 年 2 月，苏联政府宣布剥夺其苏联国籍，把他驱逐到联邦德国，不久后他侨居瑞士苏黎世，并前往斯德哥尔摩领取 4 年后补发的诺贝尔文学奖状。他最后流亡美国，1975 年定居美国。1989 年，戈尔巴乔夫当政后，恢复他作家协会会员和苏联国籍，他的作品开始在苏联国内陆续出版。苏联解体后，经俄罗斯总统叶利钦邀请，他于 1994 年回归俄罗斯，他原来遭禁的一些作品也已陆续在国内出版。1997 年，他当选为俄罗斯科学院院士，他将俄罗斯 20 世纪过往兴衰起伏之经验传诸子孙，将之视为个人的历史责任。1998 年，叶利钦要颁给他“圣安德烈荣誉勋章”，他却嗤之以鼻。2006 年，他接受普京颁发的俄罗斯国家奖，但直到 2007 年，他才接受普京去他家亲自颁发的国家奖章。在获得诺贝尔文学奖 37 年之后，他终于在自己的祖国获得了肯定。正如苏格拉底所说:“自由知识分子就是牛虻，各个时代最鲜活思想的来源和正统学说最重要的抗衡与批判力量。”自 2003 年以来，因为健康原因，他

图 7-2　索尔仁尼琴和普京、梅德韦杰夫

没有出门，在生命的最后时刻，他仍在编纂 30 卷的作品全集。

2008 年 8 月 3 日晚间，索尔仁尼琴因中风逝世，享年 89 岁。他几乎与苏联同期诞生，却比苏联长寿——这个他穷极一生批判和诅咒的“专制帝国”已经在他去世前 17 年土崩瓦解。他病逝后，俄罗斯总统梅德韦杰夫和总理普京先后向索尔仁尼琴家人发去唁电，表达慰问。回眸争议漩涡中的索尔仁尼琴一生，或从军，劳改，癌病，获奖；抑而著作等身，驱逐流亡，回归故国，被授奖章。索尔仁尼琴傲骨嶙峋，正气凛然，九死一生，青史留名。他是个不折不扣的民族主义者，尽管赢得了全世界的尊重，但他只属于俄罗斯。索尔仁尼琴死后，被誉为“俄罗斯的良心”，实至名归。其主要作品包括《伊凡·杰尼索维奇的一天》《癌病房》《第一圈》《古拉格群岛》和《红轮》等。

第二节　白俄罗斯及其诺贝尔奖得主

白俄罗斯东北部与俄罗斯联邦为邻，南与乌克兰接壤，西同波兰相连，西北部与立陶宛和拉脱维亚毗邻。白俄罗斯人是东斯拉夫族的一支，12 世纪建立了封建公国。14 世纪起，几次被立陶宛大公国和俄罗斯帝国吞并。1917 年，俄国十月革命胜利后，白俄罗斯建立了苏维埃政权。1919 年，成立白俄罗斯苏维埃社会主义共和国。1922 年，白俄罗斯作为创始国加入苏联。1941 年苏德战争爆发，它被德国军队占领，1944 年 6 月苏军解放白俄罗斯。1945 年，白俄罗斯作为苏联的一个成员国和苏联一道加入联合国。1990 年，白俄罗斯最高苏维埃通过《主权宣言》。1991 年，白俄罗斯宣布脱离苏联独立。

白俄罗斯宪法规定：实行总统制和三权分立；总统为国家元首和武装力量总司令，由选民直接选举产生，任期五年，连任不得超过两届；总统有权确定全民公决、解散议会、确定各级议会选举、任命政府总理。国民会议，由共和国院（上院）和代表院（下院）组成，每届任期五年。白俄罗斯没有执政党，国民会议选举不按党派而按选区原则分配名额，主要政党有 5 个。国土面积 20.76 万平方公里，与我国的陕西省相当，人口数量 946.81 万（2014 年），GDP 总计 761.39 亿美元（2014 年，国际汇率），人均 GDP 为 8040 美元（2014 年，国际汇率）。它工业基础较好，机械制造业、冶金加工业、机床及激光技术等比较发达和先进；IT 业较发达；农业和畜牧业亦很发达，农业生产率在苏联居领先水平，马铃薯、甜菜和亚麻等产量在独联体国家中居于前列。白俄罗斯与俄罗斯、哈萨克斯坦共同建立了关税同盟，与俄罗斯、哈萨克斯坦的经济、军事等一体化趋势正逐渐加强。

白俄罗斯的普通学校实行 12 年制免费义务教育，高等院校学制 4 ~ 5 年，分免费和缴费两种形式。2001 年教育经费占国家预算支出的 5.9%。现有 4767 所普通中等教育机构、52 所中等专业学校、57 所高等院校。著名大学有白俄罗斯国立大学、白俄罗斯国立技术大学和白俄罗斯国立经济大学等。截至 2017 年，白俄罗斯获得诺贝尔文学奖 1 个（斯维特兰娜·阿列克谢耶维奇，2015 年）。

第八章

非洲国家及其诺贝尔奖得主

第一节 非洲国家及其诺贝尔奖

非洲位于东半球西部，欧洲以南，亚洲之西，东濒印度洋，西临大西洋，纵跨赤道南北，面积为 3022.1532 万平方公里，占全球总陆地面积的 20.4%，沙漠面积约占全洲面积的 1/3，是世界第二大洲，同时也是人口第二大洲（10.325 亿）。在地理上习惯分为北非、东非、西非、中非和南非五个地区，共 60 个国家和地区。非洲是世界古人类和古文明的发祥地之一，公元前 4000 年便有最早的文字记载。非洲北部的埃及是世界文明发源地之一。15 世纪末叶，欧洲人发现通往印度洋和美洲的航路，自此商业和贸易中心逐渐由地中海转向大西洋。自从 15 世纪早期殖民主义者窜入非洲大陆以来，非洲就一直遭受着殖民奴役，成为任人宰割的“黑暗大陆”。从 1415 年西班牙率先占领休达起，欧洲列强开始进行对非洲殖民统治，西班牙、葡萄牙、荷兰、法国、英国、德国、比利时、意大利和美国等国家在非洲都建有殖民地。葡萄牙于 1442 年开始使用柏柏尔人为奴隶。西班牙、英国和荷兰先后把非洲黑人输入美洲，以弥补由于大量屠杀印第安人而造成的劳力短缺。1689—1763 年，英国和法国发生过四次战争。战争虽发生在欧洲，却极大地改变了殖民地的面貌，约 19 世纪末至 20 世纪初达到巅峰，约有 95% 非洲领土遭到列强瓜分，资源长期遭到掠夺。

“二战”后，非洲国家的独立浪潮始于 1956 年埃及的独立和 1957 年加纳的独立。从 1960 年起，非洲殖民地独立运动达到高潮，1960 年一年内，非洲有 17 个国家宣布独立，被称为“非洲独立年”。至 20 世纪 60 年代末，英国和法国所属的殖民地大多已经宣布独立，葡萄牙这个最早的殖民帝国也是最后一个放弃殖民地的国家，葡属几内亚、莫桑比克、安哥拉经过多年的战争，在 1975 年获得独立。非洲的独立运动改变了非洲的面貌，也使世界殖民体系最终瓦解，殖民主义成为一个历史名词。而非洲独立年（1960 年）则象征非洲脱离列强统治，非洲殖民时代结束。独立后，多国政权腐败，教育落后，人民自律不力，使非洲成为发展中国家最集中的大陆，世界经济发展水平最低的一个洲。截至 2017 年，非洲国家获得诺贝尔奖 17 个，其中：南非获得的诺贝尔奖有生理学或医学奖 2 个、文学奖 2 个、和平奖 4 个，总计 8 个；埃及获得的诺贝尔奖有物理学奖 1 个、文学奖 1 个、和平奖 1 个，总计 3 个；尼日利获得诺贝尔文学奖 1 个；加纳获得诺贝尔和平奖 1 个；肯尼亚获得诺贝尔和平奖 1 个；利比里亚获得诺贝尔和平奖 2 个；突尼斯获诺贝尔和平奖 1 个。

第二节　南非及其诺贝尔奖得主

2.1　南非的历史和国力

南非地处南半球，位于非洲大陆的最南端，其东、南、西三面被印度洋和大西洋环抱，陆地上与纳米比亚、博茨瓦纳、莱索托、津巴布韦、莫桑比克和斯威士兰接壤。东面隔印度洋和澳大利亚相望，西面隔大西洋和巴西、阿根廷相望。1652 年，荷兰人开始入侵，对当地黑人发动多次殖民战争，荷兰人在当地改称布尔人。19 世纪初，英国开始入侵，1806 年夺占“开普殖民地”，布尔人被迫向内地迁徙，并先后建立了“奥兰治自由邦”和“德兰士瓦共和国”。1867 年和 1886 年南非发现钻石与黄金后，大批欧洲移民蜂拥而至。英国人通过“英布战争”（1899—1902 年），吞并了奥兰治自由邦和德兰士瓦共和国。1910 年，英国将开普省、德兰士瓦省、纳塔尔省和奥兰治自由邦合并成南非联邦，成为英国的自治领地。

1961 年，南非退出英联邦，成立南非共和国。南非白人当局长期在国内以立法和行政手段推行种族歧视和种族隔离政策。1984 年，国民党执政后，全面推行种族隔离制度。1989 年，德克勒克出任国民党领袖和总统后，推行政治改革，取消对黑人解放组织的禁令并无条件释放曼德拉等政治犯。1994 年，南非举行首次不分种族大选，曼德拉出任南非首任黑人总统，非国大、国民党、因卡塔自由党组成民族团结政府。这标志着种族隔离制度的结束和民主、平等新南非的诞生。

南非宪法规定：实行行政、立法、司法三权分立制度。议会实行两院制，分为国民议会和全国省级事务委员会，任期均为 5 年。实行多党制，主要政党有 6 个。国土面积 122.1037 万平方公里，与我国的西藏自治区相当，人口数量 5397.69 万（2014 年），GDP 总计 3498.17 亿美元（2014 年，国际汇率），人均 GDP 为 6478 美元（2014 年，国际汇率）。南非属于中等收入的发展中国家，是非洲第二大经济体，“金砖五国”成员国，国民拥有较高的生活水平。南非基础设施良好，资源丰富，是世界五大矿产国之一，经济开放程度较高。矿业、制造业和农业是经济三大支柱，能源、交通业发达，拥有完备的硬件基础设施和股票交易市场，黄金、钻石生产量均占世界首位。深井采矿及煤合成燃油和天然气合成燃油技术商业化水平居世界领先地位。南非著名企业有德比尔斯公司和萨索尔（SASOL）公司等。在国际事务中南非作为一个中等强国，并保持显著的地区影响力。1995 年，南非正式实施至 16 岁儿童免费义务教育。2007/2008 财年教育支出占政府财政总支出的 18%。著名大学有开普敦大学、南非大学和金山大学等。截至 2017 年，南非获得的诺贝尔奖有生理学或医学奖 2 个、文学奖 2 个、和平奖 4 个（艾伯特·卢图利，1960 年；德斯蒙德·图图，1984 年；曼德拉，1993 年；弗雷德里克·德克勒克，1993 年），总计 8 个。

2.2　现代生命科学领域的传奇人物——悉尼·布伦纳

秀丽隐杆线虫是一种可以独立生存的线虫，长度约 1 毫米，生活在温度恒定的环境。它的形态为蠕虫状，两侧对称，体表有一层角质层覆盖物，无分节，有四条主要的表皮索状组织及一个充满体液的假体腔。这一科的成员大都有与其他动物相同的器官组织。它们以微生物为食，如大肠杆菌。秀丽隐杆线虫有雄性和雌雄同体两种性别，其基本解剖构造包括一个口、咽、肠、性腺及胶原蛋白角质层。雄性有个单叶的性腺、输精管及一个特化为交配用的尾部。雌雄同体有两个卵巢、输卵管、储精囊及单一一个子宫。

1974 年，悉尼·布伦纳提出以秀丽隐杆线虫作为模式生物，以研究发育生物学和神经科学的重要课题。他指出，基因如何指定在高等生物中发现的复杂结构，是

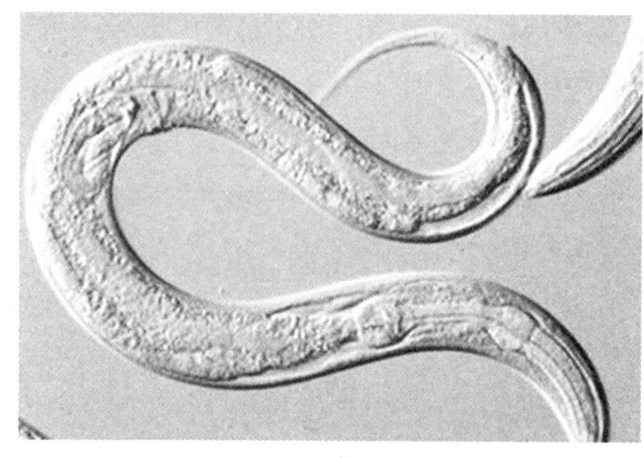

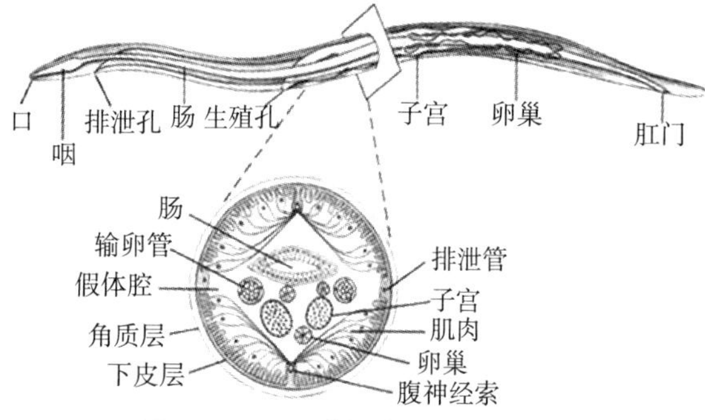

图 8-1　秀丽隐杆线虫和解剖构造

生物学中尚未解决的一大问题。他认为要了解基因和行为之间的关系，便要知道神经系统的结构，以及神经系统是如何发展的。为了回答这两个问题，该模式生物要能在实验室中作遗传学研究，而其神经系统也要能够被精确定义，而布伦纳认为，秀丽隐杆线虫正好符合条件。秀丽隐杆线虫便成为分子生物学和发育生物学研究领域的一种模式生物，除了具有固定的细胞渊源，还有着已知的生长周期。秀丽隐杆线虫身体透明，在研究细胞分化及其他发育过程方面特别有贡献。2003 年，当部分秀丽隐杆线虫的标本在哥伦比亚号航天飞机的爆炸事故中存活下来时，顿时成为新闻的焦点。

悉尼·布伦纳（1927 年—　），南非生物学家，被认为是 20 世纪最杰出和最具影响力的伟大科学家之一，是秀丽隐杆线虫遗传学研究的先驱。早年他在金山大学接受教育后，在牛津大学获得哲学博士学位。1956 年，他在克里克（1962 年诺贝尔奖得主）的帮助下，来到英国卡文迪什实验室，研究基因编码和 RNA 如何进行信息传递工作。在 DNA 结构提出之前，沃森就曾预测了遗传信息的传递公式：“DNA → RNA →蛋白质”。1957 年，他和同事在《自然》上发表了关于噬菌体变异的文章，证明了关于遗传信息与蛋白质产物关系的预测。1960 年，布伦纳等人设计了一系列实验，证实了 mRNA 的存在，mRNA 将细胞核中 DNA 携带的遗传信息带到细胞质中，并指导生成蛋白质。1961 年，他与克里克通过克里克 - 布伦纳实验解释了蛋白质翻译的三元码，发现了移码突变。这个发现提供了遗传密码前期解释。1968 年之后，他专注于秀丽隐杆线虫的研究，发现器官发育和细胞程序性细胞死亡（细胞程序化凋亡）的遗传调控机理。布伦纳等人将秀丽隐杆线虫连续列纵切，利用电子显微镜得到的影像，重建其神经系统，并在 1986 年发表雌雄同体各个神经元之间如何联结，成为世界上第一个、也是目前唯一的神经网络体。他是科学界的传奇人物，他的研究从 DNA 编码、基因测序到胚胎发育、生物进化，可以说涵盖了整个现代生命科学领域。因发现器官发育和细胞程序性细胞死亡（细胞程序化凋亡）的遗传调控机理，布伦纳与英国科学家苏尔斯顿、美国生物学家罗伯特·霍维茨共同分享 2002 年诺贝尔生理学或医学奖。他创建了分子科学研究院，他还和多所研究机构有合作关系，如美国索尔克生物学研究所、日本冲绳科技研究院和新加坡分子与细胞生物学研究院等。2001 年，他出版专著《生命科学》，并且他在期刊《现代生物学》杂志设有专栏“Loose Ends”（未知结局），以敏锐的科学视角和辛辣文笔而著称。2006 年，布伦纳被新加坡科学技术研究局授予国家科学技术奖章。

2.3　两度获得布克奖的作家——J. M. 库切

J. M. 库切（1940 年—　），南非作家。他曾在伦敦 IBM 公司做过程序员。1965 年，他在美国得克萨斯大学获得语言学博士学位。在从事文学创作之前，他有着标准理科生的履历。2002 年，他移居澳大利亚，现在是阿德莱德大学教授。1974 年，他发表第一部小说《昏暗的国度》，1980 年发表成名作《等待野蛮人》。1983 年，他出版小说《迈克尔·K 的生活和时代》，书中显示出库切与萨缪尔·贝克特在精神上的密切联系。他承认萨缪尔·贝克特是自己的导师，贝克特让他懂得文学不仅是语言的节奏和句法，更应是思想的节奏和句法。萨缪尔·贝克特（1969 年诺贝尔文学奖得主）、弗兰兹·卡夫卡（欧洲著名的表现主义作家）和阿尔贝·加缪（1957 年诺贝尔文学奖得主）所有的作品都与“人能否逃避历史”和“无可逃避的孤独”这两个议题有关。南非多年实行的种族隔离政策，形成偏颇、愚昧的社会观念，导致人的价值观与行为上的混乱，但他在作品中往往不指明地理背景，这在他的代表作《耻》中得到最充分的体现：在南非这片神奇的土地上，他想通过主人翁戴维·卢里保留人类精神的火种。但南非这片土地太古老、斑驳、芜杂了，那一朵火焰闪烁了几下便熄灭了，化作一片冰冷。但火种不能永远熄灭，必须重新寻找新的火种，就像勇敢的先祖——普罗米修斯一样。库切代表作《耻》在 2008 年被改编成同名电影。他于 1983 年和 1999 年两次获得布克奖（布克奖最早设立于 1968 年，只颁给原著以英语创作者，是当代英语小说界的最高奖项），是第一位两度获得该奖的小说家，但他两次都没有出席布克奖的颁奖仪式。在获奖作品《迈克尔·K

的生活和时代》中，无论生活还是时代，都是一个很大的命题，足以构筑出一部蕴含深厚、韵味无穷的鸿篇巨制，而他似乎更偏爱寓言的精巧结构和开放式思考。他并不捕捉整个历史长河的身影，而是炫技般地伸出手去，扼住了历史的特定段落，然后冷冷地向所有人发问：这是一种怎样的生活？这是一个什么样的时代？大有狄更斯对时代反诘的气概。库切以其代表作《耻》获得2003年诺贝尔文学奖。库切这次很给面子，出席诺贝尔文学奖颁奖礼，并特地撰写名为《他和他的人》的受奖词。其他主要作品还有《彼得堡的大师》和《等待野蛮人》等。

2.4 没有宽恕就没有未来——德斯蒙德·图图

德斯蒙德·图图（1931年— ），南非开普敦的圣公会前任大主教，南非圣公会首位非裔大主教。他曾在班图师范学院、南非大学和英国伦敦大学学习，1954年毕业后先后任教员、讲师和牧师等职。1975年，他任约翰内斯堡英国圣公会教长，次年任莱索托王国主教。1985年，图图在约翰内斯堡宣誓就任南非第一位黑人主教，那是特殊时代的一个标志，代表了图图在南非种族隔离政府控制情况下成为南非教会的领导者。这样的事件让进步民主人士感到欣喜若狂。1984年冬天，他在美国纽约的一次宗教仪式上演讲时说："白人传教士刚到非洲时，他们手里有《圣经》，我们（黑人）手里有土地。传教士说：'让我们祈祷吧！'于是我们闭目祈祷。可是到我们睁开眼时，发现情况颠倒过来了：我们手里有了《圣经》，他们手里有了土地。"南非原来是一个由少数白人统治的黑人国家，种族的压迫和种族歧视十分突出。图图大主教就是南非领导黑人反对种族压迫的坚强斗士。他一贯反对南非种族歧视和种族隔离政策，为黑人的解放进行勇敢的斗争。因致力推动南非废除种族隔离政策所做出的不懈努力，图图荣获1984年诺贝尔和平奖。他还曾先后获得美英著名大学的神学硕士、法学博士、民法博士等名誉学位。

自20世纪60年代末以来，世界殖民体系土崩瓦解，新独立国家政权更迭频繁。无论是哪一种独裁或专制的统治，在被颠覆后，都面临着如何对待历史伤害、如何补偿受害者、如何处罚加害者的问题。成王败寇是一条"公认"的丛林法则，血腥的复仇也便是大多数新政者的选择。但也有一个例外，那就是废除种族隔离制度后的彩虹之国——新南非。在曼德拉（1993年的诺贝尔和平奖得主，首位黑人总统，被尊称为"南非国父"）和非国大取得政权后，他们选择了以和解换取真相的做法，在对旧体制下受害者们进行补偿的同时，也对那些讲出真相的政策执行者们给予了大赦。对于加害者们基于真相的真诚道歉，受害者们回报了原谅与和解。做出这样的选择，对国家而言是智慧的体现，对具体的个人来说，则是勇气的表现。“南非真相与和解委员会的成立是件具有开创性意义的国际事件。从未有哪个国家尝试过以这样的方式完成从独裁到民主的转变，那就是在揭露昔日压迫者暴行的同时又与其达成和解。”南非首位黑人大主教德斯蒙德·图图出任当时的南非真相与和解委员会主席。图图将他作为南非真相与和解委员会主席的三年经历和刻骨铭心的内心感受，化作白纸黑字的《没有宽恕就没有未来》，用自己的切身经历，记录并阐明了这一政策出台与执行的前因后果。当政者以“己所不欲，勿施于人”的智慧与勇气，让对立的受害者与加害者都能以国家的未来发表愿景来接受这一政策，也同样需要他们放下各自私利的勇气与智慧。人们表现出真正高尚的宽宏大度。他们宽恕罪恶、放弃复仇的意愿实在令世人敬佩。他们把自己从受害者的状态下解放出来，从而开创崭新的族群和人际关系。受害者与加害者在相同的原则下，就事论事，寻求赦免，取得和解。这样不以新的“种族隔离”式清算来复仇，而是以寻求真相为首要目的的做法，本身就是对真相与和解运动公平性的最有力诠释，也是对国家未来发展的最可靠保证。南非真相与和解委员会较之智利真相与和解国家委员会，对人类历史有更深远的影响力，成为世界各国解决历史遗留的各种事件真相的典范。

第三节　埃及共和国及其诺贝尔奖得主

3.1　埃及的历史和国力

埃及位于北非东部，领土还包括苏伊士运河以东、亚洲西南端的西奈半岛。埃及既是亚、非之间的陆地交通要冲，也是大西洋与印度洋之间海上航线的捷径。古埃及是世界四大文明古国之一。公元前 11 世纪至前 1 世纪，断断续续被亚述、巴比伦、波斯、马其顿和罗马帝国征服。公元 4 世纪至 7 世纪并入东罗马帝国后，古埃及文明灭亡，后被波斯萨珊王朝占据。公元 7 世纪中期，阿拉伯人入侵，成为阿拉伯帝国的一部分。阿拉伯帝国后期，埃及出现了法蒂玛王朝和阿尤布王朝。后历经奥斯曼帝国、拿破仑和英国的统治。1922 年，英国被迫承认埃及独立，但仍保留对埃及国防、外交和少数民族等权力。1952 年，以纳赛尔为首的“自由军官组织”发动军事政变，推翻法鲁克王朝，1953 年成立共和国。1956 年，纳赛尔将苏伊士运河收为国有，引发第二次中东战争，战后埃及奠定它在中东的领导地位中心。1970 年，纳赛尔去世，由萨达特继任总统。1981 年，萨达特遭刺杀身亡，由副总统穆罕默德·穆巴拉克继任总统。2011 年发生茉莉花革命，反政府示威风起云涌。埃及成为这台大戏中的重要一幕，运动导致执政 30 年的穆巴拉克总统黯然下台并在法庭受审。2012 年，民选总统穆罕默德·穆尔西上台，一年后他被军方罢职，埃及社会也面临着严重的分裂和对立局面。2014 年，阿卜杜勒·法塔赫·塞西当选总统。

埃及是中东人口最多的国家，也是非洲人口第二大国，在经济、科技领域长期处于非洲领先态势。其新宪法规定：政治制度“建立在多党制基础上”；明确列出立法、行政、司法三套权力系统，限定总统任期四年，最多可连任一届，并增加“建立协商会议”的条款。人民议会是最高立法机关。议员由普选产生；议长、副议长每年选举 1 次。埃及是一个非洲强国，是非洲第三大经济体。埃及经济的多元化程度在中东地区名列前茅，属开放型市场经济，拥有相对完整的工业、农业和服务业体系。各项重要产业如旅游业、农业、工业和服务业有着几乎同等的发展比重。埃及也被认为是一个中等强国，在地中海、中东和伊斯兰信仰地区有广泛的影响力。国土面积 100.1449 万平方公里，略小于我国的内蒙古自治区，人口数量 8339 万（2014 年），GDP 总计 2865.38 亿美元（2014 年，国际汇率），人均 GDP 为 3436 美元（2014 年，国际汇率）。埃及实行普及小学义务教育制度，大学教育平均入学率达 32%。著名大学有开罗大学、亚历山大大学和爱资哈尔大学等。截至 2017 年，埃及获得的诺贝尔奖有化学奖 1 个（艾哈迈德·泽维尔，1999 年）、和平奖 1 个（穆罕默德·萨达特，1978 年）、文学奖 1 个（纳吉布·马哈富兹，1988 年），总计 3 个。

3.2 飞秒化学创立人——艾哈迈德·泽维尔

飞秒化学是物理化学的分支，研究在极小的时间内化学反应的过程和机理。一般来说，反应分子中的原子完成一次振动的时间间隔为 10 ~ 100fs（飞秒）。化学反应就在这种时间分辨率、像荡秋千一样的过渡态平衡中发生了。运用飞秒化学技术观察到反应过程中生成的中间产物与起始物和最终产物都不同。可以预见，运用飞秒化学，化学反应将会更为可控，新的分子将会更容易制造。飞秒激光是一种以脉冲形式运转的激光，持续时间非常短，只有几个飞秒，是人类目前在实验条件下所能获得的最短脉冲的技术手段。飞秒激光的出现，使人类第一次在原子和电子的

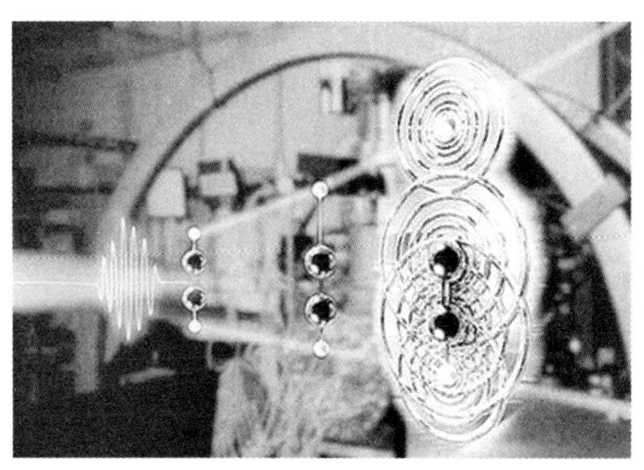

图 8-2　激光拍到四个原子的分子在 9fs 内的分解过程和泽维尔在实验室

层面上观察到这一超快运动过程。基于这些科学上的发现，飞秒激光和飞秒化学催生了飞秒物理和飞秒生物学新的科学分支。

艾哈迈德·泽维尔（1946 年—　），埃及和美国双重国籍的化学家，目前是美国公民。1967—1969 年，他先后获亚历山大大学学士学位和硕士学位。1974 年，他获得美国宾夕法尼亚大学博士学位。后来，他在加州大学伯克利分校完成博士后工作。1990 年，他成为加州理工化学系主任。目前他是美国科学院和美国哲学院等多家科学机构的会员，还是国际著名的物理化学专家和飞秒化学学科的创始人。他现任美国加州理工学院“林纳斯·鲍林”化学教授、物理学教授和美国国家科学基金会分子科学实验室主任。早在 20 世纪 30 年代，科学家就预言化学反应的模式，但只是梦想。1987 年，泽维尔用飞秒激光泵探测技术观测氰化碘的光分解反应，这是人类第一次从实验中观察到了基元反应过程。80 年代末，他进行了一系列实验，用激光闪光照相机拍摄到一百万亿分之一秒瞬间处于化学反应中的原子的化学键断裂和重新形成的过程。他创立的用高速照相机拍摄化学反应过程中的分子，记录其在反应状态下的图像以研究化学反应，这被称为飞秒化学。他的实验使用超短激光技术，专门研究原子和分子在化学反应中的“缓慢运动”，可以观察到新物质产生的细微缓慢过程。他的研究成果让人们通过“慢动作”，观察处于化学反应过程中的原子与分子的转变状态，从根本上改变了我们对化学反应过程的认识，为整个化学及其相关科学带来一场革命，这是开创性的成果。飞秒化学已经渗透到许多领域，对分子束、表面化学、液体和溶剂、聚合物和生命科学等都得到重要应用。总之，他的飞秒化学实验技术，从根本上改变了我们对化学反应过程的认知。他在超快激光技术和物理化学等领域具有极大的影响力，促进了前沿基础科学的进步。他因而独享 1999 年诺贝尔化学奖。此外，他还获得尼罗河大项圈勋章——埃及最高国家荣誉奖等世界各地的 50 多种奖励和学位。1998 年，埃及发行一枚印有他本人肖像的邮票，以表彰他在科学上取得的成就。

第四节　加纳及其诺贝尔奖得主

加纳（原名黄金海岸）西邻科特迪瓦，北接布基纳法索，东毗多哥。古加纳王国 10—11 世纪时达到鼎盛时期。1471—1482 年，葡萄牙殖民者入侵加纳海岸，发现丰富的黄金矿藏，掠夺黄金、象牙，贩卖奴隶。1595—1897 年，荷兰、丹麦、瑞典、法国和英国先后经过 300 年的争夺，加纳最终沦为英国殖民地。加纳人民为反对英国殖民统治进行长期的斗争。从 1931 年发生抗税运动开始，直到 1949 年在 K. 恩克鲁玛领导下，加纳成立黄金海岸人民大会党，主张立即实现完全自治。1957 年，黄金海岸独立，改名加纳。1960 年，成立加纳共和国。

中经几次军人政权，1992 年加纳开始实行多党制，顺利实现由军政府向民选政府的过渡。加纳实行总统共和制政体，政局基本保持稳定。宪法规定：加纳是一个民主国家，致力于实现自由和公正，尊重基本人权、自由和尊严；总统是国家元首、政府首脑，任期 4 年，可连任一届；内阁由总统任命，议会批准；司法独立。实行多党制，主要政党有 3 个。在西非国家中加纳经济较为发达。矿产资源丰富，主要有黄金、钻石、锰和石油。工业基础薄弱，原料依赖进口。经济以农业为主，黄金、可可和木材三大传统出口产品是加纳经济支柱。1983 年，加纳开始实行经济结构调整计划，被誉为非洲国家经济结构调整的“样板”。1994 年加纳被联合国取消最不发达国家称谓。2007 年，加纳发现石油资源，探明储量约 12 亿桶，2010 年年底实现商业开采。按世界银行标准，加纳自 2010 年起进入中等偏低收入国家行列。

加纳国土面积 23.8537 万平方公里，与我国的广西壮族自治区相当，人口数量 2644 万（2014 年），GDP 总计 386.48 亿美元（2014 年，国际汇率），人均 GDP 为 1462 美元（2014 年，国际汇率）。1988 年，政府提出“普及义务基础教育计划”，到 2005 年使每个学龄儿童都享受义务基础教育，经费主要来自政府拨款和外国援助。重要大学有 6 所，其中加纳大学和库马西恩克鲁玛科技大学较为有名。截至 2017 年，加纳获诺贝尔和平奖 1 个。科菲·阿塔·安南（1938—2018 年）曾任联合国秘书长，挪威诺贝尔委员会宣布，“联合国和联合国秘书长安南由于在促进世界和平方面作出了重要贡献”，共同获得 2001 年诺贝尔和平奖。

第五节　尼日利亚及其诺贝尔奖得主

5.1　尼日利亚的历史和国力

尼日利亚西邻贝宁，北邻尼日尔，东北隔乍得湖与乍得接壤，东南与喀麦隆毗连。公元 8 世纪，扎格哈瓦游牧部落建立卡奈姆 - 博尔努帝国。1472 年，葡萄牙入侵。16 世纪中叶，它为英国殖民地。1954—1963 年，尼日利亚联邦经内部自治宣布独立，联邦共和国成立。独立后尼日利亚多次发生军事政变，长期由军人执政。在 1999 年举行的总统选举中，奥巴桑乔当选第四共和国总统。它是非洲最大的石油生产国和世界第六大石油出口国，也是石油输出国组织 OPEC（欧佩克）成员国之一。

尼日利亚实行联邦总统制：实行三权分立的政治制度，立法权、司法权和行政权相互独立，相互制衡。总统为最高行政长官，领导内阁；国民议会分参、众两院，是国家最高立法机构；最高法院为最高司法机构；总统、国民议会均由直接选举产生，总统任期四年，连任不得超过两届。1998 年开放党禁，共有 50 多个正式注册的政党，主要政党有 4 个。尼日利亚政局基本保持稳定，自实行民选政治以来社会发展总体平稳。但种族和宗教冲突、恐怖爆炸事件时有发生。它是非洲能源资源大国，是非洲第一大石油生产和出口大国，非洲第一大经济体，石油工业是其国民经济的支柱。农业生产方式仍以小农经济为主，粮食不能自给，主要出口农产品为木薯、可可和腰果。国土面积 92.38 万平方公里，小于我国的内蒙古自治区，人口数量 1.785 亿（2014 年），GDP 总计 5685.08 亿美元（2014 年，国际汇率），人均 GDP 为 3185 美元（2014 年，国际汇率）。1999 年，实行小学免费义务教育。著名大学有艾哈迈德·贝罗大学、拉各斯大学和尼日利亚大学等。截至 2017 年，尼日利亚获诺贝尔文学奖 1 个。

5.2　非洲首位诺贝尔文学奖得主——沃莱·索因卡

沃莱·索因卡（1934 年—　），尼日利亚剧作家，是第一位获诺贝尔文学奖的非洲作家。他用英语写作，主要以戏剧而闻名于世。1953—1954 年，他进入伊巴丹大学学习，并到英国利兹大学深造，攻读英国文学专业、希腊语专业和西方历史专业，在英国利兹大学取得英国文学学士学位。1954 年，他的一篇名为《凯菲的生日凶兆》短篇广播剧在尼日利亚广播时代得以播放。毕业后，他首先任职于伦敦的皇家宫廷剧场，成为一名剧本校对员，后又返回了尼日利亚研究非洲戏剧，把西方戏剧艺术和非洲传统的音乐、舞蹈和戏剧结合起来，开创了用英语演出的西非现代戏剧，并很快就以一个具有非凡才华的剧作家、演员和导演脱颖而出。他先后任教于拉多斯大学、伊巴丹大学和伊费大学，1975 年又成为比较文学专业的教授。1967 年，在尼日利亚内战期间，他因为反对暴力和恐怖而投入争取自由的斗争，被指责为破坏和平，由政府逮捕入狱，单独囚禁。后因国际社会的关注和施压，在被关押 22 个月后得以释放，他出版了《狱中诗抄》和《此人已死：狱中笔记》。获释后，他就去欧洲和加纳流亡六年。1976 年，他回到尼日利亚，在伊费大学执教。他一贯以大胆直言著称，反对尼日利亚和全世界各个国家的暴政，因此被迫离开尼日利亚，常年在国外居住，后成为美国亚特兰大艾默里大学的教授，主要居住在美国。

独裁政权倒台后，1999 年他接受了原伊费大学（现在的奥巴费米亚沃洛沃大学）名誉教授的头衔，但开出的条件是：这个大学必须禁止招收政府高级官员中的军官。其主要作品有剧本《沼泽地的居民》《狮子和宝石》和《死亡与国王的马夫》；长篇小说《诠释者》《失序的季节》；诗集《撒马尔干市集》《曼德拉的土地及其他诗作》；自传《阿凯的童年》等。索因卡凭借作品《雄狮与宝石》荣获 1986 年诺贝尔文学奖，使他成为非洲第一位获得诺贝尔文学奖的作家。2010 年，他宣布成立新政党“人民联盟民主前线”。在盛产石油的尼日利亚，人民联盟民主前线自称是一个“零资源”的政党，这对于贪污成风的尼日利亚政府来讲是一个极大的抨击。

第六节　利比里亚及其诺贝尔奖得主

6.1　利比里亚的历史和国力

利比里亚北接几内亚，西北接塞拉利昂，东邻科特迪瓦。它境内的居民，是 12—16 世纪从北部、东北部和东部先后迁入的。从 1461 年开始，葡萄牙人垄断几内亚湾沿岸的象牙和马拉克塔胡椒贸易约一个世纪。16 世纪以后，荷兰、英国和法国商人也相继到这里进行贸易活动。19 世纪初，在美国殖民协会策划下，一些美国黑奴解放后有计划地移居到现在被称作利比里亚的地区。1847 年，利比里亚联邦发表《独立宣言》，成立利比里亚共和国。在 1899 年，这个名字以及它的国训“爱与自由带我们来到这里”响彻整个非洲。这是因为在那个殖民帝国将非洲瓜分殆尽的疯狂年代，整个非洲大陆仅剩下 3 个独立国家，除埃及和埃塞俄比亚，就只有利比里亚。“二战”爆发后，美国进一步加强对利比里亚的控制。1980 年，塞缪尔·多伊发动军事政变，成立军政府。1984 年，军政府举行全国公民投票，通过新宪法。1985 年，进行总统和议会选举，多伊当选总统。政府在经济上继续推行门户开放政策；对外奉行不结盟政策，同一切爱好和平的国家保持和发展友好关系。1989 年开始，长达七年的内战彻底摧毁利比里亚经济。2003 年，联合国维持和平部队接管利比里亚，着手解除内战各方武装。2005 年，在联合国的监督下再次举行了民主选举，埃伦·约翰逊－瑟利夫就任总统后，致力于推进和平进程，全面开展恢复重建。2011 年，瑟利夫再次当选总统，任职至 2017 年。

利比里亚实行三权分立的政治制度。1986 年，实施第三部宪法：总统是国家元首，根据议会提名任命行政院主席，任期六年，可连任两届。立法权属议会。总统和议员由直接选举产生。实行多党制，主要政党有 3 个。国民议会为最高立法机构，分参、众两院。利比里亚是农业国，是联合国公布的世界最不发达国家之一。矿产资源、森林资源、土地和水利等资源十分丰富。农业人口占总人口的 72%，全国有可耕地 380 万公顷，已开发的不足 13%，粮食不能自给。天然橡胶、木材和铁矿砂的生产为其国民经济的主要支柱，均供出口，是外汇收入的主要来源。国土面积 11.14 万平方公里，小于我国的福建省，人口数量 440 万（2014 年），GDP 总计 20.27 亿美元（2014 年，国际汇率），人均 GDP 为 461 美元（2014 年，国际汇率）。小学、初中实行免费教育，但学龄儿童失学率达 50%。大学学制一般为 4 年，学生享受 50% 补助金。高等院校主要有利比里亚大学和联合卫理会大学等。截至 2017 年，利比里亚埃伦·约翰逊－瑟利夫和莱伊曼·古博韦获得 2011 年诺贝尔和平奖，总计 2 个。

6.2 内战终结者——莱伊曼·古博韦

莱伊曼·古博韦（1972 年—　），利比里亚“和平运动”领导人，以在 2003 年组织一场终结第二次利比里亚战争的和平活动而知名。1989 年，第一次内战已经爆发。战争毁了她的大学梦，却触动她弥合种族和宗教差异，让女性联手发挥作用，推动男性放弃暴力和战争。她作为有 4 个孩子的单身母亲，战争经历使得她认识到

“做母亲的女性可以靠自己的力量改善这个社会”。2002 年，她组建了“利比里亚妇女和平运动”。该运动以地方妇女在鱼市场进行祈祷和歌唱为开始。她也组织该国的基督徒和穆斯林妇女进行和平祈祷和非暴力抗议活动。在她的团体内，成员们“罢工”，拒绝与丈夫性接触，“直到暴力和内战结束”，要让国家“恢复理智”。

在她的领导下，妇女们与总统查尔斯·泰勒举行过会谈，并促使他参加在加纳举行的和平谈判。接着她领导妇女代表团到加纳以继续增进停战进程。她们还在加纳总统府外面举行沉默示威，最后促成陷入僵局的谈判达成和平协议。2003 年，继 13 年间大约 25 万人付出生命之后，利比里亚内战结束。她的妇女和平运动成立一个基金会，帮助非洲女孩释放智慧、释放激情、释放伟大潜力，实现接受教育的梦想。2011 年，挪威诺贝尔委员会主席亚格兰宣布：把 2011 年诺贝尔和平奖授予利比里亚总统埃伦·约翰逊－瑟利夫、利比里亚“和平运动”领导人莱伊曼·古博韦和也门妇女权益活动家塔瓦库勒·卡曼。莱伊曼·古博韦还获得许多荣誉和奖项。在一个世界最不发达国家，诞生两位诺贝尔和平奖得主：一位贵为总统，一位为单身母亲，均为妇女权益和女孩接受教育而奋斗，令世人不可小觑女性的勇气和坚韧。

第七节　肯尼亚及其诺贝尔奖得主

肯尼亚东邻索马里，南接坦桑尼亚，西连乌干达，北与埃塞俄比亚、南苏丹交界，南与坦桑尼亚相连。1557 年，葡萄牙在东非的蒙巴萨建造要塞。1895 年，英国把肯尼亚作为其“东非保护地”，1920 年沦为英国殖民地。1962 年，伦敦制宪会议决定由肯尼亚非洲民族联盟（简称肯盟）和肯尼亚非洲民主联盟组成联合政府。1963 年，肯尼亚举行大选，肯盟获胜宣告独立。1964 年，肯尼亚共和国成立，仍留在英联邦内，乔莫·肯雅塔为首任总统。

肯尼亚维持总统制政体。1964 年颁布共和国宪法，截至 2014 年已历经大小 30 次修改。1991 年改行多党制。2010 年，肯尼亚新宪法草案获议会批准：维持总统制政体，议会改为两院制，增设参议院。截至 2013 年，它有注册政党 20 余个，主要政党和政党联盟有 2 个。肯尼亚实行以私营经济为主、多种经济形式并存的“混合经济”体制，私营经济占整体经济的 70%。农业、服务业和工业是国民经济三大支柱。工业在东非地区最发达，日用品基本自给。国土面积 582646 平方公里，略大于我国的四川省，人口数量 4555 万（2014 年），GDP 总计 609.36 亿美元（2014

年，国际汇率），人均 GDP 为 1338 美元（2014 年，国际汇率）。政府重视发展教育事业，教育经费一直占政府财政支出的 20% 左右。教育体制分为正规和非正规教育两类，正规教育实行小学、中学、大学“8-4-4”学制。非正规教育包括成人教育和扫盲活动。高等学府有内罗毕大学、莫伊大学和肯雅塔大学等。截至 2017 年，旺加里·马塔伊获得 2004 年诺贝尔和平奖，总计 1 个。旺加里·马塔伊是东、西非的第一个女博士、第一位获得诺贝尔和平奖的非洲女性。1977 年，她创建和启动了“绿带运动”，致力于保护环境并向人们提供就业机会。到目前为止，“绿带运动”已在肯尼亚种植了近 3000 万棵树，对解决肯尼亚因砍伐森林所引起的严重问题具有非常重要的意义。

第八节　突尼斯及其诺贝尔奖得主

突尼斯隔突尼斯海峡与意大利的西西里岛相望，东南与利比亚为邻，西与阿尔及利亚接壤。突尼斯地处地中海地区的中央，是世界上少数几个集中了海滩、沙漠、山林和古文明的国家之一，是悠久文明和多元文化的融合之地。公元 5—6 世纪，先后被汪达尔人和拜占庭人占领。13 世纪，哈夫斯王朝建立强大的突尼斯国家。1574 年，突尼斯沦为奥斯曼帝国的属地。1881 年，成为法国保护领地。1956 年，法国承认突尼斯独立。1957 年，突制宪会议通过决议，废黜国王，宣布成立突尼斯共和国，布尔吉巴任第一任总统。1959 年，制宪议会通过共和国第一部宪法，规定实行共和制政体。1987 年，总理本·阿里发动不流血政变，废黜布尔吉巴，长期任总统。1998 年通过修改宪法和选举法。并于 2002 年举行独立后首次全民公决，通过宪法修正案。2010 年年底至 2011 年年初，突尼斯发生大规模骚乱，茉莉花革命（茉莉花是突尼斯的国花，发生在突尼斯的这次政权更迭因此得名）爆发，最后成功推翻本·阿里的政权，并且在阿拉伯世界引发连锁反应。突尼斯打响民主化第一炮，引发包括埃及、也门、利比亚和叙利亚的“阿拉伯之春”浪潮。阿拉伯之春是阿拉伯世界的一次革命浪潮，导致 140 多万人死亡、1500 多万人沦为难民。突尼斯是“阿拉伯之春”运动的起点，但突尼斯是唯一没有出现大规模流血冲突的国家，充分体现突尼斯人民的勇气、理性、睿智和谦和。2013 年，突尼斯四个关键组织（突尼斯劳工总联盟、突尼斯工贸与手工业者联合会、突尼斯人权联盟和突尼斯律师秩序协会）成立突尼斯国家对话机构，由多个公民社会组织组成，代表突尼斯不同阶层、不同价值观。它创立替代性的和平政治进程，致力于解决冲突，缩小分歧，避免国家陷入内战，促使突尼斯实现了和平的政治过渡，较短时间内建立宪法体系，保障了全体人民的基本权利，不分性别、政治信仰或宗教信仰。它已经被突尼斯的各个政党认可为一个解决政治危机的机制，它的成立是对解决国家内部争端具有开创性意义的国际事件。2014 年，制宪议会投票通过新宪法，确定突尼斯实行共和制，伊斯兰教为国教，总统由直选产生，任期五年，不得超过两届，实行一院制，立法机构称人民代表大会。当年举行第一次正规总统选举。呼声党候选人贝吉·卡伊德·埃塞卜西当选。

2011 年，本·阿里政权倒台后，过渡政府宣布取缔原执政党“宪政民主联盟”，取消党禁，大量政党涌现。截至 2011 年，已有 115 个合法政党，主要政党有 7 个。突尼斯主要资源有磷酸盐、石油、天然气、铁、铝、锌等，还有 4000 多万株油橄榄。突尼斯经济工业、农业、服务业并重。工业以石油和磷酸盐开采、制造业和加工工业为主。农业是国民经济重要部门，但粮食不能自给。旅游业较发达，在国民经济中占重要地位。1986 年，突尼斯经济实行“结构调整计划”，由计划经济向市场经济过渡。1995 年，突尼斯与欧盟签署联系国协议。2008 年突尼斯与欧盟启动自贸区。突尼斯经济稳步发展，GDP 年均增长 5% 左右。国土面积 16.361 万平方公里，与我国的江西省相当，人口数量 1073.3 万（2012 年估计），GDP 总计 469.95 亿美元（2013 年，国际汇率），人均 GDP 为 4316 美元（2013 年，国际汇率）。突尼斯实行基础义务免费教育制（至 16 岁），全国近 1/4 的人口在各级学校学习，大学入学率为 31.7%。大学共 16 所包括宰敦大学、突尼斯大学和突尼斯玛纳尔大学等。2015 年，挪威诺贝尔委员会宣布：突尼斯国家对话机构获得诺贝尔和平奖。

第九章

大洋洲国家及其诺贝尔奖得主

第一节　澳大利亚引领世界的优势和国力

澳大利亚四面环海，是世界上唯一国土覆盖整个大陆的国家，澳大利亚东部隔塔斯曼海与新西兰相望，东北隔珊瑚海与巴布亚新几内亚和所罗门群岛相望，北部隔着阿拉弗拉海和帝汶海与印度尼西亚和东帝汶相望。1606—1770 年，中经西班牙航海家托勒斯、荷兰人威廉姆·简士和英国航海家库克先后发现澳大利亚陆地，英国航海家库克宣布东海岸这片土地属于英国。1788 年，在澳大利亚杰克逊港建立起第一个英国殖民区，这个地方后来发展成为第一大城市悉尼。后来，英国移民以悉尼为中心，逐步向内陆发展共建立六个殖民地，澳大利亚最早的居民为土著人。1900 年，全部六个殖民地的居民举行全民公决，投票结果建立起一个单一的澳大利亚联邦。1931 年，澳大利亚获得内政外交独立自主权，成为英联邦中的一个独立国家。

澳大利亚是一个奉行多元文化的移民国家，已先后有来自世界 120 个国家和 140 个民族的移民到澳大利亚谋生和发展。澳大利亚是联合国及二十国集团的成员。它是一个高度发达的资本主义国家，作为南半球经济最发达的国家和全球第十二大经济体、全球第四大农产品出口国，是多种矿产出口量全球第一的国家。它人口高度都市化，近一半国民居住在悉尼和墨尔本两大城市。澳大利亚是联邦制君主立宪制国家。国家元首是澳大利亚君主。联邦议会是澳大利亚的最高立法机构，由女王（澳总督为其代表）、众议院和参议院组成。议会实行普选。联邦政府由众议院多数党或政党联盟组成，该党领袖任总理，政府一般任期三年。该国有大小政党几十个，主要政党有 4 个。国土面积 761.7930 万平方公里，比中国少 200 万平方公里，人口数量 2346 万（2014 年），GDP 总计 1.45 万亿美元（2014 年，国际汇率），人均 GDP 为 61887 美元（2014 年，国际汇率）。澳大利亚的教育体制大致承袭英国的系统，它的教育具有世界一流的水准，凡该国公民和永久居民，均享受免费的中小学教育。澳大利亚全国有 42 所大学及 230 多所专科技术学院。著名大学有澳大利亚国立大学、悉尼大学和墨尔本大学等。澳大利亚对为本国或出生本国的科学家的敬重备受推崇，发行纪念邮票、成为澳元肖像，甚至为逝者举行国葬。截至 2017 年，澳大利亚获得的诺贝尔奖有物理学奖 1 个、生理学或医学奖 5 个、文学奖 1 个，总计 7 个。

第二节　澳大利亚诺贝尔奖得主

2.1　恒星凝望者——布莱恩·施密特

自从约 140 亿年前一个致密炽热的奇点发生大爆炸后，从中诞生的宇宙一直处于分崩离析的状态。在 20 世纪后半叶，天体物理学领域最大的问题是，引力作用最终是否会导致宇宙停止膨胀，并且开始收缩，最终坍塌。但是，施密特和珀尔马特的团队已证明了这种力量的存在，并计算得出这种能量占宇宙空间的 73% 以上。另外 23% 的能量是同样知之甚少的暗物质。他们的研究认为：宇宙中最强大的力量是暗能量，这种神秘的力量抵制了引力作用，并且推动着星系相互分离。未来，宇宙的命运将取决于暗物质和暗能量的战争，而且暗能量或许是赢家。

布莱恩·施密特（1967 年—　），澳大利亚物理学家。他 27 岁移民至澳大利亚，拥有澳、美双重国籍。1989 年，他毕业于美国亚利桑那州大学，获得物理学和天文学理学士学位。1992—1993 年，他先后获得哈佛大学硕士和博士学位。他的博士论文题为《用Ⅱ型超新星来测量哈勃常数》。早在 1987 年，由加州大学伯克利分校教授索尔·珀尔马特带领的研究团队开始利用遥远的爆发恒星——超新星——发出的光作为标准，计算宇宙膨胀在以多快的速率放缓。1993—1994 年，施密特任哈佛－史密森天体物理中心博士后研究员。随后，他和另外一名美国天文学同行尼克拉斯·桑契夫开始把目光锁定在超新星上。“超新星之所以难以跟踪，是因为它们出现的时间非常短暂，而且光线非常微弱。”他和桑契夫召集了一群能干的年轻天文学研究者，并把这支团队命名为“高红移超新星搜索队”，1995 年团队迁至澳大利亚国立大学斯特朗洛山天文台。数月后，他成为该团队领导人。施密特在澳洲国立大学任教多年，并且具体从事天体物理学等前沿科学研究，2015 年出任校长，并担任该大学斯特罗姆勒山天文台天体物理学家、天文学与天文物理学系教授和澳大利亚研究理事会教授。其重要研究是使用超新星作为“宇宙探测器”。他负责主导星图家（Sky Mapper）望远镜计划，并协助进行南天球调查。

1998 年年初，珀尔马特在一次天文学会议中公布了他们的研究成果，表示发现了与传统观点相反的现象。1998 年，施密特领导的高红移超新星搜索团队追踪了宇宙在 8 万亿光年范围内的膨胀。这些发现颠覆了人们对宇宙扩张的传统观点。因为人们通常认为，这些正在爆炸的星体具有相同的发光度，通过测定发光度可以推算出这些超新星的距离。但研究结果显示，这些超新星的发光度要小于按照原先给定的宇宙膨胀速率计算出的数值，这说明超新星离地球的距离要比想象的远。这同时说明宇宙在“暗能量”的影响下正在加速膨胀。施密特第一次提出了令人信服的“暗能量”存在的证据。他所带领的高红移超新星搜索团队发现了宇宙加速膨胀的直接证据，最终施密特团队的成果率先发表于《天文学期刊》。但无论如何，两个团队最终都获得诺贝尔物理学奖。因此，布莱恩·施密特、美国科学家特萨尔·波尔马特以及亚当·里斯共同获得 2011 年诺贝尔物理学奖。从成果首发表到获诺贝尔奖仅三年时间，在逾百年诺贝尔奖历史上可算凤毛麟角。施密特说：“这项研究属于宇宙学的研究范畴，但它也像考古学。”现在，施密特仍在继续凝望星空，并思考着宇宙演化这部浩大厚重的历史古卷。随着世界最大单口径射电望远镜建成使用，必将发现更多的“出现时间非常短暂、光线非常微弱的超新星”。宇宙中暗物质和暗

图 9-1　施密特凝望恒星组图

能量的战争激烈场面将涌现在人类面前，但人类也许不必担心宇宙的命运。2006年，施密特还与亚当·里斯、索尔·珀尔马特分享了邵逸夫天文学奖。施密特还获得许多其他奖项。他是澳大利亚科学院院士、美国科学院院士、英国皇家学会院士和西班牙皇家科学院院士。

2.2 获得性免疫耐受性理论创立者——弗兰克·伯内特

实质器官移植和骨髓移植之间的差异给学者们提出了两个问题：为什么在看起来似乎违背了所有免疫学原则的情况下，几乎所有的实质器官移植却是可行的；实质器官植入与耐受之间究竟有什么关系？这成了当时生物学上的两个难题。导致这一困难的根本原因是实质器官植入无法用常见于小鼠移植耐受模型和临床骨髓移植中的供者白细胞嵌合机制来解释。学者们纷纷就这一现象提出了一些潜在的可能机制。通过免疫抑制下调同种 t 细胞反应将这种平衡向抗原的方向倾斜，这是器官移植的基本手段。其所付出的代价就是机体丧失了对感染和恶性肿瘤的监控能力。在自发耐受的器官移植实验模型中，则不需要做任何治疗。因为抗供者反应微弱到已经无须清除供者抗原，供者抗原已经被耗竭和清除。随后这种清除耐受通过微嵌合来维持。在其他啮齿动物中，通过短时间的使用单一免疫抑制剂可以将普通的排斥反应转变为终身耐受。然而在非近交系的人类中，组织相容性和其他因素使得难以预测该疗法的效果。1948 年，英国免疫学家彼得·梅达瓦在一次实验中偶然发现获得性免疫耐受的现象，就根据自己的实践，写了一篇关于获得性免疫耐受的论文发表。他总结出的理论为异体器官移植打开了一扇大门，他首次证明免疫系统是可以被改变的，免疫耐受性是可以在后天“获得”的。从此，那些致力于器官移植的医生们终于茅塞顿开，马到成功。1949 年，弗兰克·伯内特提出了获得性免疫耐受性的理论，对外科移植手术极具重要性。

弗兰克·伯内特（1899—1985 年），澳大利亚微生物学家。1916 年，他以优异的成绩从基隆学院毕业，并赢得了一份政府奖学金。1917 年，他前往墨尔本大学奥蒙德学院进修速成医学课程。尽管他本打算从事临床神经病学方面的工作，但他的实验室技术使他在墨尔本医院沃尔特伊丽莎·霍尔研究所的病理学实验室谋到一份工作。1924 年，他获墨尔本大学硕士学位，1928 年获伦敦大学博士学位。他回到澳大利亚后不久，一些儿童在注射白喉疫苗后死亡。在调查导致这场灾难原因的过程中，他进行了细菌学研究，这也使得人们开始对金黄色葡萄球菌毒素进行研究。1926 年，他获得了一份贝特医学研究学术奖金，前往伦敦的约瑟夫·李斯特（1827—1912 年，外科消毒法的创始人）研究所工作一年。他的研究重点是噬菌体，即可以感染特定的细菌，使细菌破裂的一组病毒。他的研究得到了很好的反响，因此医学研究委员会邀请他为委员会的《细菌学系统》一书撰写噬菌体这一章。1932—1934 年，他应邀前往伦敦研究动物病毒。在此期间，他发明了一种使用鸡胚胎分离和分析动物病毒的技术。20 多年来，这种技术一直是标准的实验室工作程序。此后，他在沃尔特伊丽莎医学研究所专注噬菌体和病毒的研究，并写下了后来被人们视为经典的论文。1944 年，他首次前往美国，并拒绝哈佛医学院的邀请，最终回到了伊丽莎·霍尔研究所。这个创建于 1915 年的医学研究所是澳大利亚历史最悠久的医学研究所，是澳大利亚医学研究领域的旗舰，曾经产生三位诺贝尔奖获得者。之后，他成为墨尔本沃尔特和伊丽莎·霍尔医学研究所微生物学和免疫学前沿研究的领导者，1944—1965 年间他担任该研究所主任。在他的领导下，霍尔研究所成了国际性的流感病毒研究中心。除了完成噬菌体的研究，他还做了帮助分离引起牛羊 Q 热的病原伯氏 Q 热立克次氏体的研究和脊髓灰质炎病毒的研究。“二战”爆发后，他又转为研究对抗流行感冒的免疫方法。他的病毒研究表明抗体可以在体内通过人工合成，以产生一种专门类型的免疫力。因此，他对免疫反应的兴趣也逐渐增长。这一理论使得他提出了获得性免疫耐受性这一概念。1949 年，伯内特提出了获得性免疫耐受性的理论，对外科移植手术极具重要性。这一理论后来被英国生物学家彼得·梅达瓦和他的同事们所证实。他在微生物研究上获得重大突破，发现了它们的特点和复制以及在免疫系统的相互作用，为现代生物科技和遗传工程学奠定了基础。伯内特与彼得·梅达瓦分享 1960 年诺贝尔生理学或医学奖。1957 年，伯纳特决定将伊丽莎·霍尔研究所的研究重点由病毒学转移到免疫学。他认为自己的抗体生产的克隆选择学说是他对科学最大的贡献。根据这一学说，产生抗体的细胞含有一个不停变异的区域，每次变异都会产生一种新类型的抗体，能够产生某一特定类型的抗体的细胞一般不多，而在身体内找不到抵抗目标的抗体很快就会死去。但是，抗体一旦找到了抵抗对象，产生该抗体的细胞就会加大该抗体的产量以满足要求。1965 年，伯纳特退休。他先后撰写有关免疫学、人类生物学、衰老和癌症等方面的书 14 本。1951 年，他被封为爵士；1969 年，他被封为二等高级大英帝国勋爵士。1985 年伯纳特死于癌症，澳大利亚政府为他举行国葬。

2.3 澳大利亚的创世纪之作——帕特里克·怀特

帕特里克·怀特（1912—1990年），澳大利亚小说家、剧作家。1925年，他赴英国切尔滕纳姆学院学习。1929年回国，1932年再度去英国，进剑桥大学皇家学院攻读现代语言。1935年出版的诗集《农夫和其他诗》，即为他在剑桥求学时期的作品。但他自认在诗歌创作上很难有建树，改写小说和戏剧。1932年，怀特再次赴英国剑桥皇家学院研读现代语言，毕业留在英国从事创作。他曾去欧洲许多国家和美国游历，并且阅读了大量英、法、德等国的文学作品，深受欧洲文化和詹姆斯·乔伊斯、托马斯·沃尔夫等现代作家的影响。1939年和1941年，怀特相继发表了长篇小说《快乐的山谷》和《生者与死者》。“二战”期间，他服役于英国皇家空军情报部门。1948年，他回澳大利亚定居，先经营农牧场，后专门从事写作。他的第一部小说是《快乐的山谷》，成名作是《人之树》。《人之树》这部长篇巨著获得“澳大利亚的创世纪”之称，给作家带来国际声誉。此后他又发表了《伏斯》《可靠的曼陀罗》《活体解剖者》等长篇小说和《烧伤者》《白鹦鹉集》等短篇小说集，以及剧本《在沙萨帕里拉的季节里》《快乐的灵魂》等。1973年，他发表他最著名的长篇小说《风暴眼》。《风暴眼》被视为澳大利亚最重要的一部意识流小说，他大幅度地采用意识流手法，把笔触深入人物心内，挖掘出埋藏在人们心灵深处的潜意识，把幻觉和感应融合在一起，从而深刻而真实地刻画出人的存在和本性。《风暴眼》突出的主题是“人在世界上是陌生的、痛苦的、孤独的，人生毫无意义，世界的终极是荒诞的”。其主题的深层内涵仍旧是“人与这个世界不协调、有矛盾”。同年他获1973年诺贝尔文学奖。获奖理由是“那史诗般气概和刻画人物心理的叙事艺术，把一个新大陆介绍到文学领域中来”。小说发表同年即获奖，这在逾百年诺贝尔文学奖历史上仅此一例，足见其意识流手法给人一种迷离变幻的感觉和晴空惊雷的震撼力。怀特将这笔奖金捐出，设立了“怀特文学奖”。评论界一致公认他是当今世界上富于才华并卓有成就的作家之一。在荣获诺贝尔文学奖后，怀特又相继出版了多部长篇小说、中短篇小说集、剧本以及自传《镜中瑕疵》。

第十章
中东国家及其诺贝尔奖得主

第一节　以色列及其诺贝尔奖得主

1.1　以色列的民族性和国力

以色列北靠黎巴嫩，东濒叙利亚和约旦，西南边则是埃及，是世界上唯一以犹太人为主体民族的国家。1948 年 5 月 14 日，根据联合国的决议，本·古里安在特拉维夫宣布成立民主共和国。1950 年，迁都耶路撒冷（阿拉伯国家对此有争议）。

建国以后，以色列经济和军事迅速崛起。1957 年，在法国的帮助下，在以色列内盖夫沙漠建立了以色列的第一个核反应堆，成为联合国五个常任理事国外第一个拥有核武器的国家。多年来，以色列国民经济高速发展，并拥有多个领域的世界最先进的技术。

以色列非常重视教育，人民文化程度普遍较高，而且将阅读当作生活中不可或缺的一个重要组成部分。已经颁发的 921 项诺贝尔奖（至 2017 年）中，犹太人占 164 项。犹太人人口虽仅有 1600 万人，占全球人口比例不到 0.25%，却获得了全球 27% 的诺贝尔奖。这个民族涌现出一大批伟大人物：爱因斯坦、弗洛伊德、海涅、洛克菲勒、索罗斯、基辛格和布热津基等。这个民族在人文思想界、文学艺术界、商业金融界，尤其是在自然科学界，以其不同凡响的成就令世人赞叹。

以色列国土面积不大，自然资源贫乏，他们取之不尽的资源就是智慧，这种智力资源有惊世能量，使以色列人创造了征服自然和改造自然的奇迹。以色列有 3850 家创业公司，在纳斯达克股票交易所上市的新兴企业公司总数，超过中国、印度、韩国和日本四国的总和，也超过整个欧洲大陆在此上市的新兴企业的总和。海法谷歌第二个研发中心、基文影像公司的无痛胶囊内镜机、贝宝公司信用卡诈骗解决方案、互联网聊天软件 ICQ、成为英特尔 CPU 帝国基石的 8088……以色列一直致力于科学和工程学的技术研发，最著名的是其军事科技产业，尤其是以色列庞大的无人机产业，武器出口已居世界第 5 位。以色列土地多为荒漠、严重缺水，不到 3% 的农业人口不但使农产品全国自给，还能大量出口欧洲国家。因此，人们称之为世界上“最小的超级大国”。

以色列是发达国家，工业化程度较高，总体经济实力较强。国土面积 2.5740 万平方公里（实际管辖面积），小于我国的海南省，人口数量 835.81 万（2015 年），GDP 总计 3042.26 亿美元（2014 年，国际汇率），人均 GDP 为 37032 美元（2014 年，国际汇率）。以色列的义务教育则是从 1 年级至 11 年级。以色列有八所大学以及数十所学院。以色列拥有优质大学教育，24% 的以色列劳动人口拥有大学学历，12% 的人口拥有大学以上的学历，这使以色列成为工业国家里学历程度第三高的国家，仅次于美国和荷兰。著名大学有耶路撒冷希伯来大学、以色列理工学院、魏茨曼科学研究学院（WIS）、巴尔·伊兰大学和特拉维夫大学等。以色列是国际学术界的翘楚，截至 2017 年，以色列获得的诺贝尔奖有化学奖 4 个、经济学奖 1 个、文学奖 1 个、和平奖 2 个（西蒙·佩雷斯、伊扎克·拉宾，1994 年），总计 8 个。每百万人产生 0.957 个诺贝尔奖。

1.2 蛋白质“死亡”的重要机理的发现者——阿龙·切哈诺沃

阿龙·切哈诺沃（1947 年— ），以色列科学家，第一位获得科学诺贝尔奖的以色列人。1981 年，他在以色列理工学院获医学博士学位，1984 年在麻省理工学院从事博士后研究。1980 年以后，他在以色列理工学院担任医学科学研究所和生物化学部教授，现为以色列人文和自然科学院院士、美国国家科学院外籍院士。他与另外两位科学家（阿夫拉姆·赫什科、欧文·罗斯）突破性地发现了人类细胞如何控制某种蛋白质的过程，就是人类细胞对无用蛋白质的“废物处理”过程。蛋白质是由氨基酸组成，氨基酸如同砖头，而蛋白质则如结构复杂的建筑。不同的蛋白质有不同的结构，也有不同的功能。科学家发现，同样的蛋白质在细胞外降解不需要能量，而在细胞内降解却需要能量。这成为长期困惑科学家的一个谜。20 世纪 70 年代末 80 年代初，他们三人进行了一系列研究，终于揭开了这一谜底。原来，生物体内存在着两类蛋白质降解过程：一种是不需要能量的，比如发生在消化道中的降解，这一过程只需要蛋白质降解酶参与；另一种则需要能量，它是一种高效率、指向性很强的降解过程。这如同拆楼一样，如果大楼自然倒塌，并不需要能量，但如果要定时、定点、定向地拆除一幢大楼，则需要炸药进行爆破。

三位科学家开创性的研究发现，一种被称为泛素［它是一种存在于所有真核生物（大部分真核细胞）中的小蛋白，由 76 个氨基酸组成，主要功能是标记需要分解掉的蛋白质，也可以标记跨膜蛋白，参与蛋白质的膜泡运输］的多肽在需要能量的蛋白质降解过程中扮演着重要角色。它就像标签一样，被贴上标签的蛋白质就会被运送到细胞内的“垃圾处理厂”，在那里被降解。他们进一步发现了这种蛋白质降解过程的机理。原来细胞中存在着 E1、E2 和 E3 三种酶，它们各有分工。他们的研究在 DNA 修复和控制、有助于攻克子宫颈癌等疑难疾病方面具有重要意义。2004 年诺贝尔化学奖授予阿龙·切哈诺沃、阿夫拉姆·赫什科和美国科学家欧文·罗斯。2011 年，阿龙·切哈诺沃受聘担任中国南京大学化学与生物医药科学研究所所长。2013 年，阿龙·切哈诺沃当选为中科院生物化学部外籍院士。

1.3 准晶体的发现者——达尼埃尔·谢赫特曼

根据传统晶体学认知，晶体内部的原子排列具有 3 次、4 次和 6 次对称性。这些原子排列再按一定规律重复就构成晶体。但 5 次、7 次及以上的对称因无法做到重复。因此，科学界一直认为，自然界中不可能存在这种晶体。准晶体是徘徊在晶体与非晶体之间的“另类”物质。准晶体内的原子排列组合没有按照重复周期性对称排列，原子排列方式介于晶体和非晶体之间。准晶体的原子排列组合类似于编织古代波斯地毯，地毯的花纹复杂有序，但没有两条地毯的花纹组合是相同的。由于准晶体原子排列不具周期性，因此准晶体材料硬度很高，同时具有一定弹性，不易损伤，使用寿命长。

达尼埃尔·谢赫特曼（1941 年—　），以色列理论物理学家。他在以色列海法科技大学获得博士学位后，成为莱特·帕特森空军基地航空航天研究实验室的国家研究委员会（NRC）研究员，从事三年研究工作。1975 年，他加入海法科技大学材料工程系，至今仍是该学校的特聘教授，现任以色列理工学院工程材料系教授。1981—2004 年，他在约翰·霍普金斯大学度过数次安息日学术休假。在此期间，他利用透射电子显微术（TEM）发现了二十面体物相，开辟了准周期性晶体的新研究领域，并促进其他课题的研究。1982 年，他在实验室环境下率先在铝镁合金中发现准晶体“现象”。他让电子通过铝锰合金进行衍射，结果发现无数个同心圆各被 10 个光点包围，恰恰就是一个 10 次对称。他发现的“准晶体”原子结构打破了传统晶体内原子结构必须具有重复性这一黄金法则，在科学界引起轩然大波。来自主流科学界、权威人物的质疑和嘲笑不断向他涌来，包括两次诺贝尔奖得主莱纳斯·鲍林在内的一些化学界权威纷纷质疑他的发现。他因为捍卫自己的发现，一度受到“劝告”，希望他脱离研究小组。他坚持说：“莱纳斯·鲍林这次真的错了。”他发现的“准晶体”原子结构打破了传统晶体内原子结构必须具有重复性这一黄金法则，彻底颠覆了具有 200 多年历史的认知。准晶体改变了我们对固体中原子结构的理解，这是一个具有革命性的科学发现。因其在晶体学研究中的颠覆性突破，谢赫特曼独享 2011 年诺贝尔化学奖。目前，准晶体的相关研究成果已被应用到材料学和生物学等多个领域。

以色列理工学院在 2013 年 9 月与李嘉诚基金会（LKSF）签署了一份备忘录，将获 1.3 亿美元的捐款，并将与广东的汕头大学合作创建一所全新的大学——广东以色列理工学院（英文缩写 GTIIT）。这项计划将带来工程学科以及中国广东生命科学领域之教育、研究和创新的新纪元。广东省和汕头市政府将拨款 9 亿人民币（约 1.47 亿美元）以资助其建设和初期运作，并拨给该学院 33 万平方米的土地用作校园建设，该地点毗邻汕头大学。2015 年，以色列理工学院与汕头大学合作举办的广东以色列理工学院（筹）获得教育部批准。谢赫特曼任广东以色列理工学院常务副校长。广东以色列理工学院的教学语言为英语，最终将设置涵盖工学、理学和生命科学三个领域的 10 个专业，在校学生规模达 5000 人。学校依法授予学士、硕士及博士学位，毕业生将获得广东以色列理工学院的毕业证书、学位证书，以及以色列理工学院的学位证书。

1.4　现代希伯来文学巨匠——萨缪尔·阿格农

萨缪尔·阿格农（1888—1970 年），以色列作家、希伯来文小说家。他 15 岁生日时发表处女诗作《雷纳的约瑟夫》。1908 年，他来到巴勒斯坦，任犹太法院第一书记，并担任犹太村社公会的秘书，从此放弃意第绪母语，开始用希伯来语写作。1908 年发表第一篇小说《弃归》，首次以“阿格农”为笔名。1903—1906 年，他先后用犹太德语、意第绪语和希伯来文写了大量诗歌、传说和民间故事，发表在当地的犹太杂志上。1913 年，他前往德国研究德、法文学。1924 年，他重返巴勒斯坦，定居耶路撒冷，并正式以“阿格农”为姓。19 世纪末，犹太复国主义者为了使犹太人具备民族意识，决定复兴希伯来文。他在作品中使用的语言多出自犹太教法典和俄国、波兰的哈西德派著作，他认为神的语言和世俗语言一脉相通，不可割裂。1909 年，他发表了第一篇短篇小说《被遗弃的妻子们》一举成名。他是位多产作家，一生著有 60 多篇作品，短篇、中篇、长篇小说都有，以短篇小说为主。其主要作品有小说《婚礼的华盖》《大海深处》《过夜的客人》和《订婚记》等。他被西方文学界誉为现代希伯来文学巨匠，他的小说交融了犹太民族的历史和今天，描写了理想和现实的冲突。他的作品大多具有一种浪漫主义风格，既是现实主义的，又有着幻想成分，有评论者誉之为“汉姆生与卡夫卡的奇妙结合”。阿格农凭借作品《行为之书》和奈莉·萨克斯（1891—1970 年，德国女作家，犹太人）共同荣获 1966 年诺贝尔文学奖。瑞典文学院在颁给他的证书上指出他的作品“始终带有神秘主义的色彩，甚至描写灰色的残酷景象时，也加上不可思议的、诗一般的、神话似的金色光环”。阿格农、萨克斯两位文学巨匠：一位是小说高手，以“文”取胜；一位是诗剧大家，以“诗”见长。同年获奖，双星辉映，犹太民族的智慧，令人叹服不已。他还曾经获得威希修奖金，两度获得比尔里克奖，两度获得以色列奖。其作品被译成 10 多种文字。

第二节　土耳其及其诺贝尔奖得主

2.1　土耳其的历史和国力

土耳其东南与叙利亚、伊拉克接壤，西部与希腊以及保加利亚接壤，东部与格鲁吉亚、亚美尼亚、阿塞拜疆和伊朗接壤。土耳其是连接欧亚大陆的十字路口。土耳其人是突厥人与地中海原始居民的混血后裔。1299 年，奥斯曼一世建立奥斯曼帝国。1453 年，随着拜占庭帝国逐渐衰落，奥斯曼帝国穆罕默德二世攻陷东罗马帝国首都君士坦丁堡（建于 330 年），拜占庭帝国灭亡标志着延续 1000 多年基督教治下的东罗马帝国的灭亡。君士坦丁堡成为伊斯兰教治下的奥斯曼帝国首都，更名为伊斯坦布尔。中世纪的结束和近代的开始，就是以君士坦丁堡的陷落和哥伦布发现新大陆作为一个标志。16—17世纪，尤其是苏莱曼一世时期达到鼎盛，它发展成为横跨欧、亚、非三洲的庞大军事帝国，统治区域地跨欧、亚、非三大洲。当时的匈牙利、塞尔维亚、罗马尼亚、希腊等都是它的领土，在亚洲它占领了整个两河流域；在非洲它占领了整个北非，消灭东罗马帝国后，且以东罗马帝国的继承人自居。但是，土耳其也没有成为世界大国，一个很简单的道理：虽然它的军事力量强大，扩张得很厉害，但是这个帝国的政治经济结构完全还是中世纪的。极盛时势力达亚、欧、非三大洲，故奥斯曼帝国的君主苏丹视自己为天下之主，继承东罗马帝国的文化和伊斯兰文化，因而东西文明在其得以融合，并控制东西文明的陆上交通线达6个世纪之久，对西方文明影响举足轻重。19世纪时开始衰落。1914—1918年，奥斯曼帝国在“一战”战败，帝国土崩瓦解。1919年，出生于马其顿的穆斯塔法·凯末尔·阿塔士克带领土耳其国民运动，并成功在安卡拉建立独立政府，他打败当时协约国所带领的同盟军队，并以杰出的能力解放了国家，于1923年建立土耳其共和国，凯末尔当选为首任总统。执政期间，凯末尔施行了一系列改革，使土耳其成为世俗国家，为土耳其的现代化奠定良好的基础。

土耳其虽为亚洲国家，但在政治、经济、文化等领域均实行欧洲模式，是欧盟的候选国。它是北约成员国，又为经济合作与发展组织创始会员国及二十国集团的成员。它拥有雄厚的工业基础。2008年超越意大利成为欧洲第六大汽车制造国，并排名世界第十五。在造船业亦居领先地位，2007年造船厂排名世界第四。它成为世界第十六大国内生产总值（购买力平价）之经济体。政治体制为议会制共和制。宪法规定：土耳其为民族、民主、政教分离和实行法制的国家。大国民议会为最高立法机构。实行普遍直接选举，土耳其实行多党制，主要政党有6个。政府又称部长会议，法定任期4年。国土面积78.3562万平方公里，略大于我国的青海省，人口数量7769.59万（2014年），GDP总计7995亿美元（2014年，国际汇率），人均GDP为10543美元（2014年，国际汇率）。土耳其提供6～14岁国民的义务教育，总共有大约85所大学，所有大学的容量大约为30万学生。著名大学有伊斯坦布尔科技大学、土耳其海峡大学和安兹耶因大学等。截至2017年，土耳其获诺贝尔文学奖1个。

2.2 土耳其文学的代言人——费利特·帕慕克

费利特·帕慕克（1952年—　），土耳其著名作家。他是当代欧洲最核心的三位文学家之一，当代欧洲最杰出的小说家之一，是享誉国际的土耳其文坛巨擘。他从小接受英语教育，精通英语，但一直坚持用土耳其语写作。上高中后，他开始写作，他出版第一部小说《塞夫得特州长和他的儿子们》，并获得《土耳其日报》小说首奖和奥尔罕·凯马尔小说奖。23 岁时，他放弃正在伊斯坦布尔科技大学主修的建筑学，却毕业于伊斯坦布尔大学新闻研究所。建筑学没怎么读好，却迷恋上西方现代文学，熟读了西方现代文学大师的作品。他最感兴趣的作家是英国的弗吉尼亚·伍尔夫和美国的威廉·福克纳（1949 年诺贝尔文学奖得主），他对法国作家马塞尔·普鲁斯特的《追忆似水年华》也如醉如痴，而且他后来的创作也深受其影响。随后他投身文坛，开始文学生涯。从 20 世纪 90 年代中期开始，他逐渐把注意力转向人权和思想自由等方面。1985 年，他出版第一本历史小说《白色城堡》让他享誉全球,《纽约时报》书评称："一位新星正在东方诞生——土耳其作家奥尔罕·帕慕克。" 2002 年，小说《雪》问世。2003 年，他出版关于细密画的小说《我的名字叫红》。这部小说给他带来了巨大的声誉，奠定了他在世界文坛上的文学地位，获得世界奖金最高的文学奖——都柏林文学奖，同时还赢得法国文艺奖和意大利格林扎纳·卡佛文学奖。其他主要作品有《新人生》《黑书》《伊斯坦布尔》和《我心片刻异常》等。其中《新人生》成为土耳其历史上销售速度最快的书籍。《伊斯坦布尔》讲述在伊斯坦布尔的七天内接连发生了七桩命案，死者都被丢弃在著名历史建筑附近，比如圣索菲亚大教堂、法蒂赫清真寺和苏莱曼尼亚清真寺等处，已被改编为法国电影，由约瑟夫·佩夫尼导演，埃罗尔·弗林等主演，于 1964 年上映。《黑书》法文版获得了法兰西文化奖。2002 年出版的《雪》以思想深度著称，是其本人最钟爱的作品。其作品被译成 50 多种语言出版，在众多国家和地区畅销。文学评论家把他和马塞尔·普鲁斯特（20 世纪法国最伟大的小说家之一、意识流文学的先驱与大师）、德国文豪托马斯·曼（1929 年诺贝尔文学奖得主）、安伯托·艾柯（享誉世界的哲学家、文学批评家和小说家）、法国玛格丽特·尤瑟纳尔（现代著名女作家、女学者，法兰西学院成立 300 年来第一位女院士）等大师相提并论。在 30 年的作家生涯中，帕慕克专心写作，先后获得欧洲发现奖、美国独立小说奖、法国文艺奖和德国书业和平奖等多项荣誉。2005 年，他的作品《伊斯坦布尔》被诺贝尔文学奖提名。帕慕克还以其政治观点在土耳其和国际上掀起轩然大波，搅闹得瑞典文学院也不再宁静，连最有教养的文学院院士们也为他是否能获诺贝尔文学奖而争得面红耳赤，最后不得不推迟诺贝尔文学奖的公布日期。结果，他败在已沉寂多年的英国剧作家哈罗德·品特的手下。2006 年，帕慕克再次获得诺贝尔文学奖的提名，荣获 2006 年诺贝尔文学奖。2017 年，他获颁“布达佩斯大奖”。

帕慕克摘得诺贝尔文学奖桂冠的同时，他在祖国却并没有受到与之相应的荣誉。2005 年，他把亚美尼亚种族灭绝和 3 万库尔德人被杀害的事件“泄露”给一家瑞士报纸，引发了土耳其国内极端民族主义势力的怒火，指控其言论伤及全民，并援引刑法 301 条款“侮辱土耳其国格”的罪名，集体将他告上法庭。极端分子显然不想放过作家，必欲对他实施私刑处决而后快。帕慕克为躲避本国极端民族主义分子可能施予的杀身之祸，选择流亡美国。在他看来，无论是“政治”还是“土耳其”，都不是自己的有意选择。直至土耳其总理埃尔多安 2014 年，对近 100 年前发生的亚美尼亚人遭屠杀事件表示哀悼，称对发生在“一战”时期的这一事件“感同身受”，这桩公案才得以了结。其作品中译本还有《我的名字叫红》和《伊斯坦布尔》等。

第三节　伊朗及其诺贝尔奖得主

3.1　伊朗的历史和国力

伊朗东邻巴基斯坦和阿富汗，东北部与土库曼斯坦接壤，西北与阿塞拜疆和亚美尼亚为邻，西界土耳其和伊拉克。伊朗是著名的文明古国之一，波斯人创造了辉煌灿烂的文化，特别是在医学、天文学、数学、农业、建筑、艺术和工艺等方面都取得巨大成就。伊朗是联合国的创始成员之一，也是不结盟运动和石油输出国组织（OPEC）成员。

公元前 550 年，居鲁士大帝建立第一个波斯帝国，开创阿契美尼德王朝。波斯帝国国力达到鼎盛，其疆土东起葱岭、西至巴尔干半岛、北逾高加索山脉、南抵埃塞俄比亚，国土面积约达 700 万平方公里的国土，包括 70 个民族共 1800 万人，成为世界性的大帝国。中经安息王朝、萨珊王朝统治，后被阿拉伯帝国击溃，波斯成为阿拉伯帝国的一部分，阿拉伯语成了通行的语言，伊斯兰教迅速取代了拜火教，各地大量兴建清真寺。再经蒙古人、土库曼人、阿富汗人建立的王朝统治，1779 年，由突厥人建立朝恺加王朝，首次定都德黑兰。

从 19 世纪下半叶至 20 世纪初，英国、俄国、法国、奥地利和美国等相继强迫伊朗签订不平等条约，伊朗逐渐沦为半殖民地国家。1921 年，军官礼萨汗·巴列维发动政变，建立巴列维王朝。1963 年，巴列维国王依照美国的蓝图来进行伊朗的农业与工业改革，例如土地改革、给予妇女选举权、森林水源收归国有、工人参加分红并限制宗教势力等措施。1979 年，流亡法国的宗教领袖霍梅尼发动伊斯兰革命，巴列维王朝覆亡。霍梅尼宣布改国名为伊朗伊斯兰共和国。伊朗伊斯兰革命后，美国大使馆被占领，66 名美国外交官和平民被扣留为人质，这场人质危机长达 444 天。1980 年，伊拉克与伊朗进行 8 年两伊战争。1980 年美伊断交后，美国曾多次指责伊朗以“和平利用核能”为掩护秘密发展核武器，并对其采取“遏制”政策。2010 年，联合国安理会通过“史上最严厉”制裁伊朗方案。2015 年，经过多年艰苦谈判，伊朗核问题最后阶段谈判终于达成历史性的全面协议。伊朗承诺永不寻求获取核武器，西方各国解除对伊朗的经济制裁。

伊朗政治体制实行政教合一的制度。宪法突出强调伊斯兰信仰、体制、教规、共和制及最高领袖的绝对权力不容更改。伊朗伊斯兰议会是伊朗最高国家立法机构，实行一院制。议会通过的法律须经宪法监护委员会批准方可生效。议员由选民直接选举产生，任期四年。实行总统内阁制，总统由直接选举产生，任期四年，可连任一届。总统是国家元首，也是政府首脑。司法总监是国家司法最高首脑，由领袖任命，任期五年。伊朗颁布政党法，实行多党制，主要政党有 5 个。伊朗是亚洲主要经济体之一，经济实力位居亚洲第 7 位。石油、天然气和煤炭蕴藏丰富。伊朗盛产石油，是世界第四大石油生产国、OPEC 第二大石油输出国。伊朗以石油开采业为主，另外还有炼油、钢铁、电力、纺织、汽车制造和机械制造等。2010 年，伊朗为全球第十二大汽车生产国，产量 1150 万辆。国土面积 164.8195 万平方公里，略小于我国的新疆维吾尔自治区，人口数量 7847.43 万（2015 年）。GDP 总计 4153.38 亿美元（2014 年，国际汇率），人均 GDP 为 5293 美元（2014 年，国际汇率）。伊朗实行中、小学免费教育，重视高等教育。著名高等学府有德黑兰大学、伊朗国立大学和谢里夫理工大学等。截至 2017 年，伊朗获诺贝尔和平奖 1 个。

3.2 妇女和儿童的权益代言人——希尔琳·艾芭迪

希尔琳·艾芭迪（1947 年—　），伊朗女性律师、法官、作家和人权活动家。她毕业于德黑兰大学法律系。1975 年，她开始担任德黑兰市法院院长，成为伊朗第一位女法官。1979 年伊斯兰革命后霍梅尼上台，伊朗从亲西方政权转向政教合一的伊斯兰共和国，她被迫辞职。保守派掌权者认为女性担任法官有悖伊斯兰传统，将她和所有女法官贬为法院的秘书，为原来的下属提供文书服务。她愤然辞职，创办律师事务所，成为为异见分子、家庭暴力中的孩童与妇女代言的维权律师。此后，她一直申请做一名律师，直到1993年她才重新获得这一身份。此间，她出版包括《伊朗在觉醒》等几本书，使她获得很高的社会名望。作为律师，她参与许多有争议的政治诉讼案：1999—2000年，她担任过作家和知识分子系列谋杀案受害者家庭的辩护律师；揭露了1999年德黑兰大学学生被袭事件的幕后真相。她以促进严重社会问题得到和平、民主的解决方式而闻名。她积极参与公共事务的辩论，多次遭到监禁，但她最终有力地抵御了伊朗保守派对她的攻击，得到全国民众的钦佩。因为民主和人权，特别是为妇女和儿童的权益所作出的努力，她被授予2003年诺贝尔和平奖，成为第一位获得该奖的伊朗人和穆斯林女性。虽然伊朗政府极力反对，但伊朗政府并未阻止她前去领奖，伊朗政府在颁奖当日也派人参加典礼。她在致谢词中说道："每个国家的人口有半数是妇女，漠视妇女，并把她们从政治、社会、经济和文化生活等活动领域排斥出去，实际上就等同于剥夺整个国家人口一半的社会能力。妇女受歧视的根源是家长制文化，这种家长式文化，这种对妇女的歧视，尤其是在伊斯兰国家，再也不能继续下去了。"荣誉不是艾芭迪的保护神，反而让她成为迫害目标。在整个伊斯兰世界中，伊朗的女性运动规模最大，因为教育程度高，65%的大学学生都是女性。2009年，伊朗总统大选，虽然结果并无意外，过程中的反对派强大的声音、高投票率、连续数日的民众抗议都让人看到民主的希望。但与此同时，谋求连任的内贾德政府加大对异见分子打压，而政府最大胆的批评者之一的艾芭迪，也受到越来越多对其家人和自身安全的威胁。2009年，她在伦敦讲学期间，发现伊朗政府没收了她银行账户，以及在银行保存的诺贝尔奖奖章。伊朗政府史无前例地没收她的奖章，这是诺贝尔奖创立109年以来从未发生过的罕见事件。此后，她再未返回伊朗。2012年，在法国多维尔举行的第八届世界女性论坛上，她接受专访时说："专制和民主制度缺乏的国家，法律得不到尊重。伊朗政府是其中一个。……伊朗政府有14个电视台用不同的语言向外广播。这些电视台鼓励仇恨，传播谎言，有的政治犯在电视台上做悔过的演讲。""千人诺诺，不如一士谔谔。"获奖之后，她更加积极地发挥着推进人权的社会作用，发表了不少呼吁保护妇女儿童的文章。

第四节　也门及其诺贝尔奖得主

4.1　也门的历史和国力

也门与沙特、阿曼相邻，位于也门西南的曼德海峡是国际重要通航海峡之一，沟通印度洋和地中海，是欧亚非三大洲的海上交通要道。16—18 世纪，葡萄牙入侵和英国先后占领也门北部建立殖民地。1918 年，也门脱离奥斯曼帝国宣布独立。1934 年，也门在同沙特阿拉伯的战争中失败，英国乘机逼迫也门承认英国对其南部的占领，也门被正式分割为南、北两方。1962 年，北也门发生革命，建立独立的阿拉伯也门共和国；1967 年，南也门人民共和国成立。1970—1994 年，中经统一、内战和再统一，成立也门共和国。2015 年，也门总统阿卜杜勒·拉布·哈迪宣布，因其首都萨那被胡塞武装分子占领，该国南部城市亚丁为临时首都。

也门实行民主共和制，也门人民是权力的来源和主体，通过选举投票直接行使政治权力。2014 年，也门宣布将国家由共和制变为联邦制。也门的政治体制建立在政治多元化和多党制基础之上，通过大选实现政权的和平交替。宪法规定，伊斯兰法是也门共和国一切立法之本。议会是国家立法机构，对政府工作进行指导和监督。也门有 46 个政党，主要政党有 3 个。

也门的石油和天然气是其最主要的自然资源。从 20 世纪 80 年代开始，也门石油的工业化生产和出口就是其国民经济的支柱产业。2009 年，也门的天然气形成工业化生产并实现出口。也门是世界上经济最不发达的国家之一，也门经济发展主要依赖石油出口收入。也门的棉花质量良好，每年有大量出口。也门是举世闻名的摩卡咖啡的真正产地，咖啡种植面积也很大，占农业重要地位。国土面积 52.7970 万平方公里，略大于我国的四川省，人口数量 2595.6 万（2014 年），GDP 总计 359.54 亿美元（2013 年，国际汇率），人均 GDP 为 1473 美元（2013 年，国际汇率）。全国中小学实行免费教育。公立大学 7 所，私立大学 8 所。萨那大学和亚丁大学最出名。截至 2017 年，也门获诺贝尔和平奖 1 个。

4.2　争取女性平等权利的勇士——塔瓦库·卡曼

塔瓦库·卡曼（1979 年—　）（女），也门政治家。卡曼是也门政党 Al-Islah 的高级成员。2005 年，她创立无锁链女记者组织（WJWC）并任主席。她是也门抗议活动的领导者之一，多次被捕。在一个保守社会中，她长期为争取女性平等权利而努力。她由于拒绝接受信息部做出的禁止 WJWC 成立该组织的报纸和电台后，当局曾使用电话和信件对她进行过“威胁和引诱”。2011 年，也门议会通过一项宪法修正案，将总统任期改为 5 年，并且总统有权提名自己无限期连任。这意味着现任总统萨利赫将有可能成为终身总统。这引起反对派的强烈不满，导致政局动荡，她投入反对派阵营参加示威，也门安全部门在首都萨那逮捕 19 名示威者，其中包括 1 名连日领导游行示威、呼吁和平推翻现任总统萨利赫的女性反对党领袖塔瓦库·卡曼，她被关押 30 个小时后得到释放。此举立即引发了大学生们新一轮的抗议游行。约数百名大学生、活动分子和反对派议员聚集在萨那大学校园，高举塔瓦库·卡曼的照片，并且高喊口号。随后到来的防暴警察向学生发射催泪瓦斯，并使用警棍对其进行驱散。总统萨利赫在国家电视台发表讲话时强调，国家权力改变只能通过协商并以和平方式进行，绝不允许国家发生骚乱。他在电视讲话中宣布，自己将在 2013 年完成第二个总统任期后不再谋求连任，并号召反对党“在混乱发生前与执政党进行对话”。

2011 年 3 月和 7 月，她两次被捕。她所领导的这些抗议活动被半岛电视台制作成“People and Power”系列纪录片中的一集。2011 年，塔瓦库·卡曼与利比里亚的埃伦·约翰逊·瑟利夫和莱伊曼·古博薇因“为了妇女的人身安全与女性参与和平建设的权利所进行的非暴力斗争”获诺贝尔和平奖，成为历届和平奖最年轻的得主，也是 7 年来诺贝尔和平奖首次颁给女性。

第五节　塞浦路斯及其诺贝尔奖得主

5.1　塞浦路斯的历史和国力

塞浦路斯是位于欧洲与亚洲交界处的一个岛国，在领土界线上属于亚洲。它扼守欧洲、亚洲和非洲的海上要道，战略位置十分重要，现为英联邦成员国。它是不结盟运动的创始成员，直到 2004 年加入欧盟。2008 年，塞浦路斯加入了欧元区。公元前 16—前 12 世纪，由于在该岛发现了铜矿，希腊人开始移居塞岛并建立自治的城邦，进入迈锡尼文明和希腊城邦时期。先后曾被亚述、古埃及、波斯、亚历山大大帝、罗马帝国、拜占庭帝国、威尼斯共和国等国征服和吞并。1571—1878 年由奥斯曼土耳其帝国统治，1878 年土耳其将塞岛租让给英国，1925 年成为英国

“直辖殖民地”。1959 年，塞浦路斯与英国、希腊、土耳其三国签订苏黎世 - 伦敦协议，确定独立后国家的基本结构和内部两族权力分配。1960 年，它同上述三国签订《保证条约》，由它们保证塞浦路斯的独立、领土完整和安全；同希腊、土耳其订立有《同盟条约》，规定它们在塞浦路斯有驻军权。1960 年塞浦路斯宣布独立，成立塞浦路斯共和国，希、土两族组成联合政府。1963 年，希、土两族发生武装冲突，自此塞浦路斯共和国长期处于南北分裂状态。1983 年，成立北塞浦路斯土耳其共和国，塞浦路斯政府坚决反对土族独立，迄今除土耳其一国外，未获其他国家承认。2013 年，塞浦路斯希族举行总统大选，新总统上台后继续致力于推动南北塞浦路斯分裂问题早日解决。

塞浦路斯宪法规定国家为共和国，总统由希族人担任，土族人任副总统，行政权属总统、副总统，他们对行政方面的重大决定均有最后否决权。由于两族争端，宪法并未得到贯彻。议会实行一院制，议会每五年选举一次。实行多党制，主要政党有 6 个。从 20 世纪 70 年代至 80 年代中期，经济发展主要依靠制造业。之后，船运、旅游、金融业等服务业取代制造业，成为拉动经济增长的主力。它为传统的农业国，并着重发展旅游业。人民相对富足，人均国内生产总值高于欧盟平均数，是地中海地区最富有的国家之一。国土面积 0.9251 万平方公里，小于我国的天津市，人口数量 85.8 万（2015 年），其中希腊族占 71.8%，土耳其族占 9.5%，外籍人占 18.7%。GDP 总计 232.26 亿美元（2014 年，国际汇率），人均 GDP 为 20143 美元（2014 年，国际汇率）。小学和初中实行义务教育，15 岁以上人口受教育率为 97%。多年来，教育经费占政府预算的 13% 左右。有各类教育机构 1270 所，在校学生 17.965 万人，各种高等专科学校 30 所。尼可西亚大学和塞浦路斯大学最出名。截至 2017 年，塞浦路斯获诺贝尔经济学奖 1 个。

5.2　劳动力市场的搜寻理论创立者——克里斯托弗·皮萨里德斯

从广义上来说，搜寻理论的精髓即人们要想凑到一起，形成一种有利可图的合作，需要耗费时间成本。因此，任何涉及两个以上的人的互动，如何形成成功的关系，都可以用搜寻理论来分析。该理论的核心是，高效率是在人们的相互匹配之中实现的，人们在与某种类型的人匹配时，可能比与另一种类型的人在一起时效率更高，尽管他们也并不清楚确切的原因。比方说有些人的能力特别适合某种工作，而一些雇主的工作岗位需要某种能力，却难以描述或找到适合的员工。当一个有工作岗位需要招聘员工的雇主和一个员工匹配的话，你并不清楚这种配对是否会成功。我们提出的理论指出，如果你花点儿时间来测试员工是否有某项工作所需的能力，或者花时间来面试，你可能找到更为匹配的人，从而从该项合作中获得更高的效率。这就是雇佣与生产力关系模型产生的根据。这正是人力资源部门对提高公司效率的重要性原因。

克里斯托弗·皮萨里德斯（1948 年— ），希腊裔塞浦路斯经济学家，拥有塞浦路斯国籍和英国国籍。1973 年，他获得伦敦经济学院经济学博士学位，他的导师是数理经济学家森岛通夫（曾获得诺贝尔经济学奖提名）。1976 年，他于伦敦经济学院任教。他现任伦敦经济学院经济学系教授，还是该校经济表现研究中心负责研究项目的主管，1976 年以来他一直在该中心任职。他最知名的学术成就是针对劳动力市场和宏观经济间交互作用的搜寻和匹配理论。他还推动了匹配函数概念的确立，该函数用于解释某个特定时间段内失业到就业的流动状况，他还是利用这一函数进行经验估算方面的先驱之一。近来他主要从事经济结构性调整和增长的研究。他深受美国经济学家戴尔·莫滕森学术思想的影响，于 2005 年与戴尔·莫滕森共同获得 IZA 劳动经济学奖（德国研究全球劳动力市场的非营利组织于 2002 设立，专门奖励在劳动经济学领域有突出贡献的经济学家）。他是英国社会科学院院士和英国计量经济学协会会员。皮萨里德斯与美国经济学家戴尔·莫滕森和彼得·戴蒙德共同分享 2010 年诺贝尔经济学奖。

他并没有因为国力并不强大、存在民族纷争而放弃塞浦路斯国籍，与圣卢西亚的威廉·刘易斯一样，胸怀“以家为家，以乡为乡，以国为国，以天下为天下”的拳拳之心，让祖国以诺贝尔奖的殊荣引以为傲。其主要著作有《国家就业机构的就业匹配和随机搜寻》《失业和职位空缺的短期平衡动态及实际工资》和《失业理论之就业创造和就业流失》等。

第六节　巴勒斯坦及其诺贝尔奖得主

巴勒斯坦由加沙和约旦河西岸两部分组成。加沙地区面积 365 平方公里，约旦河西岸地区面积 5800 平方公里。公元前 1020—前 923 年，犹太人曾在此建立希伯来王国。公元 622 年后，阿拉伯人成为该地区的主要居民。“一战”后，英国占领巴勒斯坦。1947 年，联大通过第 181 号决议，规定在巴勒斯坦建立犹太国（约 1.52 万平方公里）和阿拉伯国（约 1.15 万平方公里），耶路撒冷（176 平方公里）国际化。犹太人同意该决议，并于 1948 年 5 月 14 日宣布建立“以色列国”。1978 年，埃及、以色列和美国签署了戴维营协议，被占领土的巴人获得有限的自治权，巴解组织则拒不接受自治。1988 年，巴勒斯坦全国委员会宣布建立首都为耶路撒冷的巴勒斯坦国，接受 1947 年联大第 181 号决议。在国际承认下，该国已拥有巴勒斯坦联合国观察员席位，并与世界上多数国家建立正式外交关系。2003 年，由美国、俄罗斯、欧盟和联合国“四方机制”起草的中东和平路线图计划启动，继而在 2005 年完成最终地位谈判，巴勒斯坦国正式建国。该计划至今未得到切实执行。2005年，阿巴斯上台后，巴以关系明显改善。2015 年，全国人口 510 万人。巴勒斯坦以农业为主，其他有建筑业、加工业、手工业、商业、服务业等。巴勒斯坦经济严重依赖以色列。2013 年国内生产总值（GDP）70.08 亿美元，人均国内生产总值 1695.6 美元。截至 2017 年，亚西尔·阿拉法特（1929—2004 年）与以色列西蒙·佩雷斯和伊扎克·拉宾共同分享 1994 年诺贝尔和平奖。

第十一章

南亚和东南亚国家及其诺贝尔奖得主

第一节　印度及其诺贝尔奖得主

1.1　印度历史和国力

印度东北部同中国、尼泊尔、不丹接壤，孟加拉国夹在东北部国土之间，东部与缅甸为邻，东南部与斯里兰卡隔海相望，西北部与巴基斯坦交界。印度是世界第二大人口大国，印度已成为拥有核武器国家，但未签署《核不扩散条约》。印度是金砖国家之一，也是世界上发展最快的国家之一。印度经济产业多元化，涵盖农业、手工艺、纺织以至服务业。虽然印度 2/3 的人口仍然直接或间接依靠农业维持生活，但近年来服务业增长迅速，且日益重要。印度已成为全球软件、金融等服务业的重要出口国。同时也是个社会财富分配极度不平衡的发展中国家，多民族、种姓制度和宗教等问题较为尖锐。

印度是世界四大文明古国之一。公元前 2500 年至公元前 1500 年之间创造了印度河文明。公元前 4 世纪崛起的孔雀王朝统一印度，终于在阿育王时期到达巅峰。中世纪小国林立，十六国称雄，印度教兴起。8 世纪初，阿拉伯人征服了印度西北部的信德，揭开穆斯林远征印度的序幕。11 世纪，伊斯兰真正征服印度由突厥人进行。1206 年，顾特卜 - 丁·艾伯克采用苏丹头衔统治北印度地区，定都德里。1526 年，突厥人帖木儿的直系后代巴卑尔建立的政权被称为莫卧儿帝国。最早在印度建立殖民地据点的是葡萄牙、荷兰、法国和英国。1600 年，英国侵入印度，建立东印度公司。1757 年，印度沦为英殖民地。1947 年，印巴分治，1950 年印度独立，成立印度共和国，成为英联邦成员国。巴基斯坦由印度分隔为东、西巴基斯坦。1971 年，东巴基斯坦脱离巴基斯坦独立，成立孟加拉共和国。英国的印巴分治和麦克马洪线为印巴、印中的边界纠纷埋下隐患，至今纷争不断。

印度是联邦制共和国，采取英国式的议会民主制。公民不分种族、性别、出身、宗教信仰和出生地点，在法律面前一律平等。总统为国家元首，每届任期五年，总统依照以总理为首的部长会议的建议行使职权。立法权归议会所有，议会分为上、下两院。最高法院是最高司法权力机关，有权解释宪法。印度实行多党制，主要政党有 5 个。它经济增长速度引人瞩目。若以同等购买力来衡量，印度 2011 年国内生产总值 4.457 兆美元，与日本并列世界排行第三，仅次于美国、中国。印度工业已形成完整体系，纺织、食品、精密仪器、汽车、软件、航空和空间技术等工业发展迅速。印度在信息技术领域的成功对于吸引跨国研发中心和外籍印度人在印度投资也发挥了重要作用。印度的卫星研发和应用技术已达到或接近国际先进水平，其运载火箭技术也不断取得突破性进展。印度是世界上最大的粮食生产国之一，已成为农产品净出口国。国土面积 298 万平方公里，略大于我国的新疆维吾尔自治区和西藏自治区面积之和，人口数量 12.74 亿（2015 年），GDP 总计 2.07 万亿美元（2014 年，国际汇率），人均 GDP 为 1631 美元（2014 年，国际汇率）。印度实行 12 年一贯制中小学教育。全国现有 350 所综合性大学，著名大学有印度理工学院、德里大学和加尔各答大学等。著名人物有印度“国父”圣雄甘地（1869—1948 年），文化巨匠泰戈尔（1861—1941 年），印度开国总理贾瓦哈拉尔·尼赫鲁（1889—1964 年）和英迪拉·甘地（1917—1984 年）等。截至 2017 年，印度获得的诺贝尔奖有物理学奖 1 个、经济学奖 1 个、文学奖 1 个、和平奖 1 个（凯拉什·萨蒂亚尔希，2014 年），总计 4 个。印度诺贝尔奖得主不多，却创下亚洲三个第一并且都是独享：拉曼是亚洲获诺贝尔科学奖第一人，阿马蒂亚·森是亚洲获诺贝尔经济学奖第一人，罗宾德拉纳特·泰戈尔是亚洲获得诺贝尔文学奖第一人。

1.2 印度科学巨匠——拉曼

拉曼光谱是一种散射光谱。拉曼光谱分析法是基于印度科学家 C. V. 拉曼所发现的拉曼散射效应，对与入射光频率不同的散射光谱进行分析以得到分子振动、转动方面信息，并应用于分子结构研究的一种分析方法。激光器的问世，提供了优质高强度单色光，有力推动了拉曼散射的研究及其应用。拉曼光谱的应用范围遍及化学、物理学、生物学和医学等各个领域，对于纯定性分析、高度定量分析和测定分子结构都有很大价值。

拉曼（1888—1970年），又译喇曼，印度物理学家、教育家。他16岁毕业于马德拉斯大学，以第一名的成绩获物理学金奖。1906年，他仅18岁就在英国《自然》发表关于光的衍射效应的论文。他19岁又以优异成绩获硕士学位。因他没有英国博士学位就投考财政部求职任总会计助理。他用业余时间从印度科学教育协会开展声学和光学研究。经过十年的努力，拉曼靠自己的努力获得成果，发表许多论文。1917年，印度的最高学府加尔各答大学破例邀请他担任物理学教授，从此他能专心致力于科学研究。他任教16年期间，仍在印度科学教育协会进行实验，逐渐形成了以他为核心的学术团体，其中有著名物理学家沙哈（M. N. Saha）和玻色（S. N. Bose）。这时，加尔各答正在形成印度的科学研究中心，加尔各答大学和拉曼小组成了众望所归的核心。1922年，拉曼出版《光的分子衍射》，提出用量子理论分析散射现象。1934年，他和其他学者创建了印度科学院，并亲任院长。1947年，他又创建拉曼研究所。他在发展印度的科学事业上立下了丰功伟绩。他独具慧眼抓住分子散射课题。在30年间，前后就有66名学者从他的实验室发表377篇论文。拉曼的科学探索人生诚如马克思所言：在科学的入口处，正像在地狱的入口处一样，必须提出这样的要求：这里必须根绝一切犹豫；这里任何怯懦都无济于事。

1924年，拉曼到美国访问，正值不久前著名物理学家A. H. 康普顿（1927年诺贝尔物理学奖得主）发现X射线散射后波长变长的效应，而怀疑者正在挑起一场争论。拉曼从康普顿的发现得到启示，把自己的发现看成是“康普顿效应的光学对应”。他经过六七年的探索，已经认识到颜色有所改变、比较弱又带偏振性的散射光是一种普遍现象。1928年，拉曼决定采用单色光作光源，做了一个非常漂亮的对拉曼效应有判决意义的实验。1930年，美国光谱学家伍德对频率变低的变散射线取名为斯托克斯线，频率变高的为反斯托克斯线。1928年，拉曼在《一种新的辐射》一文中指出：当单色光定向地通过透明物质时，会有一些光受到散射。散射光的光谱，除含有原来波长的一些光以外，还含有一些弱的光，其波长与原来光的波长相差一个恒定的数量。这种单色光被介质分子散射后频率发生改变的现象，称为并合散射效应，又称为拉曼效应。在拉曼和他的合作者宣布发现这一效应之后，苏联的兰兹伯格（G. Landsberg）和曼德尔斯坦（L. Mandelstam）也独立地发现了这一效应，他们称之为联合散射。因光散射方面的研究工作和拉曼效应的发现，拉曼独享 1930 年诺贝尔物理学奖。拉曼效应发现两年后即获诺贝尔物理学奖，这是非常罕见的。

拉曼是亚洲获诺贝尔科学奖第一人，也是第一个获得诺贝尔奖的印度人。在他 80 岁寿辰时，出版他的专集《视觉生理学》。拉曼喜爱玫瑰胜于一切，他拥有一座玫瑰花园。1970 年拉曼逝世，享年 82 岁，按照他生前的意愿火葬于他的花园里。拉曼一生正如诗翁泰戈尔诗云：生如夏花之绚烂，死如秋叶之静美。

1.3　关注饥饿和贫困的经济学家——阿马蒂亚·森

阿马蒂亚·森（1933 年—　），印度经济学家，被称为关注最底层人的经济学家。他家境优渥，早年求学于加尔各答大学总统学院。在大学期间，他开始学的是自然科学，后转向经济学。促使他选择学习经济学的原因之一是，1943 年在他 9 岁多的时候，他的家乡孟加拉邦发生大饥荒，死亡人数高达数百万。这件事对他以后生活道路的选择和学术生涯有重要影响。1951 年，他进入加尔各答管区学院专修经济、辅修数学。1953 年他离印赴英，进剑桥大学三一学院继续深造，这使他有机会接触不少著名经济学大师。他曾师从英国激进政治经济学派的精神领袖莫里斯·多布和凯恩斯的得力助手皮埃罗·斯拉伐。在剑桥大学的第二年，他即开始在新剑桥学派最著名的代表人物和实际领袖琼·罗宾逊夫人（曾获诺贝尔经济学奖提名）指导下写作论文。他曾与莫里斯·多布一起讨论过肯尼思·阿罗（1972 年诺贝尔经济学奖得主）的名著《社会选择与个人价值》。1959 年，他获得博士学位。其博士论文以“技术选择”为题，主要探讨资本贫乏的国家在何种条件下可以采用资本密集型技术的问题。1960 年，该博士论文正式出版，这是他发表的第一本著作。他相继在印度德里大学、伦敦经济学院、牛津大学、哈佛大学等著名高等学府任教。他曾任剑桥大学三一学院院长，美国经济协会、经济计量学协会和国际经济协会的主席和前联合国秘书长布特罗斯·加利（第六任联合国秘书长，1992 年 1 月—1996 年 12 月）的经济顾问等职务。

1971 年以后，他研究了他当时最关心的问题——社会选择理论。社会选择理论本身包含了“与贫困、不平等、失业、国民收入和生活水平有关的经济评价和政策制定”的集合。他发表了一系列有关不平等与贫困测度方面的论文。他提出低于贫困与穷人排序基础上的测度问题。这一测度方法与测度不平等的基尼（Gini）系数密切相关，并进一步促进了这一领域技术性较高的著作出版。同时，他还发表有关资本理论与聚集理论、伦理与道德哲学方面的论文。1976年，他被印度授予马哈拉诺比斯国际奖。马哈拉诺比斯国际奖设立于2003年，颁发对象是发展中国家对统计经济学做出杰出贡献的统计专家，该奖每两年颁发一次，全部奖金由印度政府赞助。1977年起，他担任牛津大学万灵学院德拉蒙德政治经济学教授。这一教授职位此前只有英国著名古典经济学家纳索·西尼尔、约翰·希克斯（1972年诺贝尔经济学奖获得主）、英国统计学家弗朗西斯·埃奇沃思等杰出经济学家担任过。这一职位可以反映出他在牛津大学经济学团体中的领导地位。他在担任这职位期间，热心地投入到饥饿、贫困以及其他发展问题的研究，包括性别分工与不平等等问题。因对福利经济学几个重大问题做出贡献，阿马蒂亚·森独享1998年诺贝尔经济学奖。阿马蒂亚·森的名字正是泰戈尔给取的，意思是“不朽”，真可谓人如其名。其主要著作有《技术选择》《有无剩余劳动力的农民与二元性》《集体选择与社会福利》和《贫穷和饥荒》等。

1.4 印度诗哲——拉宾德拉纳特·泰戈尔

拉宾德拉纳特·泰戈尔（1861—1941年），印度著名诗人、作家和社会活动家。由于生长在一个印度传统文化与西方文化和谐交融的书香门第，他从小就受到家庭环境的熏陶。他早年就读过四所学校都不喜欢，但他在长兄和姐姐的监督下受到良好的教育。后来他还进过东方学院、师范学院并在孟加拉学院读书，但都没有完成学业。他的知识主要来源于父兄和家庭教师的耳提面命，以及自己的广泛阅读。泰戈尔从小就醉心于诗歌创作，从13岁起就开始写诗，诗中洋溢着反对殖民主义和热爱祖国的情绪。1878年，他赴英国留学，最初学习法律，后在伦敦大学学习英国文学，并研究西方音乐，但没拿到毕业文凭就离开英国。1884年，他离开城市到乡村去管理祖传的佃户。1901年，为实现自己的教育理想，他在孟加拉博尔普尔附近的圣地尼克坦创办学校，后来发展成为有名的国际大学。1905年以后，民族运动进入高潮时期，泰戈尔不赞成群众焚烧英国货物等行动，便退出运动。此后，他过着隐居生活，埋头于文学创作。1915年，泰戈尔结识了甘地，这是印度历史上两位巨人的会面，他同甘地有很真挚的私人友谊。1916—1924年，他游历日本、美国和中国。1924 年，发生阿姆利则惨案，英国军队开枪打死 1000 多位印度平民。泰戈尔挺身而出写信给印度总督提出抗议，并声明放弃英国国王给他的“爵士”称号。1930 年，泰戈尔访问苏联。他看到一个神奇的世界，写成歌颂苏联的《俄罗斯书简》一书。在英国，他看到西方文化积极的一面，深为莎士比亚和雪莱的诗作中磅礴的热情所感染。他也从与雪莱、拜伦齐名的约翰·济慈、桂冠诗人威廉·华兹华斯等人的作品中受到启迪，并且对西方音乐的兴趣也有所增长。其主要作品有诗作《吉檀迦利》《飞鸟集》《新月集》和《采果集》等，小说《两亩地》《沉船》和《戈拉》，剧本《红夹竹桃》，歌曲《人民的意志》等。他的诗中含有深刻的宗教和哲学的见解。除诗外他还写小说、游记、话剧和 2000 多首歌曲。他的诗歌主要用孟加拉语写成，在孟加拉语地区，他的诗歌非常普及。他的诗在印度享有史诗的地位。反战诗人维尔弗德·欧文和威廉·叶芝（1923 年诺贝尔文学奖得主）被他的诗所感动，在叶芝的鼓励下，泰戈尔亲自将他的《吉檀枷利》（意即“饥饿的石头”）译成英语。泰戈尔以其作品《吉檀枷利》获 1913 年诺贝尔文学奖。

图 11-1　泰戈尔与其诗集

他的两首最著名的歌曲《印度的历程》和《印度的命运之神》被广泛传唱。后者被定为印度国歌。泰戈尔是印度近代史上最伟大的文化巨匠，是第一位获得诺贝尔文学奖的亚洲人，是印度国歌《人民的意志》和孟加拉国歌《金色的孟加拉》词作者。1941 年，他留下控诉英国殖民统治和相信祖国必将获得独立解放的著名遗言《文明的危机》，在加尔各答祖居宅第里平静地离开人世，享年 80 岁。

第二节　巴基斯坦及其诺贝尔奖得主

2.1　巴基斯坦的历史和国力

巴基斯坦东接印度，东北邻中国，西北与阿富汗交界，西邻伊朗，巴基斯坦原是英属印度的一部分。1947 年，英国实行印巴分治，巴基斯坦成为英联邦的一个自治省。1956 年，巴基斯坦伊斯兰共和国成立。巴基斯坦已成为拥有核武器国家，但未签署《核不扩散条约》。巴基斯坦是经济快速增长的发展中国家，是世界贸易组织、伊斯兰会议组织、七十七国集团、不结盟运动和英联邦组织的成员国。1971 年，在巴基斯坦总统叶海亚·汗协助下，基辛格由巴基斯坦转道，在北京和周恩来举行会谈，并就尼克松访华、中美关系正常化问题进行了一次秘密访问，促成中美建交。

公元前 3000 年左右，古印度河文明产生在如今的巴基斯坦境内。公元前 2000 年，中亚的雅利安人征服了当地的达罗毗荼人，印度河文明逐渐衰亡。经历波斯帝国统治、亚历山大征服后，1271 年，蒙古汗国改名元朝，克什米尔地区大部纳入中国元朝的版图。后又经阿拉伯帝国入侵，建立伊斯兰政权，并将伊斯兰教传入，使大批当地居民成为穆斯林。再经阿富汗加兹尼王朝统治和蒙古大军入侵。15 世纪后 300 年间历经了六个王朝，巴布尔于 1526 年建立莫卧儿帝国，管辖印度中北部和巴基斯坦东部部分地区。1757 年后，巴基斯坦和印度成为英国殖民地。1947 年，印巴根据《蒙巴顿方案》实行分治。巴基斯坦宣告独立，成为英联邦一个自治省，包括巴基斯坦东、西两部分。印巴分治时，克什米尔的归属问题未能得到解决，导致第一次印巴战争和第二次印巴战争。1971 年，经第三次印巴战争，东部巴基斯坦独立，成立孟加拉人民共和国。

巴基斯坦政治体制为半总统共和制，总统是武装部队最高统帅。2010 年，巴议会通过宪法第 18 修正案，取消总统解散议会的特权，同时宣布解除总理不能担任三届的禁令。总统的诸多权力将被转移至总理和议会。议会是巴联邦立法机构。1947 年，巴基斯坦建国后实行一院制，1973 年后实行两院制。目前实行多党制，主要政党有 3 个。它拥有多元化的经济体系，是世界第二十五大经济体。巴基斯坦作为一个快速增长的发展中国家，截至 2007 年，年平均经济增长连续四年达到 7%。最大工业部门是纺织业，其他还有制糖、机器制造、化肥、水泥、电力和石油等。粮食产量很多，还出口大米、棉花。国土面积 88.02 万平方公里（含巴控克什米尔），略小于我国的四川省和黑龙江省面积之和，人口数量 1.85 亿（2014 年），GDP 总计 2468.76 亿美元（2014 年，国际汇率），人均 GDP 为 1333 美元（2014 年，国际汇率）。实行中小学免费教育。著名高等学府有旁遮普大学、卡拉奇大学和白沙瓦大学等。截至 2017 年，巴基斯坦获得的诺贝尔奖有物理学奖（阿布杜斯·萨拉姆，1979 年）1 个、和平奖（马拉拉·扎伊，2014 年）1 个，总计 2 个。

2.2 揭开“作用力之谜”的探索者——阿布杜斯·萨拉姆

阿布杜斯·萨拉姆（1926—1996 年），巴基斯坦物理学家，是第一个获得诺贝尔奖的巴基斯坦人，也是第一个获得诺贝尔科学奖的穆斯林。他以作为虔诚的穆斯林而知名。14 岁时，萨拉姆取得旁遮普大学历史上入学考试最佳成绩。他得到旁遮普大学管理学院的奖学金，1946 年获得硕士学位。同年，剑桥大学圣约翰学院授予他奖学金，1949 年萨拉姆在该学院获得数学物理双第一的荣誉学士学位。1950 年，他以博士学位前对物理学的最卓越的贡献，获得剑桥大学的史密斯奖，并在剑桥获得理论物理博士学位。他的博士论文于 1951 年发表，内容是量子电动力学的基础工作，赢得国际声誉。1951 年，萨拉姆在拉合尔管理学院教授数学。1952 年，成为旁遮普大学数学系主任。萨拉姆回国的目的是想建立一个研究学派，但不久就发觉这是不可能的。当时，巴基斯坦就像“千古无绿意，四季不见青”的科学沙漠，要从事理论物理的研究工作，只好离开巴基斯坦。1954 年，萨拉姆在剑桥大学开设讲席，而后作为科学政策顾问常回巴基斯坦。1956—1974 年，萨拉姆担任总统的首席科学顾问。他对巴基斯坦的贡献影响深远，是巴基斯坦原子能委员会委员、巴基斯坦科学委员会委员。1957 年后，萨拉姆任伦敦帝国理工学院理论物理学教授。他在帝国理工学院对量子场论和数学提升有相当的贡献，并在中微子、中子星以及黑洞的研究方面也有相当大的贡献，以及将量子力学和量子场论现代化。从 1964 年起，萨拉姆还担任的里雅斯特国际理论物理中心的所长。30 多年来，他是基本粒子物理理论的一位多产的研究人员。1971 年，萨拉姆任联合国科技咨询委员会主席。1959 年，萨拉姆被选为英国皇家学会会员。1973 年，萨拉姆当选国际理论物理和应用物理协会副主席。

萨拉姆长期从事基本粒子和量子场论的研究。20 世纪 50 年代初，他在重正化理论方面提出了消除理论中出现的某些发散（交缠无穷大）的方法。20 世纪 60 年代上半叶，他研究规范场理论和黑格斯机制，并在 1968 年独立地提出了通过黑格斯机制使中间玻色子获得静止质量的电弱统一规范理论，即通常所说的温伯格－萨拉姆理论。它预言的静止质量很大的三种中间玻色子 $W^{\pm}$ 和 Z^0，后来由欧洲核子研究中心分别于 1983 年 1 月和 6 月在质子对撞机的实验中找到，其质量与理论预言的一致，从而极大地支持了这个理论。1973 年，萨拉姆等人还提出了统一描述夸克和轻子的帕提－萨拉姆模型，预言质子的衰变。这项工作被称为大统一理论的开端。萨拉姆和美国物理学家史蒂芬·温伯格与谢尔登·格拉肖共同获得 1979 年诺贝尔物理学奖。

2.3 和平奖最年轻的得主——马拉拉·扎伊

马拉拉·扎伊（1997 年—　）（女），巴基斯坦女权主义者，以争取妇女接受教育的权利而闻名。她是巴基斯坦西北部开伯尔－普赫图赫瓦省斯瓦特县明戈拉城的一名学生。她因致力于斯瓦特地区和平而备受赞誉。塔利班对斯瓦特地区控制以后发布了一系列禁令，其中一条是禁止所有女孩去学校受教育。但她在其父亲的鼓励下，认为自己比恐吓她的那些人更强大，因为他父亲也是抵制不让女性受教育这条规定的校长之一。她不仅不顾塔利班禁令继续学业，仅上七年级的她通过父亲得到为英国广播公司（BBC）写博客的机会，她开始用博客向世界展示塔利班控制下的斯瓦特地区的生活，特别是女孩子接受教育情况的点点滴滴。文章在 BBC 的博客发表后,《纽约时报》记者亚当曾为她拍摄了一部纪录片。纪录片完成后，她又接受几家报纸的采访。在接受采访中，她面貌上看起来还是一个小孩，但其言谈简直就是一个成人。她还致函外媒为巴基斯坦妇女和儿童争取权益。2009 年下半年，她成为当地的儿童教育会主席，开始了她的政治活动。2011 年，她获得巴基斯坦首届国家青年和平奖，并成为这一奖项的首位得主。2011 年，南非圣公会主教图图授予她国际儿童和平奖，成为首位获奖的巴基斯坦女性。2012 年 10 月 9 日，她当天放学回家途中所乘校车被一名身着警服的袭击者拦下。枪手登上校车，问道：“你们谁是马拉拉？快说，不然把你们统统毙了。”她的身份暴露了，枪手对着她的脸开枪，子弹穿过头、颈，嵌入肩膀。弥留之际，她被飞运英国，在伯明翰的伊丽莎白女王医院救治。2013 年 2 月，她接受补造颅骨手术，并恢复了听力。2013 年 3 月，她换上新校服，在伯明翰就近入学埃德巴斯通女子高中。2013 年，她曾获得诺贝尔和平奖提名，是该奖项史上最年轻的候选人。2013 年，马拉拉被选为全球最有影响力

图 11-2　马拉拉和时任联合国秘书长的潘基文

的一百人，登上美国《时代》杂志封面。她的生日 7 月 12 日，被联合国定为“马拉拉日”。

2013 年 7 月，她在联合国发表康复后的首次公开演讲时说：塔利班觉得子弹可以使她闭口。但他们没有达到目的。相反，它使得软弱、恐惧和无助已不复存在，有的只是力量、能量和勇气。她还是同样的马拉拉。她的雄心壮志、希望和梦想一如从前。时任联合国秘书长的潘基文在会前接见她及其家人时，向她赠送一本平时专门送给国家元首的精装本《联合国宪章》。2014 年，她与印度的凯拉什·萨蒂亚尔希共同分享 2014 年诺贝尔和平奖，成为该奖项最年轻的得主。2015 年 4 月，她获得 316201 号小行星命名，该行星被命名为“马拉拉星”。

第三节　孟加拉国及其诺贝尔奖得主

3.1　孟加拉国历史和国力

孟加拉国位于孟加拉湾之北，东南山区一小部分与缅甸为邻，东、西、北三面与印度毗连，并在北方边境尚有大量飞地。孟加拉族是南亚次大陆古老民族之一。孟加拉地区的最早居民是亚澳人，9 世纪已有统一的封建国家。12 世纪末成为德里苏丹国领土。13 世纪受外来影响改信伊斯兰教，1338 年建立孟加拉苏丹国，定都于达卡。16 世纪，该地区已经发展成次大陆上人口最稠密、经济最发达和文化昌盛的地区。1576 年，孟加拉苏丹国被莫卧儿帝国吞并，1757 年起遭受英国殖民统治，为英属印度的一个省。1947 年，印巴分治时，孟加拉地区被再次分割：西孟加拉地区归印度（今西孟加拉邦），东孟加拉地区改名称东巴基斯坦。但是，地理上的相互隔绝，民族、文化和语言的巨大差异，终于使相距约 2000 公里的东、西巴基斯坦内部矛盾走向不可调和。1971 年，第三次印巴战争后，东孟加拉脱离巴基斯坦而独立。2015 年 6 月，印孟两国达成新的边界协议，孟加拉国获得 111 块共计 170 平方公里的飞地，飞地范围内的居民已自由选择国籍。

孟加拉国政治体制为议会共和制，截至 2011 年，宪法共经过 15 次修改。孟加拉国议会实行一院议会制，即国民议会。宪法规定议会行使立法权。议会由公民直接选出的 300 名议员和遴选的 50 名女议员组成，任期五年。实行多党制，主要的政党有 4 个。20 世纪 90 年代以后，孟加拉国主要由民族主义党和人民联盟轮流执政。孟加拉国是世界上最不发达的国家之一，经济基础薄弱，国民经济主要依靠农业。孟加拉国政府积极推行私有化政策、改善投资环境、吸引外国投资、创建出口加工区。孟加拉国农产品主要有茶叶、稻米、甘蔗、黄麻及其制品白糖、棉纱、豆油。孟加拉国的气候极适于黄麻的生长，黄麻生产是孟加拉国的经济命脉，平均年产量约占世界产量的 1/3。黄麻原麻出口占世界出口总量的 95%，黄麻制品出口占世界出口总量的 65%。孟加拉国重工业薄弱，制造业欠发达，从业人口约占全国总劳动力的 8%。国土面积 14.757 万平方公里，和我国的辽宁省相当，人口数量 15865 万（2015 年），GDP 总计 1738.19 亿美元（2014 年，国际汇率），人均 GDP 为 1096 美元（2014 年，国际汇率）。孟加拉国学制为小学五年、中学七年、大学四年。政府重视教育，规定八年级以下女生享受免费和义务教育。截至 2014 年，孟加拉国有国立大学 21 所，私立大学 53 所，国立医学院 13 所，普通学院 1225 所，专业培训学院 64 所。主要高校有达卡大学、吉大港大学和孟加拉工程技术大学等。截至 2017 年，孟加拉国获诺贝尔和平奖（穆罕默德·尤努斯，2006 年）1 个。

3.2 小额信贷先驱——穆罕默德·尤努斯

“一只亚马逊河热带雨林中的小蝴蝶轻拍翅膀，带动附近的气压，将可能导致一个月后美国得州的一场龙卷风。”小蝴蝶可以扰动气旋，那么，一个经济学家的影响力又可以有多大？

穆罕默德·尤努斯（1940 年— ），孟加拉国经济学家，孟加拉乡村银行（格莱珉银行）的创始人，有“穷人的银行家”之称，开创和发展了“微额贷款”的服务，专门提供给因贫穷而无法获得传统银行贷款的创业者。尤努斯毕业于达卡大学，获得经济学学士和硕士学位，毕业后任教于吉大港大学。1966 年，他获富布赖特奖学金赴美留学。1969 年，他获美国范德比尔特大学经济学博士学位。他在范德比尔特大学遇到了两位影响他未来生活的人：一个是他的导师尼古拉斯·杰奥杰斯库·勒根教授，他教给尤努斯一些精确的经济学模式，这些最终帮助他建立起了格莱珉银行；另一个人是薇拉·弗洛斯坦科，一个美籍苏联姑娘，1970 年他们结婚后，他在中田纳西州立大学教书。1972 年，他于孟加拉国独立后不久回国，被派到政府计划委员会工作，后来他辞职又回到吉大港大学做经济系主任。1974 年，该国发生一场毁灭性的饥荒，大约 150 万人死亡。这件事情深深地触动了他，让教授经济学的尤努斯改变了想法。1976 年，他走访乡村中一些最贫困的家庭。一个名叫苏菲亚的年轻农妇，生有 3 个孩子，每天从高利贷者手中获得 5 塔卡（相当于 22 美分）的贷款用于购买竹子，编织好竹凳交给高利贷者还贷，每天只能获得 50 波沙（约 2 美分）的收入。在把这些村民们的资金需求汇总后，他经历了有生以来最大的一次震动：这个数目一共只有 27 美金。他当即拿出 27 美金，借给了这 42 位穷人。他认为："造成他们的穷困的根源并非是由于个人问题，而是一个结构性问题：缺少资本。一些放贷者提供的借贷利率高达每月 10%，甚至每周 10%。我们所需要做的就是在他们的工作与所需资本之间提供一个缓冲，让他们能尽快地获得收入。"尤努斯开创和发展了"微额贷款"的服务，专门提供给因贫穷而无法获得传统银行贷款的创业者。1979 年，孟加拉国央行终于答应开展"格莱珉"项目，到 1983 年止，格莱珉银行 86 个支行使 5.9 万名客户摆脱贫困。随后，他决定辞去学术工作，全身心投入这项对抗贫穷的事业中去。1983 年，格莱珉银行成立为独立法人机构，其向贫困人口发放贷款的方式自成一体，被称为"格莱珉模式"。从此开创了小额融资的一种现代模式。至 2004 年，超过 6600 万人在这计划下受惠。到目前为止，孟加拉乡村银行已经拥有 650 万客户，他们中的 96% 是妇女。按照乡村银行网站提供的数据，他们向 71 万多个村庄派驻了 2226 个分支机构。1989 年，他创建格莱珉信托基金，募集资金为亚、非、欧、拉丁美洲等 30 多个国家 100 多个组织在复制格莱珉银行时提供支援，目前已提供了 1600 多万美元的援助资金。在今天亦被世人评价为一项非凡的成就。尤努斯与孟加拉国乡村银行共同获得 2006 年诺贝尔和平奖。挪威诺贝尔和平奖委员会颁奖词说道："持久的和平只有在大量的人口找到摆脱贫困的方法才会成为可能。小额贷款就是这样的一种方法，从社会的低层发展也有利于提高民主和民权。"他曾获得过总计 60 多项荣誉，如孟加拉国总统奖、孟加拉国银行奖、世界粮食奖以及2004《经济学人》颁发的社会经济创新奖等。

格莱珉模式在50个国家得到了成功复制，如菲律宾的ASHI、Dungganon和CARD项目，印度的SHARE和ASA项目，尼泊尔的SBP项目等，这些项目实施后借款者的生活和收入都得到了明显的改善。联合国更把2005年命名为“国际小额信贷年”。尤努斯的“蝴蝶效应”开始像龙卷风般波及世界，尤努斯开创“微额贷款”比获得诺贝尔经济学奖有更深远的影响力。

图11-3　尤努斯获奖

第四节　缅甸及其诺贝尔奖得主

缅甸西南临安达曼海，西北与印度和孟加拉国为邻，东北靠中国，东南接泰国与老挝。缅甸是一个历史悠久的文明古国，1044年形成统一国家后，经历了蒲甘、东坞和贡榜三个封建王朝。蒲甘王朝是缅甸第一个统一帝国，以小乘佛教为国教。阿奴律陀国王相继征服掸族和孟族，不断扩展领土。阿朗西都国王在位时，小乘佛教逐渐成为主流，并在13世纪初期达到鼎盛。1287年，元朝统治者忽必烈率领元军大举入侵而结束蒲甘王朝。此后，缅甸进入掸族时期。1824—1885年，英国先后发动三次侵缅战争并占领缅甸，并将缅甸划为英属印度的一个省。1886年，中国清政府被迫与英国签订《中英缅甸条约》，承认英国对缅甸有支配权。“二战”后，1948年，昂山将军领导独立运动被刺身亡，同年缅甸脱离英联邦宣布独立，成立缅甸联邦。1974年，它改称缅甸联邦社会主义共和国。1988年，因经济形势恶化，缅甸全国爆发游行示威，军人政府开始镇压致数百人死亡。同年9月，以国防部部长苏貌将军为首的军人接管政权，宣布废除宪法，实行长达20年的军政府统治。1988年，国名改名为“缅甸联邦”。2008年，缅甸联邦共和国新宪法获得通过，规定实行总统制。2010年，缅甸结束军政府统治，进行民主改革，依据新宪法举行多党制全国大选。2011年，缅甸国会选出吴登盛为缅甸第一任总统，争取实现国家的永久和平。是年，缅甸正式解除对外国网站的封锁，象征缅甸进入网络自由时代。2012年，缅甸政府开始废除对所有缅甸当地出版部门的审查制度，缅甸全国民主联盟主席昂山素季（昂山将军的女儿）当选联邦议会人民院议员。

缅甸是东南亚国家联盟成员国之一。缅甸是一个总统制的联邦制国家，实行多党民主制度，主要政党有 6 个。总统既是国家元首，也是政府首脑。缅甸联邦议会实行两院制，由人民院和民族院组成。21 世纪初的缅甸经济总体水平并没有在“二战”之后有大幅提高，反而比“二战”前还低，是世界上最不发达国家之一。缅甸矿藏资源丰富，有石油、天然气、钨、锡、银、镍、金和玉石等，缅甸的森林资源较为丰富，但多年来工农业发展缓慢。农业是缅甸国民经济的基础，农作物主要有稻谷、小麦、玉米、棉花、甘蔗和黄麻等。国土面积 67.6581 万平方公里，略小于我国的青海省，人口数量 5148.6 万（2014 年），GDP 总计 643.3 亿美元（2014 年，国际汇率），人均 GDP 为 1197 美元（2014 年，国际汇率）。缅甸政府重视发展教育和扫盲工作，全民识字率约 94.75%，实行小学义务教育。截至 2013 年，缅甸共有基础教育学校 40876 所，大学与学院 108 所，师范学院 20 所，科技与技术大学 63所，部属大学与学院22所。著名学府有仰光大学和曼德勒大学等。截至2017年，缅甸获诺贝尔和平奖 1 个。昂山素季（1945 年—　）因“在近几十年中为亚洲民权运动树立了非凡的榜样”而获得 1991 年诺贝尔和平奖。她将诺贝尔和平奖的 130 万美元奖金交付信托，用于缅甸人民的健康与教育工作。

第五节　越南及其诺贝尔奖得主

越南北与中国广西、云南接壤，西与老挝、柬埔寨交界。历史上，越南中北部长期为中国领土。公元前 111 年汉武帝平定南越国，设立交趾郡、九真、日南三郡。在之后长达一千多年的时间里，今越南中北部一直是中国各朝代（汉朝东吴、晋朝、南朝、隋朝、唐朝、南汉）的直属领土。唐朝时，设立安南都护府，因此越南又被称为“安南”。968 年正式脱离中国独立建国，之后越南历经李朝、陈朝、后黎朝等多个封建王朝不断向南扩张。1802 年，阮福映统一大越，建立阮朝，欲改“大越”国号为“南越”，清朝嘉庆帝否定“南越”，并将“南越”颠倒为“越南”。但历朝历代均为中国的藩属国。

19 世纪中叶后，法国开始侵略蚕食越南。后来，清朝作为宗主国派兵抵抗。1885 年，清政府与法国签订《中法新约》，放弃了对越南的宗主权，越南则沦为法国殖民地。1930 年，胡志明领导成立越南共产党。1940 年，日本法西斯入侵越南。

1941 年，胡志明发起建立越南独立同盟，领导反对法国殖民者和日本帝国主义的斗争。1945 年，胡志明在河内宣布越南民主共和国成立。法国再次入侵越南，越南人民又进行了历时 9 年的抗法战争。经济严重困难的新中国开始向越南无偿提供了累计达几千亿人民币的资金和几百万吨的物资。1954 年，在以陈赓、韦国清为首的军事顾问团的协助下，越南打败法军，取得奠边府大捷。1954 年，有关结束越南、老挝、柬埔寨战争的印度支那问题的《日内瓦协议》得以签署。《日内瓦协议》规定，越南以北纬 17°为界，南北分治，北方由胡志明领导，南方由保大帝统治。1955 年，吴廷琰发动政变，建立越南共和国（即所谓“南越”）。1961 年，越南战争爆发，美国与韩国、澳大利亚、新西兰等国组成联军，介入了这场战争。中国出动大量人力、物资援越抗美。1973 年，越南和美国签订《巴黎协定》，美国承认越南民主共和国在国际上的法律地位，同年 3 月从越南南方撤出全部 40 万军队及其同盟者军队和军事人员。1975 年 5 月，越南南方全部解放，越南共和国灭亡。1976 年，越南南北宣布统一，国号为“越南社会主义共和国”。越南统一后，在苏联的强力支持下，越共的扩张思想一度膨胀。1979 年，越南大举入侵柬埔寨，并派兵控制老挝；在越南南方大肆驱赶在越华侨，侵占中国南沙群岛大部分岛屿，并不断侵占中国边境领土。最终迫使中国于 1979 年进行对越自卫反击战，中越关系一度恶化。1989 年，越南军队撤离柬埔寨。1991 年，中越实现关系正常化。

越南属发展中国家，是东南亚国家联盟成员之一。宪法规定，越南社会主义共和国国家政权属于人民，越南共产党以马克思列宁主义和胡志明思想为指导思想。议会是国家最高权力机关，任期 5 年，通常每年举行两次例会。政府为国家最高行政机关。越南祖国阵线是越南共产党领导下的统一战线组织。1986 年，越南开始施行革新开放，2001 年，越共九大确定建立社会主义市场经济体制。越共是该国唯一合法执政党。越南是传统农业国，农业人口约占总人口的 75%。耕地及林地占总面积的 60%。粮食作物包括稻米、玉米、番薯和木薯等，经济作物主要有咖啡、橡胶、腰果和蚕丝等。主要工业产品有煤炭、原油、天然气、液化气和水产品等。国土面积 32.9556 万平方公里，小于我国的云南省，人口数量 9158.3 万（2015 年），GDP 总计 1862.05 亿美元（2014 年，国际汇率），人均 GDP 为 2052 美元（2014 年，国际汇率）。越南普通教育学制为 12 年，分为三个阶段：小学五年、初中四年、高中三年。2001 年开始普及九年义务教育。著名高校有河内国家大学、胡志明市国家大学和岘港大学等。截至 2017 年，越南获诺贝尔和平奖 1 个。巴黎和谈越方首席代表春水的顾问黎德寿（1910—1990 年）与美国的亨利·基辛格分享 1973 年度诺贝尔和平奖。但黎德寿认为越南尚在战乱中，因此拒绝接受奖项，他是唯一拒绝领取诺贝尔和平奖的政治家。

第六节　东帝汶及其诺贝尔奖得主

东帝汶全称东帝汶民主共和国，是位于努沙登加拉群岛东端的岛国，包括帝汶岛东部和西部北海岸的欧库西地区以及附近的阿陶罗岛和东端的雅库岛。西与印尼西帝汶相接，南隔帝汶海与澳大利亚相望。16 世纪前，帝汶岛曾先后由以苏门答腊为中心的室利佛逝王国和以爪哇为中心的麻喏巴歇王国统治。16 世纪，葡萄牙和荷兰殖民者分别占领帝汶岛东部和西部。1859 年，葡、荷签订条约，重新瓜分帝汶岛。1951 年葡萄牙将东帝汶改为葡海外省。1960 年，联合国大会通过第 1542 号决议，宣布东帝汶岛及附属地为“非自治领土”，由葡萄牙管理，葡萄牙对东帝汶进行长达 270 多年的殖民统治。1975 年后，东帝汶爆发内战，之后被印尼吞并成为印尼第二十七省。印尼和澳大利亚开始展开对帝汶海沟的划界谈判，以瓜分东帝汶的油气资源。1975 年，联合国大会通过决议，要求印尼撤军，呼吁各国尊重东帝汶的领土完整和人民自决权利。1982 年，联大表决通过支持东帝汶人民自决的决议。1983—1998 年，在联合国斡旋下，葡萄牙与印尼政府就东帝汶问题进行了十几轮谈判。1999 年 8 月，公民投票决定脱离印尼独立，并于 2002 年 5 月 20 日正式独立。东帝汶民主共和国是 21 世纪第一个新生国家。2006 年 8 月，联合国安理会通过决议，向东帝汶派遣任期为六个月的联合国综合特派团，帮助东帝汶举行 2007 年总统和议会大选。2012 年，塔乌尔·鲁阿克当选东帝汶总统，古斯芒被任命为总理。2002 年，东帝汶制宪议会通过并颁布《东帝汶民主共和国宪法》，规定东帝汶民主共和国是享有主权、独立、统一的民主法治国家，总统、国民议会、政府和法院是国家权力机构。总统由全民直接选举产生，任期 5 年，仅可连任一届。2004 年东帝汶颁布《政党法》，要求所有政党必须在司法部登记注册，以合法参加选举。主要政党有 6 个。议会为国民议会，实行一院制。代表全体公民行使制定法律、监督政府和政治决策权，最少由 52 名、最多由 65 名议员组成，由选民直接选举产生，每届任期 5 年。总理是政府首脑，由议会选举中得票最多的政党或占议会多数的政党联盟提名，总统任命，向总统和国民议会负责。东帝汶经济以农业为主，基础设施落后，粮食不能自给，没有工业体系和制造业基础。东帝汶政府将经济发展的重点放在基础设施重建和改善农业、开发油气资源方面，并加大在这些方面的投入，致力于推动经济的可持续发展。东帝汶的经济结构（2001 年）是服务业占 57%、农业 25%、工业 17%，有石油及天然气资源，石油收入占东帝汶 GDP 总量的 78%，占出口总额的95%。但此两种资源被澳大利亚企业掌握。国土面积 14874 平方公里，略小于我国的北京市，人口数量 121 万（2014 年），GDP 总计 15.52 亿美元（2014 年，国际汇率），人均 GDP 为 1280 美元（2014 年，国际汇率）。截至 2014 年全国共有小学 700 所，初中 100 所，科技院校 10 所。东帝汶国立大学于 2000 年重新开办，在校生 500 人。截至 2017 年，东帝汶获得诺贝尔和平奖 2 个（西门内斯·贝洛、拉莫斯·奥尔塔共同分享 1996 年度诺贝尔和平奖）。

第十二章

东亚国家及其诺贝尔奖得主

第一节　日本及其诺贝尔奖得主

1.1　日本的民族性和国力

日本领土由北海道、本州、四国、九州 4 个大岛和其他 7200 多个小岛屿组成。日本东部和南部为一望无际的太平洋，西临日本海、东海，北接鄂霍次克海，隔海分别和朝鲜、韩国、中国、俄罗斯、菲律宾等国相望，国土形状像浮游于海上的一只蝎子。公元 3 世纪中叶，其境内出现较大的国家“大和国”。公元 645 年，日本向中国唐朝学习，进行大化改新。公元 7—8 世纪，日本曾模仿中国唐朝都城长安建造起奈良。12 世纪后期，天皇皇权旁落，进入幕府统治时代。19 世纪 50 年代中期，欧美列强侵入迫使日本不战而放弃“锁国政策”，签订一系列不平等条约。1868 年，明治天皇重新掌权，鼓励向欧美列强学习，进行明治维新，迅速跻身资本主义列强行列，并对外逐步走上侵略扩张的军国主义道路，曾多次侵略中国等亚洲国家。

大和民族是善于学习的民族。日本历经飞鸟时代、奈良时代、南北朝时代、安土桃山时代，在 17 世纪江户时代时仍实行闭关锁国政策。继西班牙、葡萄牙之后，由荷兰人传入的“兰学”是把西方科学技术传入日本的学术、文化、技术的总称。兰学是西方的近代科学，它对日本生产力的发展和反封建思想的产生都起过重大作用。兰学让日本人在江户幕府锁国政策时期（1641—1853 年）得以了解西方的科学技术：医学、天文学、数学、物理学、化学等自然科学和测量术、炮术、制铁等诸技术以及西洋史、世界地理、外国情况等人文科学。在日本相继出版《荷兰本草和解》（12卷）、《解体（解剖）新书》《天学初函》《几何原本》和《勾股义》等著作。以技术科学和经验科学为特色的实学都孕育着实用、实证、合理和批判的性质。因此，"兰学"受到人们的重视。通过兰学，日本人的视野也渐趋朝向西方，大规模地吸收先进的西方文化，开始近代化的历程。兰学运动的发展逐渐涉及日本对外开放的政治问题。借助兰学，日本得以学习欧洲在当时科学革命的大致成果，奠定了日本早期的科学根基。这也有助于解释日本自1854年不战开国后，能够迅速并成功地推行近代化的原因。

大和民族是敬畏强者、敢于制度变革的民族。19世纪上半期，当日本在锁国政策下局限于东北亚一隅时，世界正在快速转变，英、法、俄、美等国成为新一波称霸世界的强国。1853年，美国海军准将马休·培里率舰队驶入江户湾浦贺海面的事件，培里以武力威胁幕府开国通商贸易。黑色近代铁甲军舰，为日本人生平第一次见到。培里率船来航令日本人震惊，深切感受到日本与外国的巨大差距。培里带着美国总统米勒德·菲尔莫尔的国书向江户幕府致意，最后双方于次年签订《日美亲善条约》，也是日本与西方列强签订的第一个不平等条约。其他西方列强跟随美国，纷纷向日本提出通商的要求，于是英国、俄国和荷兰等西方列强都与日本签订了不平等条约，日本被迫结束锁国时代。美国黑船使大和民族猛醒，认识与外国巨大差距。随着开国与尊王攘夷思想强盛的明治时代来临，新政府积极引入欧美各种制度及废藩置县，等等，这些改革被称为明治维新。一方面，新政府确立国家制度，如设立帝国议会和制定大日本帝国宪法；另一方面，日本从欧美传入新的学问。

大和民族是与时俱进、敢于思想创新的民族。19世纪中叶，随着日本封闭的国门被美国人用炮舰打开，日本人首次接触到西方工业革命的先进成果，从此走上学习西方的"脱亚入欧"之路。福泽谕吉（1835—1901年）是日本近代杰出的思想家，日本近代文明的缔造者之一。在其所著的《文明论概略》中说："如果想使日本文明进步，就必须以欧洲文明为目标，确定它为一切议论的标准，以这个标准来衡量事物的利害得失。"他主张日本"所奉行的主义，唯在脱亚二字。我日本之国土虽居于亚细亚之东部，然其国民精神却已脱离亚细亚之固陋，而转向西洋文明。"他为日本选择的振兴之路，就是摆脱以中国为中心的朝贡体系，进而使日本成为欧洲型的民族国家。在日本完成"脱亚入欧"的历史进程后，一改隋唐以来仰视中国、顶礼膜拜的心态，首次取得对俯视中国的心理优势。他的“脱亚入欧”论就是倡导“全面西化”。他认为，一个民族要崛起，要改变三个方面：第一是人心的改变；第二是政治制度的改变；第三是器物的改变。这个顺序绝不能颠倒。如果颠倒，表面上看是走捷径，其实是走不通的。日本提倡吸收西方文明、提高国民素质，设立帝国议会和制定宪法，推进工业化。日本从此脱胎换骨，其思想汇入西方文明的汹涌潮流，又保持自己独有的文化传统。

大和民族崇尚小而精、专注细节、坚忍团结的民族性，使其社会呈现出超级稳定的结构，这是日本国土窄小、资源极度贫乏和地震、海啸、火山频发的自然环境所造就。日本大众普遍具有明显的秩序意识和从众倾向。一般人比较尊重权威，尤其是在这种大众心理下形成较为均质的社会结构。19 世纪 70 年代，日本认为自己属于中流阶层的家庭高达 90%，这就是所谓“一亿总中流”的说法。单一民族加上如磐石般稳定的中产阶层，虽然内阁大臣像走马灯般轮换，但是日本社会却如金字塔般稳定，这是日本国力以惊人的速度迅速崛起和复兴的社会基础。

大和民族是兼备傲慢自立和温顺服从矛盾性格的民族。恬淡静美的“菊”是日本皇室家徽，凶狠决绝的“刀”是武士道文化的象征。日本人生性极其好斗而又非常温和；黩武而又爱美；倨傲自尊而又彬彬有礼；顽梗不化而又柔弱善变；驯服而又不愿受人摆布；忠贞而又易于叛变；勇敢而又懦弱；保守而又善于接受新事物。正是“菊与刀”的真实对比，而且这一切相互矛盾的气质都是在最高的程度上表现出来的。

在“求知识于世界”的维新纲领指导下，1871 年，日本派出以财政大臣大保利通、工商大臣伊藤博文为首的 100 多人的欧美考察访问团，对欧美进行了历时 22 个月的超长期考察访问，对西方各国的政府制度、司法机构、教育体系等进行详尽的调查研究。当时的美国总统格兰特、英国女王维多利亚、法国总统齐鲁、普鲁士皇帝威廉二世和俄国皇帝亚历山大二世等都接见了日本考察访问团。此后，日本开始国家工业化：大久保利通以拿来主义的方式推进殖产兴业、文明开化，开办大量官营工厂，并大力扶持民营企业。日本现代企业之父涩泽荣一弃官经商的传奇经历成为那个时代的主角。大久保利通的继任者伊藤博文则顺应国内自由民权运动的呼声，制定巩固维新成果的日本第一部宪法。但是，同时写进《大日本帝国宪法》的天皇制埋下了日本军国主义抬头的隐患。它脱颖于亚洲诸国，以惊人的速度迅速成为亚洲第一个摆脱西方列强侵略并实现工业化的国家，位于世界强国之林。

在美国打开日本门户仅仅20年后，日本为加快打开朝鲜国门，便学习欧美国家的“炮舰外交”。1875年，云扬号等日本军舰入侵江华岛一带并与当地朝鲜守军发生冲突，以日本大获全胜告终。云扬号事件是朝日《江华条约》签订的导火索，最终迫使朝鲜成为其殖民国。1894年，甲午战争的失败给予中国的打击是世纪性的：清朝将辽东半岛、台湾岛及所有附属各岛屿（包括钓鱼岛）、澎湖列岛割让给日本。1931年“九一八”事件后，日本占领东北。1937年“七七事变”发动侵华战争，日本成为“二战”远东与太平洋战场上的侵略者。但原子弹爆炸的蘑菇云打碎日本军国主义的迷梦。1945年8月15日，日本接受《波茨坦公告》无条件向盟军投降。1951年，《旧金山和约》签订后，日本恢复国家主权。“二战”后的日本，以美国起草的《和平宪法》为基础，在美国扶持下，利用朝鲜战争之机遇从一片废墟上迅速崛起，经济迅速发展。1968年，即明治维新百年之际，成为当时仅次于美国和苏联的世界经济强国。现在，日本已经超过俄罗斯，成为美、中之后的世界第三经济体。

日本是一个高度发达、体制完善的资本主义国家。宪法规定，日本实行以立法、司法和行政三权鼎立为基础的议会内阁制。天皇为国家象征，无权参与国政。国会是最高权力机构和唯一立法机关。内阁为最高行政机关，对国会负责。日本首相是日本最高行政首脑。日本实行多党制，其中共产党成立于1922年，是日本现时国会中最古老的政党。战后日本资源匮乏并极端依赖进口，发达的制造业是国民经济的主要支柱。日本工业高度发达，工业结构向技术密集型和节能节材方向发展。主要部门有电子、精密机械、汽车、高铁、家用电器、造船、钢铁、化工和医药等，工业产品在国际市场上具有很强的竞争力。著名公司有丰田、日立、东芝西屋、川崎重工、三菱重工等。日本只有12%土地是可耕地，系统化耕作零碎土地，使得日本有世界最高的精密农业成果，单位土地产量世界第一，达到粮食自给率50%。此外，以动漫、游戏产业为首的文化产业和发达的旅游业也是其重要象征。日本在环境保护、资源利用等许多方面堪称典范，其国民普遍拥有良好的教育、生活水平和很高的国民素质。一个始终都坚持团结，善于学习的民族创造了今日的辉煌。国土面积37.7972万平方公里，略小于我国的云南省，人口数量1.2691亿（2015年3月），GDP总计4.60万亿美元（2014年，国际汇率），人均GDP为36194美元（2014年，国际汇率）。科研、教育处于世界前列，位发达国家榜首。日本实行中小学到初中为九年义务教育。2002年度，教育经费占预算总额的8.1%。

大学分国立大学、公立大学和私立大学三种。著名国立综合大学有东京大学，著名私立大学有早稻田大学和庆应义塾大学等。截至 2017 年，日本获得的诺贝尔奖有物理学奖 9 个、化学奖 7 个、生理学或医学奖 4 个、文学奖 2 个、和平奖 1 个，总计 23 个，居亚洲之首。尤其在 21 世纪已有 17 人获科学类诺贝尔奖，仅次于美国。

1.2 首获诺贝尔奖的日本人——汤川秀树

量子电动力学正处于草创阶段时，人们已逐渐认识到，电磁相互作用可以看作在荷电粒子之间交换光子，光子是电磁场的“量子”，它以光速运动因而静质量为零。从事宇宙射线研究的研究人员，诸如 C. D. 安德森（正电子的发现者、1936 年诺贝尔物理学奖得主）和 S. H. 尼德尔迈耶等人，1937 年才开始在宇宙射线中发现一些粒子，对这些粒子做最精确的测量发现它们的质量约为电子质量的 200 倍。这些粒子叫作 μ 介子。它们不稳定，自由 μ 介子衰变的平均寿命约为 2 微秒。直到三位意大利物理学家 M. 康弗西、E. 潘锰尼和 O. 皮西奥尼克通过研究有了一个重要的实验发现：正 μ 介子和负 μ 介子在物质中受阻止时的行为不一样。参照这一理论，汤川把核力设想为带有势函数 U（x，y，z，t）的特定场中的相互作用，这种场导致所谓 U 量子，U 量子是核强相互作用时交换的粒子，其静质量约为电子的 200 倍（后来命名为“介子”），即质子和中子通过交换介子而相互转化。

汤川秀树（1907—1981 年），日本物理学家。1929 年，他毕业于京都大学物理系。1933—1939 年在大阪大学任教，研究原子核和量子场论。1938 年，他获大阪大学哲学博士学位，历任京都帝国大学和东京帝国大学教授。当时日本量子物理学研究是一片空白。他千方百计地搜集和购买各种关于量子物理的书刊，广泛阅读欧洲、美国的科学家们最新发表的论文，他就像海绵一样猛烈地吸收着所需要的知识充实自己。这样，他逐渐在大学里打下坚实的知识基础。时任讲师的汤川从电磁理论得到启发，于 1935 年提出了关于核子力的“介子理论”。1935 年，他提出介子学说，以“基本粒子的相互作用”为题，发表介子场论文。他废寝忘食地思索，患了轻微的失眠症，夜间他躺在床上看着天花板，对原子核结构的五花八门的想法便都浮现在脑海里。终于在 1934 年 10 月，他茅塞顿开，悟出基本粒子的一个崭新的天地——介子家庭，为量子物理学的发展做出了卓越的贡献。他历任京都帝国大学、东京帝国大学教授，1948 年受聘为美国普林斯顿高级研究院客座教授。1949 年，他赴美国任哥伦比亚大学教授。因在核力的理论基础上预言介子的存在，他独享1949年诺贝尔物理学奖。他是第一个获得诺贝尔奖的日本人。他提出“介子论”对质子和中子的结合做了很圆满的解释。他假设质子和质子间、质子和中子间、中子和中子间，都另有一种交互吸引的作用力。在近距离时，远比电荷间的库仑作用力为强，但在稍大距离时即减弱为零，这种新作用称之为核子作用或强作用。它是由于交换一种粒子称为介子而生的交互作用。他认为，质子（为费米子）和中子会扭曲周围的空间（核力场），为了抵消此一扭曲，遂产生了虚介子（介子为玻色子），借着介子的交换，质子和中子才能结合在一起。结合相对论和量子理论以质子和中子间新粒子的交换（介子叫作“π介子”）描述原子核的交互作用，他推测粒子的质量（介子）大约是电子质量的200倍，这是原子核力介子理论的开端。1947年，他的预言被英国物理学家塞西尔·鲍威尔的原子核摄影技术所证实。1942年，他发表《论场论的基础》一文启发朝永振一郎（1965年诺贝尔物理学奖得主）提出重正化理论。汤川理论推动了介子物理学的发展，他的成就促成了日本物理学的发展。

1.3　揭开太阳中微子失踪之谜——小柴昌俊

中微子的发现来自19世纪末20世纪初对放射性的研究。1930年，泡利（1945年诺贝尔物理学奖得主）提出一个假说，认为在β衰变过程中，除了电子，同时还有一种静止质量为零、电中性、与光子有所不同的新粒子放射出去，带走了另一部分能量，因此出现了能量亏损。这种粒子与物质的相互作用极弱，以至仪器很难探测得到。未知粒子、电子和反冲核的能量总和是一个确定值，能量守恒仍然成立。1931年，泡利提出这种粒子不是原来就存在于原子核中，而是衰变产生的。泡利预言的这个窃走能量的“小偷”就是中微子。中微子是轻子的一种，是组成自然界的最基本的粒子之一，常用符号v表示。中微子不带电，自旋为1/2，质量非常轻（有的小于电子的百万分之一），以接近光速运动。中微子个头小，不带电，可自由穿过地球，与其他物质的相互作用十分微弱。这就是30多年来人们一直在谈论的“太阳中微子失踪之谜”。发现中微子的难度“相当于在整个撒哈拉沙漠中寻找一粒沙子”。中微子通信是利用中微子运载信息的一种通信方式。20世纪70年代以后，美国科学家将中微子加速器产生的中微子束，发送至远隔千山万水的另一端接收装置中，结果成功地感测到了穿山涉水而来的中微子信号。20世纪80年代，苏联和美国进行中微子通信的试验获得成功。2015年，日本的梶田隆章与加拿大的阿瑟·麦克唐纳因发现中微子振荡现象表明中微子拥有质量，他们共同获得诺贝尔物理学奖。

小柴昌俊（1926 年—　），日本科学家。1951 年，他毕业于东京大学理学部物理学专业，1955 年于罗彻斯特大学获得博士学位。他是东京大学国际基本粒子物理中心高级顾问和东京大学荣誉教授、神冈实验室资深学术顾问。他高中时患小儿麻痹症造成右臂残疾。他在日本神冈建造了另一台大型中微子探测器，是一个装有 2140 吨水的大容器，在水箱的周围装有上千个光电倍增管。他的探测器探测到来自太阳的中微子，证实了美国科学家雷蒙德·戴维斯的实验结果。他所领导的日本神冈实验室的研究工作独立地证实了由雷蒙德·戴维斯首先发现的太阳电子中微子与理论预言的差值，并在 1987 年度第一次截获由超新星（SN1987A）爆炸所释放的中微子，这是人类第一次观测到太阳以外的宇宙中微子，打开了天体物理中极为重要的中微子窗口。因在 X 射线天文学方面的先驱性贡献，小柴昌俊与美国科学家雷蒙德·戴维斯和美国天文学家贾科尼共同获得 2002 年诺贝尔物理学奖。小柴昌俊相继获得以色列沃尔夫奖等荣誉。

1.4　前线轨道理论创立者——福井谦一

20 世纪 50 年代，福井谦一提出赖以成名的前线轨道理论，它的依据是：在分子中，HOMO 上的电子能量最高，所受束缚最小，所以最活泼，容易变动；而 LUMO 在所有的未占轨道中能量最低，最容易接受电子，因此这两个轨道决定着分子的电子得失和转移能力，决定着分子间反应的空间取向等重要化学性质。在有机化学中，特别对芳香族化合物，确定各个原子位置在亲电或亲核取代反应的相对活性是一个重要的问题。HOMO 和 LUMO 便是所谓的前线轨道。

福井谦一（1918—1998 年），日本量子化学家。他是第一位获得诺贝尔化学奖的日本科学家，同时也是亚洲第一位诺贝尔化学奖得主。福井高中的数学与德语成绩优异，但却对化学非常不感兴趣。1938 年，他考入京都大学工业化学系，进入大学的福井没有放弃自己对数学的兴趣，选修了大量数学和理论物理方面的课程，他在这时期打下了坚实的数理基础。1948 年，他获得京都大学博士学位。1951 年，他任京都大学物理化学教授，发表前线轨道理论的第一篇论文《芳香碳氢化合物中反应性的分子轨道研究》，从而奠定了福井理论的基础。他长期从事量子化学理论并对有机化合物的研究，总结出著名的前线轨道理论。他指出，凡是处于前线轨道的电子可优先配对。这对选择有机合成反应路线起决定性作用。由于其在前线轨道理论方面开创性的工作，京都大学逐渐形成一个以他为核心的理论化学研究团队，福井学派也成为量子化学领域一个重要的学派。1959 年，罗伯特·伍德沃德（1965 年诺贝尔化学奖得主）和罗尔德·霍夫曼首先肯定这一理论的价值，并用它来研究周环反应的立体化学选择定则，进一步把它发展成为分子轨道对称守恒原理。这些发现不仅解释了以前化学反应中的一些不能解释的现象，而且能预测许多化学反应是否能进行。前线轨道理论简单、直观、有效，因而在化学反应、生物大分子反应过程、催化机理等理论研究方面有着广泛的应用。因解释化学反应中的分子轨道对称性，福井与美国化学家罗尔德·霍夫曼共同分享 1981 年诺贝尔化学奖。维生素 B_{12} 的合成就是在前线轨道理论和分子轨道对称守恒原理指导下极其成功的例子。他还获得美国科学院外籍院士、欧洲艺术科学文学院院士、日本政府文化勋章和英国皇家学会会员等荣誉。

1.5　抗体多样性的遗传机制发现者——利根川进

利根川进（1939 年—　），日本生物学家。他在大学时期，教生物化学的教授向他推荐法国两位诺贝尔奖得主方斯华·贾克伯与贾克·莫诺撰写的一篇论文，文中提到操纵子的理论而令他对分子生物学产生浓厚的兴趣。1963 年，他获得京都大学化学学士学位，后进入京都大学病毒研究所，从事分子生物学的研究。1963 年，他前往加州大学圣迭戈分校攻读分子生物学研究生。这时免疫学家们正在为抗体的起源而争论不休。生物体受到感染后会产生某些特殊的蛋白质进行抵御，这种特殊的蛋白质就称为抗体。它究竟来自遗传密码一部分还是“体细胞突变”？他通过演示一个 DNA 分子的突变和重组或重新排列，证明了“体细胞突变”理论。此过程可制造出多达 100 亿种抗体，他发现突变的基因片段是由一条条貌似非活跃或未编码的 DNA 带隔开的，这些 DNA 带被称为基因内区。他还发现这些基因内区中包含着一种基因控制成分，名为“强化因子”。1968 年，他获得博士学位。1971 年，他成为瑞士巴塞尔市免疫学研究所的分子生物学家。1981 年他又去美国，被任命为马萨诸塞大学生物学部及癌研究所教授。他发现身体免疫细胞组是如何利用数量有限的细胞生成特定的抗体，以抵抗成千上万种不同的病毒和细菌。他在抗体遗传学上的研究对寻找癌症——尤其是白血病、淋巴瘤等血癌疾病——的病因起到了重要促进作用。因“发现抗体多样性的遗传学原理”，利根川进独享 1987 年诺贝尔生理学或医学奖。

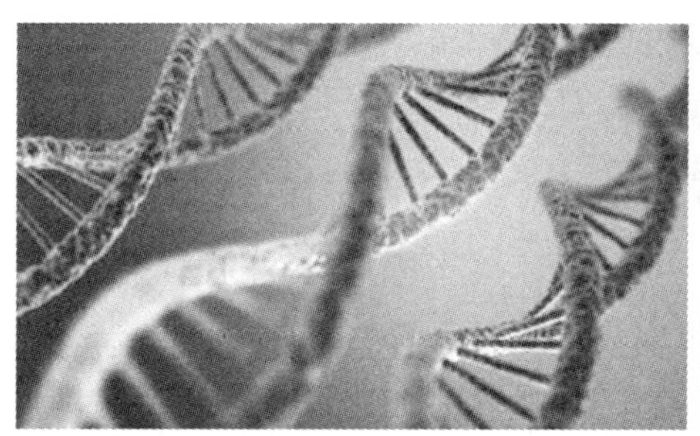

图 12-1 癌细胞 DNA 分子突变和人为改变小白鼠记忆

2013 年，他 74 岁时领导麻省理工学院理化研究所团队发表一项最新实验成果：他们给小白鼠脑部一定的刺激，成功在其脑内形成一段错乱记忆。在实验过程中，他给白鼠脑内一个叫作“海马体”的部位一定的光照刺激。将小白鼠脑细胞里植入特殊的遗传基因，接受光照刺激后被激活，并会再现之前的记忆。这种人为改变记忆的研究在全世界尚属首次。人类有时会出现记忆错乱，甚至还会患上幻想症的疾病。此类疾病的发病原因尚未明确，而本次的研究成果是否会为此带来一些线索，十分值得期待。

1.6 诱导多功能干细胞创始人——长山中伸弥

1996 年，约翰·戈登的克隆技术启迪伊恩·维尔穆特博士，用一个成年羊的体细胞成功地克隆出一只小羊多莉。从此克隆技术犹如池中涟漪变成钱塘江潮，“一千里色中秋月，十万军声半夜潮。”催生全球众多的克隆物种和生物学新领域的诞生，山中伸弥堪称其中一代豪杰、百年翘楚。

山中伸弥（1962 年— ），日本医学家。1993 年，他获大阪市立大学医学研究科博士学位，后任格拉斯通研究所博士研究员和美国旧金山心血管疾病研究所高级研究员。2008 年，他任京都大学物质 - 细胞统合系统据点 iPS 细胞研究中心主任，现任国际干细胞研究学会（ISSCR）主席。他是诱导多功能干细胞（iPScell）创始人之一。2012 年，他当选美国国家科学院院士。在刚从美国回大阪的头几年，他由于只得到少量的研究资助，日子过得非常艰苦。同时，周围的人不理解他为什么要研究 Nat1 在胚胎干细胞中的功能，而且 Nat1 的研究论文提交给杂志后一直被拒稿。种种压力与不得志，他几乎要放弃科研去当骨科医生。在他最低谷的时候，有两件事情把他从 PAD（Past America Depression，离开美国后的抑郁症，山中伸弥自创的笑话）中挽救了回来。其一是首次成功分离人类干细胞的著名生物学家汤姆森（2007 年几乎与山中同时宣布做出人的 iPS）在 1998 年宣布从人的囊胚中采集并建立了胚胎干细胞系：这些干细胞在体外培养几个月后还可以分化成不同胚层的细胞。这给了山中巨大的鼓舞，他开始更加坚信胚胎干细胞研究是有意义的，将来必然有一天会用于临床。第二件事是条件更加优越的奈良先端科学技术研究生院招聘山中去创建一个做小鼠基因剔除装置，并给他提供了副教授的职位。

经历千辛万苦后，山中终于拥有自己独立的实验室。第一次可以招研究生，为了吸引学生到他的实验室，他声称实验室的远景目标是研究怎么从终末分化的成体细胞变回多能的干细胞。凭借他鉴定胚胎干细胞维持因子的出色工作，2004 年，山中在京都大学任教授。除了 Fbx15 剔除小鼠的筛选系统，他还积累经他鉴定的加上文献报道的 24 个维持因子。就这样，他准备破茧而出，拍翅成蝶了！2006 年，山中等科学家把 4 个转录因子通过逆转录病毒载体转入小鼠的成纤维细胞，使其变成多功能干细胞。这意味着未成熟的细胞能够发展成所有类型的细胞。2006 年，他报道的小鼠诱导干细胞引起科学界轰动，他终于“峰回路转，云舒霞卷”。

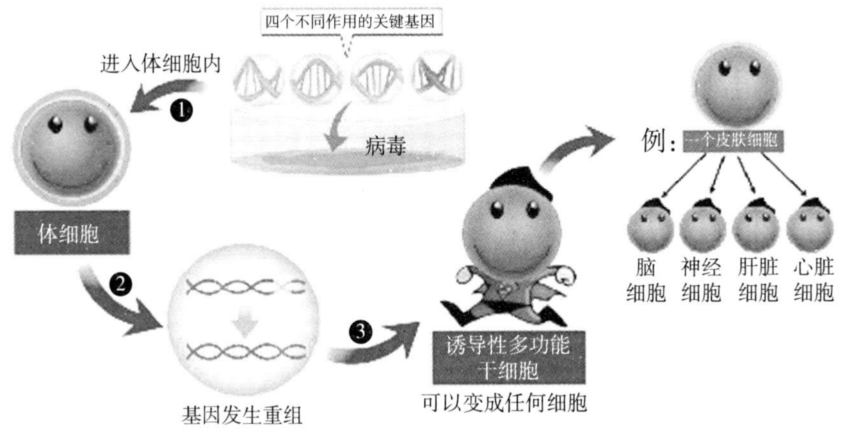

图 12-2 诱导性多功能干细胞示意图

2007 年，他在人的细胞中同样实现了细胞命运的逆转，iPS 的发现有着不同寻常的意义。从此之后人们不再认为细胞的命运不可逆转，不但可以逆转，细胞其实还可以实现不同组织间的逆转分化。他所在的研究团队通过对小鼠的实验发现诱导人体表皮细胞使之具有胚胎干细胞活动特征的方法。此方法诱导出的干细胞可转变为心脏和神经细胞，为研究治疗多种心血管绝症提供了巨大助力。这一研究成果在全世界被广泛应用，因为其免除了使用人体胚胎提取干细胞的伦理道德制约。因诱导多能干细胞研究，山中伸弥和约翰·戈登共同分享 2012 年诺贝尔生理学或医学奖。他获得的其他荣誉包括罗伯特·科赫奖、日本科学技术特别奖、邵逸夫生命科学与医学奖、拉斯克基础医学奖和沃尔夫医学奖等。

1.7 日本文学巨匠——川端康成

川端康成（1899—1972年），日本小说家。他幼年时，父母因肺结核病双亡，其后姐姐和祖母又陆续病故。15岁时，祖父也离世了，五位亲人的相继离去，给他幼小的心灵造成了巨大伤害，他成了“天涯孤儿”，逐渐形成感伤与孤独的性格，这种内心的痛苦与悲哀成为后来他文学加上很深的底色。1913年，14岁升中学二年级时，他的志向要当个小说家。他博览各种文艺杂志，尝试写新体诗、短歌、俳句和作文等，并装订成册，题名为《第一谷堂集》《第二谷堂集》。1915年，开始过宿舍生活，他的读书范围非常广泛，还读了大量外国作家的作品。1916年，他发表《淡雪之夜》和《电报》等短文。1917年，他投考东京第一高等学校（大学预科），认识了新进作家南部修太郎。1920年，他入读东京帝国大学在英文系学习。1921年，他在《新潮》杂志上发表了《南部氏的风格》，第一次获得稿酬。1922年6月，他从英文学科转到国文学科。1924年，他毕业于东京帝国大学国文学科，通过毕业论文《日本小说史小论》，刊登在《艺术解放》3月号上。7月，同当时的新进作家们石滨金作、片冈铁兵等筹备创刊同人杂志，由他起名为《文艺时代》。1926年他发表《伊豆的舞女》和《感情的装饰》等。1927年，金星堂出版他的第二部作品集《伊豆的舞女》。1930年，川端康成接受文化学院文学部长菊池宽的聘请，担任创作科讲师，还兼任日本大学的讲师。1931年，川端康成与同居多年的秀子正式结婚。1933年，作品《伊豆的舞女》拍成电影，这是最早的一次。此后截至1967年，《伊豆的舞女》在他生前共拍了五次电影。1935年，他担任文艺春秋社创设芥川奖、直木奖评选委员。其作品《水上情死》《浅草的姐妹》《舞姬》《母亲的初恋》《彩虹几度》《雪国》《美丽与悲哀》和《睡美人》等先后改编拍成电影。1944年，他以《故园》《夕阳》等作品，获得了战前最后一届菊池宽奖（第6届）。1948年，他担任日本笔会第4任会长（至1965年10月）。1950年，他与23名笔会会员赴广岛、长崎视察。在广岛举办的“世界和平与文艺讲演会”上，宣读“和平宣言”。川端康成以《雪国》《古都》《千只鹤》三部代表作，荣获1968年诺贝尔文学奖，成为获此奖项第一位日本人。1971年，他在世界和平七人委员会发表《恢复日中邦交呼吁书》上签名。在获奖三年之后，1972年4月16日夜，他突然含煤气管自杀，未留下只字遗书。其他重要作品有《伊豆之旅》《水晶幻想》《花未眠》和《独影自命》等。

第二节　韩国及其诺贝尔奖得主

韩国三面环海，西濒临黄海，与胶东半岛隔海相望，东南是朝鲜海峡，东边是日本海，北面与朝鲜相邻。韩国是二十国集团和经合组织（OECD）成员之一，也是亚太经合组织（APEC）和东亚峰会的创始国，是亚洲四小龙之一。自 20 世纪 60 年代以来，韩国政府实行“出口主导型”开发经济战略，缔造了举世瞩目的“汉江奇迹”，是拥有完善市场经济制度的经合组织发达国家。

公元前 108 年，汉武帝灭卫氏朝鲜。高句丽是产生于今中国东北地区的少数民族政权，后期又称高丽。从两汉到隋唐，高句丽一直叛服不定。中经百济、三韩时期到新罗时代，新罗开始与唐朝结盟对付百济和高句丽。高句丽灭亡后，其所辖疆域起初完全由唐朝接收。再经王氏高丽、李氏朝鲜时期一直是中国各王朝的附属国。1895 年，中日甲午战争清朝战败，签订《马关条约》，朝鲜政府宣布终止与清朝的宗藩关系。1910 年，日本吞并朝鲜半岛进行殖民统治。1919 年，朝鲜于上海成立“大韩民国临时政府”。临时政府获得孙中山领导的护法政府以及法国、波兰等国的承认。抗日战争时朝，大韩民国临时政府于 1940 年迁至重庆。1945 年，大韩民国临时政府迁回国内。日本投降后，美、苏军队分别进驻三八线南北地区。1948 年，朝鲜半岛南北地区以“三八线”为界，北方国家称朝鲜，南方国家称韩国。

韩国政治体制为总统共和制，1948 年，韩国公布第一部宪法并按宪法原则建国。1988 年新宪法规定，韩国实行三权分立、依法治国的体制。总统是国家元首和全国武装力量司令，在政府系统和对外关系中代表整个国家，总统任期 5 年，不得连任。实行一院制。国会是国家立法机构。经济上采取依赖外资、外援、外债，进口原材料和技术、出口产品的方针，使韩国经济全面腾飞，被称为“汉江奇迹”，因而跻身“亚洲四小龙”。

韩国是二十国集团成员之一、世界主要经济体，是拥有完善市场经济制度的经合组织发达国家。其国内生产总值按国际汇率计算在世界排名第 15，是世界上经济发展速度最快的国家之一。1962—2007 年，韩国人均 GNP 从 100 美元达到 15000 美元，增长高达 150 倍成为发达国家。钢铁、汽车、造船、电子和纺织等是韩国的支柱产业，制造业有着较强的国际竞争力，在国际产业链中的地位在不断提高。著名企业集团有三星、现代汽车股份有限公司、LG 和 KT（韩国电信公司）等。此外，韩国的资讯科技产业多年来一直执业界之牛耳。除高速互联网服务闻名世界外，三星半导体的内存、液晶显示器及等离子显示屏和移动电话等都在世界市场中具领导地位。国土面积 10.02 万平方公里，与我国的浙江省相当，人口数量 5041.85 万（2014 年年中），GDP 总计 1.41 万亿美元（2014 年，国际汇率），人均 GDP 为 27964 美元（2014 年，国际汇率）。20 世纪 70 年代初，韩国制定了“教育立国、科技兴邦”的发展战略。全国各类大专院校数以千计。国立首尔大学、延世大学、高丽大学并称“韩国 S.K.Y”（寓意撑起韩国高等教育的一片天），韩国科学技术院（KAIST）和浦项工科大学在国际上也享有很高的声誉。韩国非常注重科学技术的发展，政府研发投入占 GDP 比重居 OECD 国家榜首，预算规模排名第六。截至 2017 年，韩国获诺贝尔和平奖 1 个。大韩民国政治家、社会活动家、韩国总统金大中（1924—2009 年），因 2000 年促成朝韩两国首脑的首次会谈，而独享 2000 年诺贝尔和平奖。

第十三章

中国及其诺贝尔奖得主

中国是文明古国，有着灿烂辉煌的历史。近代以来，人类活动范围扩大，文化交流也更加频繁，在西方的坚船利炮面前，中华文化显得落后了，因而中华民族的仁人志士们开始全面学习西方的科学技术，以期自强自立于世界民族之林。时至今日，中国的科学技术已逐步赶上世界水平。

《自然》公布 2015 年全球科研机构排名，中国科学院蝉联全球第一，在国家地区排名中，中国位于美国之后居第二位。国家科研经费投入已居世界前列。2015 年中国科学院院士总数达到 777 名，中国工程院院士总数达到 852 名。科技人力资源总量跃居世界首位，2011 年为 6200 万人，研发人员素质大幅提升。科技人力资源总量和研发人员数量已双双跃升至世界第一；我国研究与开发（R&D）经费支出额已从 10 年前的 1042 亿元提高到 8610 亿元，世界排名从第七位跃居至第三位；SCI 数据库收录的中国论文数量在世界各国的排名从第八位迅速跃居至世界第二位。就国家整体创新能力而言，我国与创新型国家差距逐步缩小，2015 年我国的国家创新指数国际排名将进入世界前 18 位，科技进步对经济发展的贡献达到历史最高水平。我国有六个学科的 SCI 论文 10 年累计数居世界前三名。2001—2011 年，我国国内发明专利申请量以 30% 的年均增速快速增长，2011 年达到 41.6 万件，仅次于日本而居世界第二位，但专利合作条约（PCT）国际专利不多（根据 PCT 规定提交一件国际专利申请，申请人可以同时在全世界大多数国家寻求对其发明的保护）。但在前述耀眼的数字背后，我国被世界公认的仅有三项化学工艺流程发明和标准：世界三大浮法玻璃工艺之一——洛阳浮法玻璃工艺（1981 年）；由中科院微生物所和北京制药厂联合研究发明的用于维生素 C 生产的二步发酵法新技术（1980 年），1986 年以 550 万美元的价格转让给瑞士罗氏制药公司；华为公司的 Polar Code 极化码方案，成为 5G 控制信道 eMBB 场景编码最终方案（2016 年）。1965 年，科学家钮经义、邹承鲁和邢其毅等人在全世界首次成功合成牛胰岛素，这是世界上第一个人工合成的蛋白质。直至 2015 年，屠呦呦先生首获科学类诺贝尔奖。

1.1　中国科学类诺贝尔奖

屠呦呦（1930 年—　）（女），中国药学家。屠呦呦先生是第一位获得诺贝尔科学奖项的中国本土科学家、第一位获得诺贝尔生理学或医学奖的华人科学家、第十二位获得诺贝尔生理学或医学奖的女科学家，打破逾百年诺贝尔生理学或医学奖与华人无缘的“魔咒”。她生于浙江宁波，自幼耳闻目睹了中药治病的奇特疗效，小时候就对中药有了深刻印象，这也促使了她后来去探索其中的奥秘。1951 年，她考入北京大学医学院，在药学系生药专业学习。在专业课程中，她尤其对植物化学、本草学和植物分类学有着极大的兴趣，1955 年毕业于北京医学院（今北京大学医学部）。毕业后，一直在中国中医研究院（2005 年更名为中国中医科学院）工作。其间先后晋升为硕士生导师、博士生导师，现为中国中医科学院的首席科学家。她现任中国中医研究院终身研究员兼首席研究员，青蒿素研究开发中心主任。1956 年，她对有效药物半边莲进行了生药学研究；又完成了品种比较复杂的中药银柴胡的生药学研究。这两项成果被相继收入《中药志》。1959—1962 年，她曾接受中医培训两年半，是《中药炮炙经验集成》一书的主要编著者之一。1969 年，中国中医研究院接受抗疟疾药研究任务（523 项目），屠呦呦任科技组组长。她多年从事中医和中西医结合研究。1972 年，她受 1600 多年前的中医古籍葛洪的《肘后备急方》里“青蒿绞汁治疟”的启发，创制新型抗疟药青蒿素和双氢青蒿素。她的团队用西医的范式成功提取到了一种分子式为 $C_{15}H_{22}O_5$ 的无色结晶体，命名为青蒿素——具有“高效、速效、低毒”优点的新结构类型抗疟药。1973 年，她的团队为确证青蒿素结构中的羰基，合成了双氢青蒿素。1977 年，以“青蒿素结构研究协作组”名义撰写的论文《一种新型的倍半萜内酯——青蒿素》发表于我国《科学通报》（1977 年第 3 期）。1978 年，青蒿素抗疟研究课题获全国科学大会“国家重大科技成果奖”；

1979 年获“国家发明二等奖”。2009 年，她编著的《青蒿及青蒿素类药物》由化学工业出版社出版。2011 年，中国中医科学院授予屠呦呦中国中医科学院杰出贡献奖，奖励屠呦呦青蒿素研究团队 100 万人民币。2011 年 9 月，青蒿素成为世界卫生组织推荐的一线抗疟药，挽救了全球特别是发展中国家的数百万人的生命，并先后获得拉斯克－狄贝基临床医学研究奖、沃伦·阿尔珀特奖和葛兰素史克中国研发中心“生命科学杰出成就奖”。2015 年，屠呦呦因“创制新型抗疟药青蒿素和双氢青蒿素”与爱尔兰和日本科学家共同荣获 2015 年诺贝尔生理学或医学奖。

图 13-1　屠呦呦领奖和演讲照片

屠呦呦先生的贡献石破天惊，铸就中国科学史上的里程碑。

2017 年 1 月，当屠呦呦先生从国家主席习近平手中接过 2016 年国家最高科学技术奖证书时，印证了中国正走在创新大国的道路上。

1.2　中国非科学类诺贝尔奖

莫言，原名管谟业（1955 年—　），中国作家，共产党员，山东高密人，第一个获得诺贝尔文学奖的中国籍作家。20 世纪 80 年代中期莫言以乡土作品崛起，充满着“怀乡”以及“怨乡”的复杂情感，被归类为“寻根文学”作家。莫言小学时便经常偷看“闲书”，包括《封神演义》《三国演义》和《钢铁是怎样炼成的》，等等。莫言在小学五年级时辍学，在农村劳动长达 10 年。在“文革”期间无书可看，他甚至看《新华字典》，尤其喜欢字典里的生字。后来，莫言靠着《中国通史简编》这套书度过了“文革”岁月，接着又背着这套书走出家乡。1976 年，莫言参军历任班长、图书管理员、教员、干事等职。后他被提为少校，为副师职干部。他在部队担任图书管理员期间，阅读大量的文学书籍，也看过不少哲学和历史书籍，包括黑格尔的《逻辑学》和马克思的《资本论》等。1983 年，他调到延庆总参三部五局宣传科任理论干事。1984 年秋，著名作家徐怀中在解放军艺术学院创建文学系，他看到莫言的《民间音乐》后十分欣赏，破格给他参加考试的机会，顺利考入解放军艺术学院文学系。1985 年年初，莫言在《中国作家》杂志发表《透明的红萝卜》而一举成名。1986 年，他毕业于解放军艺术学院文学系。同年在《人民文学》杂志发表的中篇小说《红高粱》是中国文坛的里程碑之作，已经被翻译成 20 多种文字在全世界发行。1987 年，他的中篇小说《欢乐》由于当时“反对资产阶级自由化”运动而遭到批判,《人民文学》杂志主编刘心武遭到停职调查，这期刊物也被收回销毁。1988 年，他发表长篇小说《天堂蒜薹之歌》，后来这部社会批判作品受到当时的政治风波影响，一度只能在港台出版。美国著名汉学家葛浩文在看到这部小说后，感到非常震撼，决定开始翻译莫言小说，葛浩文也成为日后他作品走向世界的推手。1988 年，莫言参加中国作协委托北京师范大学办的研究生班，1991 年获得北京师范大学鲁迅文学院创作研究生班文艺学硕士学位。1992 年，莫言作品的第一部英译本中短篇小说集《爆炸》在美国出版。1993 年，由葛浩文翻译的《红高粱》英译本在欧美出版，引起热烈回响。1981 年他开始创作生涯，迄今有长篇小说 11 部，中篇小说 25 部和短篇小说 75 篇。其代表作品有《红高粱》《丰乳肥臀》《蛙》和《酒国》等。其他主要作品有《天堂蒜薹之歌》《秋水》《欢乐十三章》和《四十一炮》等。莫言获得多项国内和国际文学奖项：第八届茅盾文学奖、中国“大家文学奖”、法国儒尔·巴泰庸外国文学奖、第一届美国纽曼华语文学奖、意大利诺尼诺国际文学奖、日本福冈亚洲文化奖、韩国万海文学奖等。2001 年，莫言的《红高粱》成为唯一入选《今日世界文学》(*World Literature Today*) 评选的 75 年 (1927—2001 年) 40 部世界顶尖文学名著的中文小说。莫言荣获 2012 年诺贝尔文学奖，获奖理由：“通过幻觉现实主义将民间故事、历史与当代社会融合在一起。”

主要参考资料

[1] 百度文库.《大国崛起》解说词 [EB/OL]. https://wenku.baidu.com/view/30553416bf1e650e52ea551810a6f524ccbfcbfc.html，2018-10-12.

[2] [德] 弗 · 鲍尔生. 德国教育史 [M]. 北京：人民教育出版社，1986.

[3] 贺国庆. 中世纪大学向现代大学的过渡——文艺复兴与宗教改革时期欧洲大学的变迁 [J]. 教育研究，2003，11：50-56.

[4] [美] 丹 · 塞诺，[以] 索尔 · 辛格. 创业的国度：以色列经济奇迹的启示 [M]. 北京：中信出版社，2010.

[5] [美] 巴林顿 · 摩尔. 民主和专制的社会起源 [M]. 北京：华夏出版社，1987.

[6] 孙周兴. 威廉姆 · 洪堡的大学理念 [J]. 同济大学学报（社会科学版），2007，18（2）：7-12.

[7] 孙亚芳. 探索以色列崛起之迹 [EB/OL]. https://wenku.baidu.com/view/3fe8ed6c58fafab069dc02fd.html，2011.

[8] 李秉铎. 错过三次重大科学发现的约里奥 · 居里夫妇 [J]. 中学物理教学参考，1993，11：1-2.

[9] 曹冰. 诺贝尔奖获得者利根川进教授及团队成功制造"错乱记忆" [EB/OL]. http://cjkeizai.j.people.com.cn/98728/8342957.html，2013.

[10] 杨雄雄. 错过三次重大科学发现的约里奥·居里夫妇 [J]. 百科知识，2005，7：32-24.

[11] 龙一. 星光熠熠——盘点丹麦那些诺奖得主（下）[EB/OL]. http://www.loong.dk/forum.php?mod=viewthread&tid=50206，2015.

[12] 尹晓冬. 丹麦物理学家奥格·玻尔 1962 年来华始末及影响 [J]. 自然科学史研究，2012，3：329-342.

[13] 周涵. 丹麦物理学家奥格·玻尔 1962 年来华始末及影响 [J]. 文史参考，2010，16：1-5.

[14] 林爽喆. 政治运动的牺牲品：爱因斯坦的相对论为何无缘诺奖 [EB/OL]. http://history.people.com.cn/n1/2016/0216/c372326-28127775.html，2016.